U0169255

〔清〕吴其濬 撰
欒保群 校注

植物名實圖考校注

上

中華書局

圖書在版編目(CIP)數據

植物名實圖考校注/(清)吴其濬撰;欒保群校注. —北京:中華書局,2022.9
ISBN 978-7-101-15858-8

Ⅰ.植… Ⅱ.①吴…②欒… Ⅲ.植物-圖譜 Ⅳ.Q949-64

中國版本圖書館 CIP 數據核字(2022)第 150702 號

責任編輯:石　玉
責任印製:陳麗娜

植物名實圖考校注
(全三册)
〔清〕吴其濬 撰
欒保群 校注
*
中 華 書 局 出 版 發 行
(北京市豐臺區太平橋西里 38 號　100073)
http://www.zhbc.com.cn
E-mail:zhbc@zhbc.com.cn
三河市宏達印刷有限公司印刷
*
920×1250 毫米 1/32 · 46⅛印張 · 6 插頁 · 1000 千字
2022 年 9 月第 1 版　2022 年 9 月第 1 次印刷
印數:1-3000 册　定價:160.00 元

ISBN 978-7-101-15858-8

前　言

好書，但書名起得不好，很容易影響市場。可是有時書名起得好，换了時代，也同樣會被人錯過，眼下這本《植物名實圖考》就是一例。吴其濬的這本植物學名著，讓很多對植物學没有興趣的人連翻一下的欲望都没有，結果讓本來屬於它的讀者却失之交臂。其實這是一本任何文史愛好者都不應該錯過的好書，且看它是怎樣來寫植物的：

> 新柯似桃，膩葉如橘。春作小苞，迸開五出，長柄裊絲，繁蕊聚縷，色侔金粟，香越木犀。每當散萼幽崖，擔花春市，翠緑摩肩，鵝黄壓髻，通衢溢馥，比户收香。甚至碎葉斷條，亦且椒芬蘭臭，固非留馨於一山，或亦分宗於八桂。但以錦囊缺詠，藥裹失收，聽攀折於他人，任點污於廁溷。姑爲膽瓶之玩，聊代心字之香。

這裏寫的是「山桂花」。而寫「山海棠」則云：

> 春開尖瓣白花，似桃花而白膩有光。瓣或五或六，長柄緑蒂，裊裊下垂，繁雪壓枝，清香溢谷。花開足則上翹，金粟團簇，玉綫一絲。第其姿格，則海棠饒粉，梨雲無香，未可儕也。幽谷自賞，筠籃折贈，偶獲於賣菜之傭，遂以登列瓶之史。

不僅詩意盎然，讀來口角生香，更有對植物形態的極專業準確的描寫。此書的文字非常出色，很多篇都可以當作隨筆小品，或者當成藝術性的小論文來讀。能把專門的植物學專著寫得那麽漂亮，吸引人讀下去，這是從未有過的。中國古代與植物有關的專著，本草類從《神農本草經》到李時珍《綱目》不必説了，就是與文學相關的《毛詩草木鳥獸蟲魚疏》、《離騷草木疏》，可曾有過一段這樣的描寫？

吴其濬寫植物的文字峻潔、準確，寥寥數字就能把一種植物的神態提出紙面，已經爲汪曾祺先生所表出。由前面所舉兩段可以看出，吴其濬的文字還有華縟的一面，不時向讀者展開一幅工筆長卷。此書的文學性並不拘於對植物本身的刻畫，風物景況，同樣是對植物生態的襯托，如寫「藊豆」竟游筆至「豆棚」，由夏入秋，自繁華至寂寞：

> 覩其矮棚浮緑，纖蔓縈紅，麑眼臨溪，蛩聲在户，新苞總角，彎莢學眉，萬景澄清，一芳揺漾。楊誠齋詩「白白紅紅徧豆花」，秋郊四眄，此焉情極！若乃凄霖莓長，清飈籜隕，破茆零落，亂葦欹横，斷橋潰港，枯樹孤根，無數牽纏，有限條達，褪花色涴，餘莢棱高，豆葉黄，野離離，當此之時，何以堪之！夫繁華滿徑，易於推排；冷秀棲園，難爲淡泊。天寒翠袖，倚竹獨憐；陌暖金鉤，採桑成曲。况復秋蕁漸老，頃豆將萁，除架何時，拋藤焉往？蟲聲不去，雀意何如？縱此流連，豈殊寂寞哉！

情景交融，真是一篇寫秋的小賦。不止如此，甚至由植物而聯想到人事，如寫「小青」，小草不可移植，移則不活，於是想到匹夫雖貧賤而有不可屈者：「此草短而凌冬，命曰『小青』，微之也。然粉花丹實，彌滿阬谷，而移植輒不茂。百尺之松，盈握之梅，斷而揉之，盤屈於尊缶間，以供世俗之狎玩，彼干霄傲雪之概亦安在哉？

此小草乃有介然不可易者。」另「龍膽」一篇由味苦而連及《易》之《節》卦，進而發揮至矯情苦節之不可取。「通草」一篇論天然花朵最宜簪戴，天既予人以好美之心，人之好美自是合於天道。「常山」一篇，由良藥亦須辨其真僞，而言及「古之用君子者必辨真僞。若小人，則唯防微杜漸，勿輕試而已」，等等。

這些似乎逸出本題的議論，或被一些植物專門者看來是胡思亂想、信口開河，甚至斥爲迂腐的説教，真是匪夷所思。試看「瞿麥」之論及賈生，「旋覆花」之論盜，「威靈仙」、「南藤」、「白兔藿」諸條之論神仙不足信，「旋花」條論野生之菜，大人先生宜知民間疾苦，温室之菜不合時令，宜生疾病，「栝樓」條斥勞民，「忍冬」條論唯人物之賤者方有益於人，這些難道都能看作迂腐説教的廢話？此書的閱讀價值不僅在文辭之美，作者的思想見識也高出群儔，不迷信鬼神方術，不拘於華夷之限，不溺於俗眼之貴賤，格外垂青於有益民生的野花、野蔬、野木，對常爲人稱道的牡丹荷菊等却極少假以辭色。吴其濬在《植物名實圖考》中往往引申出一些感慨和議論，或談政事，或談事理，文采斐然，並時時加以韻文，詩詞騷賦，幾乎遍及各種文體。這正是此書的特色：有著作之體，成一家之言。儘管難免有文士的炫博逞能之嫌，但古往今來，也確實找不到第二部這種形式的著作。

作者經史嫻熟，精通音韻、文字，又受乾嘉學風薰陶，考據精詳，可以説是乾嘉學派在名物之學上的引申，但他突破了乾嘉學者囿於經史的書齋樊籠，走向實用科學，旁徵博引而不煩瑣，文質並勝，有理有情。他對中國文獻中的植物名物做了最好的考辨，對於喜歡閱讀古籍的人來説，不僅由此而多識《詩經》、《楚辭》等古典詩文中的草木之名，而且對各地的風土物産、民俗人情也多有涉獵，其中很多材料都是難得一見的。

本書另一個值得熱愛古代文化的讀者所注目的特點是，爲全書一千七百餘種植物所配一千八百餘幅植物圖，繪刻都極爲精美。除了一部分是用《本草綱目》的原本重臨外，大部分都是根據植物的新鮮狀態繪製的，不僅能準確描出該植物的形態，而且生動活潑如摇曳於風露之間。據專家介紹，其準確性，植物學家往往可以根據其圖來鑒定出所屬之科、屬，乃至於種名。而從版刻藝術的角度來看，本書配圖也大大超過以往本草圖及與植物有關的《竹譜》、《梅花喜神譜》等版畫。這些既要準確爲植物寫真又要兼顧其觀賞價值的配圖，其繪工刻工絶對是第一流的水準，可惜的是没有留下他們的姓名。順便説一下，由於《植物名實圖考》所繪之圖十分精美，被以後翻印《本草綱目》的張紹棠所看中，遂將李時珍的原圖抽去了近四百幅，换上了《植物名實圖考》中的圖，因而造成了《本草綱目》誤本的流行。

作者吴其濬，河南固始人，《清史稿》有傳。嘉慶二十二年（一八一七），他不到三十歲就中了狀元（有清一代，河南僅出了這一位狀元）。他歷官翰林修撰、湖北學政、鴻臚寺卿、雲南巡撫、雲貴總督、山西巡撫兼提督鹽政，堪稱宦迹半天下。其爲官廉潔勤政，克己奉公。除本書外，他的主要著作還有資料性較强的《植物名實圖考長編》及在雲南任期所撰之《滇南礦廠圖略》。吴氏早得科名，却終生不廢讀書學問，這在科舉時代已經是很難得的，更可貴的是把乾嘉治學的實事求是的精神用於實業民生。

作者在本書中多處談到自己的政治見解和理想，《王不留行》一賦更是吴其濬含蓄表達自己思想歷程的罕見材料。他並不是天生的植物學家，他的儒家理想、科舉從仕的目標是要做個賢明有作爲的政治家。雖然他的官做得不算小，但他的政治理想並不能如願。《圖考》的文章中多處隱約透露出他對官場的厭惡和無奈，甚至有歸隱的意思。或者我們可以把他對植物學的研究看作一種特殊的歸隱形式吧。

《植物名實圖考》一書的編寫方式雖然是以本草類書籍爲基礎，但他放棄了自《本草經》以來的分類法，第一次把植物從《本草》中分離出來，另成一編，這就更具有現代科學的學科性質。全書共分三十八卷，十二大類：穀類二卷，蔬菜四卷，草類二十一卷（計山草、隰草、石草、水草、蔓草、毒草、芳草、群芳八小類），果類二卷，木類五卷，共計植物一千七百一十四種，比此前最全的《本草綱目》增加了五百一十九種。

從《植物名實圖考》一書的名稱就可以看出，本書着重於植物種類名和實的考證，所以他對一些植物的古今歷史進行了較爲細緻的探討，糾正了以往本草學者包括大名鼎鼎的李時珍的錯誤。

吴氏在山西巡撫任上去世後的第三年，即道光二十八年（一八四八），繼任的山西巡撫陸應穀首次刊印此書及《長編》（可參見卷前的陸叙）。光緒六年（一八八〇），山西巡撫曾國荃和繼任者葆亨合謀用舊板重印，詳情見曾序。此版很快傳至日本，一八八五年，日人伊藤圭介着手翻印，於一八九〇年鉛排出版，隨即流布於世界諸大國。但此本把《長編》中的文字附入此書相關諸條之下，雖便於專業人士閱讀，却不合於吴氏著書本旨，而且圖版毫無神采，與山西刻本相差甚遠。

此次校點，以光緒六年重印本爲底本，除了對原刻文字中存在的錯誤校正之外，並對書中大量的典故加以詳注，庶幾便於閱讀和理解。出版社特別要求，絕對不能讓此書的注釋流爲點綴，抄録那些誰都可以從網上「百度」出來却對理解原書意義不大的人名、地名、書名，而回避那些真正應該加注的典故詞語，對書中引文也要儘量尋找原書核對，使其更加完善。對此，我雖然勉力爲之，但限於水準，錯誤和不足自在意中。另外，本書經常引用的一些古代植物學著作，書名常用略稱，這對不熟悉本草學的普通讀者來説很不方便，爲此，我編了一個「植物名實圖考部分引用書目」，對相關書籍略做介紹。爲了方便對照研讀，原位於每篇文字之前的圖片，改爲集中在一起排，即上册、中册主要排文字，下册主要排圖片，每圖之下注明其文字部分所在的頁碼。

爲方便讀者查檢，本書目録在每一植物名後括注了兩個數字，中間以圓點隔開。圓點前的數字是文字内容所在頁碼，圓點後的數字是圖片所在頁碼。例如赤小豆(七・八九〇)，表示關於赤小豆的文字内容在本書第七頁，圖片在第八九〇頁。

我對本草學也是外行，不當之處，盼望方家一併指正。

目録

植物名實圖考卷之二　穀類

植物名實圖考卷之三　蔬類

植物名實圖考卷之四　蔬類

植物名實圖考卷之五　蔬類

植物名實圖考卷之六　蔬類

植物名實圖考卷之七　山草

植物名實圖考卷之八　山草

植物名實圖考卷之九　山草

植物名實圖考卷之十　山草

植物名實圖考卷之十一 隰草類

植物名實圖考卷之十二　隰草類

植物名實圖考卷之十三　隰草類

植物名實圖考卷之十四　隰草類

植物名實圖考卷之十五　隰草類

植物名實圖考卷之十六　石草類

植物名實圖考卷之十七　石草類　水草類

植物名實圖考卷之十八　水草類

植物名實圖考卷之十九　蔓草類

植物名實圖考卷之二十　蔓草

植物名實圖考卷之二十一　蔓草

植物名實圖考卷之二十二　蔓草

植物名實圖考卷之二十三　蔓草　芳草　毒草

植物名實圖考卷之二十四　毒草

植物名實圖考卷之二十五　芳草

植物名實圖考卷之二十六　群芳

植物名實圖考卷之二十七　群芳

植物名實圖考卷之二十八　群芳

植物名實圖考卷之二十九　群芳

植物名實圖考卷之三十　群芳

植物名實圖考卷之三十一　果類

植物名實圖考卷之三十二　果類

植物名實圖考卷之三十三　木類

植物名實圖考卷之三十四　木類

植物名實圖考卷之三十五　木類

植物名實圖考卷之三十六　木類

植物名實圖考卷之三十七　木類

植物名實圖考卷之三十八　木類

植物名實圖考部分引用書目

《神農本草經》【《本草經》、《本經》】（【】内是本書中常用的簡稱或原書的全稱，下同）

《漢書·平帝紀》有「徵天下通知逸經、古記、天文、曆算、鍾律、小學、《史篇》、方術、《本草》及以《五經》、《論語》、《孝經》、《爾雅》教授者，在所爲駕一封軺傳，遣詣京師。」此爲《本草》見於書傳之始。

至梁《七録》載《神農本草》三卷，是爲《神農本草經》，簡稱《本經》，共三卷，藥止三百六十五種，分別爲上中下三品，上品「爲君主養命以應天無毒多服久服不傷人欲輕身益氣不老延年者」、中品「爲臣主養性以應人無毒有毒斟酌其宜欲遏病補虛羸者」各一百二十种，下品「爲佐使主治病以應地多毒不可久服欲除寒熱邪氣破積聚愈疾者」爲一百二十五种。此書雖名「本草」，但於草木、果菜、米穀之外又收玉石、蟲魚、鳥獸之屬。

《本草經集注》【《名醫別録》、《別録》、陶隱居云】

至梁武帝時，陶弘景（號華陽隱居）合《神農本經》及《名醫別録》而注解之。《名醫別録》，或名《名醫別品》，藥亦三百六十五種，亦分上中下三品，併入《本草》，共七百三十種。序云：「隱居先生在於茅山巖嶺之上，以吐納餘暇，頗遊意方技。覽《本草》藥性，以爲盡聖人之心，故撰而論之。舊説皆稱《神農本經》，余以爲信然。……今之所存，有此四卷，是其本經，所出郡縣，乃後漢時制，疑仲景、元化等所記。……魏晉以來，吳普、李當之等更復損益，或五百九十五，或四百四十一，或三百一十九，或三品混糅，冷熱舛錯，草石不分，蟲獸無辨，且所主治，互有得失，醫家不能備見，則識智有淺深。今輒苞綜諸經，研括煩省，以《神農本經》三品合三百六十五爲主，又進《名醫别品》，亦三百六十五，合七百三十種。精粗皆取，無復遺落，分别科條，區畛物類，兼注名時用土地所出，及仙經道術所須，并此序録，合爲七卷。」

《集注》向來朱墨雜書，《本經》用朱書，《别録》用墨書，但傳寫日久，朱墨有所錯亂。《隋書·經籍志》有《陶弘景本草經集注》七卷，即此。原書久逸，散見於《證類本草》中。本書之「陶隱居云」，即爲陶注原文。

《唐本草》【《唐本》】

據《證類本草》：唐高宗顯慶中，監門衛長史蘇敬（宋人諱「敬」字，改「蘇敬」爲「蘇恭」）。本書中多引宋代文獻，凡作「蘇恭」者仍保留原字。讀者鑒之）又摭其（指《陶弘景本草經集注》）差謬，表請刊定。乃命司空英國公李世勣等與敬參考得失，又增一百一十四種，分門部類，廣爲二十卷，世謂之《英公唐本草》。而李時珍《本草綱目》所云稍異而加詳：「唐高宗命司空英國公李勣等修陶隱居所注《神農本草經》，增爲七卷，世謂之《英公唐本草》，頗有增益。顯慶中，右監門長史蘇恭重加訂注，表請修定，帝復命太尉趙國公長孫無忌等二十二人與恭詳定，增藥一百一十四種，凡二十卷，目録一卷，别爲《藥圖》二十五卷，《圖經》七卷，共五十三卷，世謂之《唐新本》。」

上云《唐新本》中「凡二十卷，目録一卷」者，即今之《唐本草》（《新唐書·藝文志》有蘇敬《新修本草》二十一卷，亦即此）。本書或簡稱《唐本》，而所言《唐本注》或「蘇恭云」，即指蘇敬注。

《唐圖經》

本書之《唐圖經》，即上文所言《唐新本》中之「《圖經》七卷」。

《食療本草》

武后時同州刺史孟詵撰，張鼎又補其不足者八十九種，並舊爲二百二十七條。

《本草拾遺》【《拾遺》】

唐開元中，三元縣尉四明人陳藏器撰。李時珍贊其「博極群書，精覈物類，訂繩謬誤，搜羅幽隱，自《本草》以來，一人而已」。原書不存，其説多見於《證類本草》。本書所引，或標《本草拾遺》書名，或作「陳藏器云」。

《食醫心鏡》

唐人昝殷著，共三卷。

《蜀本草》【《蜀本》】

五代後蜀孟昶命學士韓保昇等，取《唐本草》及《唐本圖經》參比爲書，稍或增廣，世謂之《蜀本草》。簡稱《蜀本》。

《開寶本草》【《開寶詳定本草》、《開寶重定本草》】

宋開寶中，兩詔醫工劉翰，取《唐本草》、《蜀本草》詳校，又取陳藏器《本草拾遺》諸書相參，刊正別名，又取醫家常用有效者一百三十三種而附益之，是爲《開寶詳定本草》。仍命翰林學士盧多遜、李昉、王祐、扈蒙等重爲刊定，並鏤板摹行，是爲《開寶重定本草》。

《嘉祐本草》【《嘉祐補注本草》】

嘉祐二年八月，有詔掌禹錫、林億、蘇頌等再加校正，更爲補注，以朱墨書爲分別。凡新舊藥共一千八十二種，名《嘉祐補注本草》。其例云：

凡書舊名《本草》者，今所引用，但著其所著人名曰某人。惟《唐》、《蜀本》則曰《唐本》云、《蜀本》云。凡字朱墨之別，所謂《神農本經》者以朱字，名醫因《神農》舊條而有增補者，以墨字間於朱字，餘所增者皆别立條，並以墨字。凡陶隱居所進者謂之《名醫别録》，並以其注附於末。凡顯慶所增者，亦注其末，曰「唐本先附」。凡開寶所增者亦注其末，曰「今附」。凡今所增補、舊經未有者，於逐條後開列，云「新補」。

《宋圖經》【《圖經》、《本草圖經》、《嘉祐圖經》】

宋嘉祐間，蘇頌等以《唐圖經》「失傳且久，散落殆盡」，於修《補注本草》同時又修《本草圖經》。本書所言《圖經》、《宋圖經》，即指此。他書或有稱《嘉祐圖經》者。詳見蘇頌《本草圖經序》。

《證類本草》【《經史證類本草》】

《證類本草》，宋元祐間人唐慎微撰。本名《經史證類本草》，三十卷。南宋紹興間有官刻本，今不傳。清修《四庫全書》，所見一爲明萬曆翻元大德本，前有大觀二年仁和縣尉艾晟序，故稱《大觀本草》；一爲成化翻刻金泰和刻本，前有政和六年曹孝忠序，稱《政和本草》。實爲一書，而元本實爲金本翻刻。

按金刻本《證類本草》書末有金皇統三年翰林學士宇文虚中跋，稱慎微字審元，成都華陽人。治病百不失一。爲士人療病，不取一錢，但以名方秘籙爲請，以此士人尤喜之，每於經史諸書中得一藥名一方論，必録以告，遂集爲此書。尚書左丞蒲傳正欲以執政恩例奏與一官，拒而不受。

《本草衍義》【《衍義》】

政和時又有醫官通直郎寇宗奭，以《補注》及《圖經》二書爲本，參考事實，覈其精理，援引辨證，發明良多，爲《本草衍義》十卷（《文獻通考》作《本草廣義》二十卷）。序云：「然《本草》二部（指《嘉祐本草》及《嘉祐圖經》），其間撰著之人，或執用己私，失於商較，致使學者檢據之間不得無惑。今則併考諸家之說，參之實事，有未盡厥理者，衍之以臻其理；隱避不斷者，伸之以見其情；文簡誤脱者，證之以明其義；諱避而易名者，原之以存其名。使是非歸一，治療有源，檢用之際，曉然無惑。」

金、元時刻《證類本草》，俱增入《衍義》。

《救荒本草》

《救荒本草》八卷，明太祖朱元璋第五子周憲王朱橚撰。《植物名實圖考》引此書甚多，可見作者著書志趣所趨。

《食物本草》

《食物本草》，李時珍曰：正德時九江知府江陵汪穎撰。東陽盧和，字廉夫，嘗取《本草》之繫於食品者編次此書。穎得其稿，釐爲二卷，分爲水、穀、菜、果、禽、獸、魚、味八類。

《本草會編》

明汪機撰。機字省之，嘉靖時名醫。此書打破原《本草》上中下三品次序，分諸藥爲草部、果部、蟲部各一編。人譏其似乎簡便，而混同反難檢閲。

《**本草綱目**》

李時珍，字東璧，蘄州人。明嘉靖至萬曆間人。曾官楚王府奉祠正。醫家《本草》自三百六十五種，經梁陶弘景、唐蘇敬、宋劉翰，至掌禹錫、唐慎微輩，先後增補合一千五百五十八種。然品類既煩，名稱多雜，或一物而析爲二三，或二物而混爲一品。時珍病之，乃窮搜博采，訪采四方，芟煩補闕，歷三十年，閲書八百餘家，稿三易而成書，曰《本草綱目》。增藥三百七十四種，釐爲一十六部，合成五十二卷，首標正名爲綱，餘各附釋爲目，次以集解，詳其出産、形色，又次以氣味、主治、附方。

《**毛詩草木鳥獸蟲魚疏**》【**陸《疏》**】

三國吴陸璣撰。璣字元恪，吴郡人，官吴太子中庶子、烏程令。

《**南方草木狀**》

西晉嵇含撰。含字君道，好學能屬文。書凡分草木果竹四類共八十種，是嵇含在廣州太守時撰。

《**竹譜**》

元李衎撰。衎字仲賓，薊丘人。皇慶元年爲吏部尚書，拜集賢大學士。善畫竹。

《**群芳譜**》

明末王象晉撰。書分天、歲、穀、桑麻、蔬、茶、花、果等十二譜。康熙四十七年，劉灝等增廣之，署名《廣群芳譜》。合天、歲二譜爲天時譜，爲十一譜。

《花鏡》

明陳淏子撰。淏子一名扶播，自號西湖花隱翁。明亡不仕，授徒爲生。書成於康熙年間。計花歷新裁、課花十八法、花木類考、藤蔓類考、花草類考、附禽獸鱗蟲考六卷。

植物名實圖考叙

《易》曰："天地變化，草木蕃。"明乎剛交柔而生根荄，柔交剛而生枝葉，其蔓衍而林立者，皆天地至仁之氣所隨時而發，不擇地而形也。故先王物土之宜，務封殖以宏民用，豈徒入藥而已哉！衣則麻桑，食則麥菽，茹則蔬果，材則竹木，安身利用之資，咸取給焉。奉天下不可一日無，則植物較他物爲特重。其名昉於《周禮》，其實載在《本經》。采其實，斯著其名，三百六十品中殆無虚列。嗣是《别録》、《圖經》代有增益，《綱目》晚出，稱引尤繁。顧其書類皆旁及五材，兼收十劑，胎卵濕化，紛然並陳，求其專狀草木，成一家言，如賈思勰之《要術》、周憲王之《救荒》，殊不易得。豈其識有所短而材力有未逮歟？抑拘於其業，囿於其方，未嘗遊觀宇宙之隤、品彙之廡，而知其切於民生日用者至利且便也？

瀹齋先生具希世才，宦迹半天下，獨有見於兹，而思以愈民之瘼。所讀四部書，苟有涉於水陸草木者，靡不剬而緝之，名曰《長編》。然後乃出其生平所耳治目驗者，以印證古今，辨其形色，别其性味，看詳論定，摹繪成書。此《植物名實圖考》所由包孕萬有，獨出冠時，爲《本草》特開生面也。夫天下名實相副者尠矣，或名同而實異，或實是而名非。先生於是區區者，且決疑糾誤，毫髮不少假，等而上之，有關於人治之大，其綜核當何如耶？讀者由此以窺先生之學之全與政之善，將所謂醫國甦民者莫不咸在，僅目爲炎黄之功臣，則猶淺矣。若夫登草木，削昆蟲，仿貞白《千金翼方》之作爲微生請命，則尤其發乎至仁，而以天地之心爲心也。然則是書之益，又可量哉？余不敏，嘗傳言焉，頗識其用意所在，故序刻之以廣其傳。

道光二十有八年歲次戊申三月清明後五日，蒙自陸應穀題於太原府署之退思齋。

嘗讀《本草綱目》一書，其於水陸草木，博採兼收，各有宜忌，植物之利民用大矣哉！而村閭市井，稍能讀藥性輒敢懸壺，其所常用不過數十品，仍不能施用得當，是日以仁術殺人，不仁孰甚！近年山西醫士固陋較他省爲尤甚，推求其故，蓋由書籍不多，不足以資考核。

去年春，余仿東南各省規橅，爲請於朝，在於省會地方設立濬文書局，於刊刻四子六經之外，購求善本醫書，鏤板以行，亦欲餉後人而甦民命耳。曩者葆芝岑中丞爲言《植物名實圖考》一書，煞費作者匠心，足補《綱目》經疏所未備。板存太原府署，散失板片五十有二。芝岑商於余，從印本摹刊如數，依次補入，工費無幾，庶是編得稱全書，使數千百十板不致終爲爨下物，誠善舉也。議甫定，適余奉命督師山海關，防禦海疆，朝廷即以芝岑代余撫晉，於是芝岑所商於余者，遂以專屬之。芝岑考是編爲吴瀹齋先生手著，未及刊行，而陸稼堂先生刊行之。今書板散失，又得芝岑爲之刊補。一書之成，其難如此！况吾輩身任籌疆，因時沿革，欲成一方之務，不重賴二三同志後先共商也哉？書成，芝岑屬文於余，竊幸芝岑救世之苦心與余同，即與瀹齋、稼堂兩先生亦無不同也。

時光緒庚辰冬十月，湘鄉曾國荃補序。

重印植物名實圖考序

我國言植物之書，以《本草》爲最詳，審性辨味，徵引精博，先河之導，敻乎莫尚。顧其書注重醫理，以故五材同收，方劑並列，非僅爲形狀草木而作也。自兹以後，代少成書，《群芳》諸譜，特詳華卉，求所謂舉一草一木辨其性質，究其功用，不矜神奇，不涉虚誕，本利用之旨，成一家之言者，蓋亦鮮矣。夫一物不知，儒者之恥，矧近世紀科學發明，植物一門且列專科，若無精榷之書以供參考，惡乎可！比年右校課本往往譯自外邦，於中土所固有者轉付缺如，學者憾焉。

是書爲固始吴瀹齋先生所著。先生博聞强識，歷官十數省，宦跡所至，舉所見之植物，既辨其性，並繪其形，閲歷已久，考證尤榷，雖取别於《本草》而汰其繁蕪，分類製圖，凡三十八卷，誠講求植物之善本也。未及付梓而先生卒。清道光戊申，陸公稼堂始壽棗梨，歷時既久，圖板殘缺。及光緒庚辰，蓀公芝岑復取而梓行之，風行海内，爭先快覩，然距今又近四十年矣。邇者右省人士購求是書者幾無虚日，舊藏精本寥寥殆盡，既無以饜閲者之心，且恐其久而就湮也。爰命官書局詳加整理，板之漫漶者更之，圖之剥落者補之，重印若干部。自是則先生之書庶可永傳，並以俾世之留心植物者得所考鏡焉。既蕆事，因誌數語以弁諸簡。

民國八年七月，五台閻錫山序於太原督軍公署之懷生堂。

植物名實圖考卷之一　穀類

胡麻

胡麻，即巨勝，〔一〕《本經》上品，今脂麻也。〔二〕昔有黑、白二種，今則有黄、紫各色。宜高阜、沙壖，〔三〕畏潦。油甘用廣，其枯餅亦可糞田、養魚。葉曰「青蘘」，花與稭皆入用。〔四〕

雩婁農〔五〕曰：「一飯胡麻幾度春」，〔六〕此道人服食耳，〔七〕非朝饔而夕飧也。〔八〕東坡《服胡麻賦序》謂夢道士以茯苓燥，尚雜胡麻食之，〔九〕且云「世間人聞服脂麻以致神仙，必大笑」。然其性實熱，宋人説部有謂久服巨勝，乃至發狂欲殺人，其烈同於丹石，〔一〇〕則蘇子之言亦未可盡信。〔一一〕獨其功用至廣，充腹耐饑，餡餌得之則生香，〔一二〕腥羶得之則解穢，以爲油則性寒去毒，而藥物恃以爲調，其枯美田疇，亦可救荒。〔一三〕説者云大宛之種，〔一四〕隨張騫入中國。〔一五〕其語無所承。然宜暵而畏濕特甚。〔一六〕元人賦云：「六月亢旱，百稼槁乾。有物沃然，秀於中田。是爲胡麻，外白中玄。」〔一七〕又俗言芝麻有「八拗」，謂雨暘時薄收，〔一八〕大旱方大熟，開花向下，結子向上，炒焦壓榨，才得生油，膏車則滑，鑽鍼乃澀。觀此數端，可知其性。

〔一〕陶弘景云「莖方者名巨勝，圓者名胡麻」，《唐本草注》則以「角八稜者名巨勝，六稜四稜者名胡麻」。

〔二〕脂麻：今通作「芝麻」。

〔三〕沙壖：河邊沙質之田。

〔四〕入用：入藥爲用。

〔五〕雩婁農：作者在本書中的謙稱。按雩婁，古地名，即作者的家鄉河南固始縣。

〔六〕此唐王昌齡《題朱鍊師山房》詩中句，原句爲「一飯胡麻度幾春」。

〔七〕服食：古神仙家以服用藥物爲修煉之一法。晉葛洪《神仙傳》云：欒子長遇仙人，授以服巨勝赤松散方，仙人告之曰：「蛇服此藥化爲龍，人服此藥老成童。又能昇雲上下，改人形容，崇氣益精，起死養生。」

〔八〕朝饔夕飧：指日常吃飯。以上解「一飯胡麻」之「飯」字乃依方服食，非早餐晚餐之飯。陶弘景言其服食之法，當九蒸、九曝，熬、搗之。蒸不熟令人髮落，俗中學道者不能常服。

〔九〕「尚」，蘇軾《服胡麻賦》作「當」。

〔一〇〕丹石：丹砂、石英之屬。

〔一一〕東坡夢仙人言茯苓性燥而以胡麻調之。按胡麻性亦燥，安能解茯苓之燥？

〔一二〕飴餌：糖果、點心。

〔一三〕《禮記・月令》：「可以糞田疇，可以美土疆。」

〔一四〕陶弘景云「本生大宛，故名胡麻」。西漢時大宛國，位於今中亞烏兹别克斯坦之費爾幹納盆地。

〔一五〕漢武帝時，張騫爲郎，使西域，至大宛、大月氏、大夏、康居諸國，引進葡萄、苜蓿等，未言有胡麻。

〔一六〕暵：乾旱。

〔一七〕《胡麻賦》，見元人戴表元《剡源文集》。

〔一八〕芝麻八拗，見宋莊綽《雞肋編》卷上。雨暘時：雨水陽光俱得時，即風調雨順意。

大麻

大麻，《本經》上品。《救荒本草》謂之「山絲苗」，葉可食。一名「火麻」。雄者爲枲，又曰「牡麻」；雌者爲「苴麻」。花曰「麻蕡」，又曰「麻勃」。麻仁爲服食藥。葉、根、油皆入用。滇、黔大麻經冬不摧，皆盈拱把。〔一〕

雩婁農曰：「麻」爲穀屬，〔二〕舊説皆以爲「大麻」，陶隱居剏爲「胡麻」，〔三〕而宋應星遂謂「《詩》《書》之麻，或其種已滅，火麻子粒壓油無多，皮爲粗惡布，無當於穀」。〔四〕斯言過矣。《月令》「以犬嘗麻」，〔五〕《周禮》「朝事之籩，其實麷、蕡」，蕡爲枲實。〔六〕亦曰苴，《豳風》「九月叔苴，以食農夫」。〔七〕《説文》作「萉」，或作「𪎭」，〔八〕其無子者爲牡麻。大抵古人食貴滑，麻子甘潤。《南齊書・紀》：陳皇后生高帝，乏乳，夢人以兩甌麻粥與之，覺而乳足。則齊時尚以爲飯。《食醫心鏡》亦云麻子仁粥治風水腰重等疾，研汁入粳米煮粥，下葱椒鹽豉食之。蓋麻子不以入食，始於近代。若其衣被之功，則與苧並行。《周官》專設典枲，以隸冢宰。〔九〕績麻漚麻，婦子所事。〔一〇〕三代以前，〔一一〕卉服未盛，〔一二〕蠶織外舍麻固無以爲布。聖人以純爲儉，蓋紉絲之功省於緝縷。〔一三〕後世棉利興，不復致精於麻，豈古之布必粗惡哉？今之治苧、葛者，纖細乃能納之筒中，〔一四〕紡麻者何獨不能？夫一物之微而衣人食人如此，何乃屏之粒食之外？〔一五〕《詩》云：「雖有絲、麻，無棄菅、蒯。」〔一六〕昔與絲伍，今乃芥視！又茼麻〔一七〕利重，競植於田，而斯麻播植益稀，物理盛衰，良可增嘅。古之犅不如今之細，古之拙不如今之巧。而天地之生物亦日出不窮，移人情而省人功者，凡物皆然。執今人之所嗜以訂古人之所食，是猶以不火食之蠻貊而較中國鼎火烹飪之劑也，豈有合歟？

〔一〕拱把：拱，合兩手也；把，以一手把之也。

〔二〕《周禮·天官冢宰》「五穀」注：「五穀者，麻、黍、稷、麥、豆也。」

〔三〕陶隱居：陶弘景，齊梁時道士，自號華陽隱居，人稱陶隱居。學貫儒道釋，精通醫藥之學，合《神農本草經》及《名醫别録》而注解之，名《本草集注》。本書之「陶隱居云」，即爲陶注原文。陶弘景首創「胡麻」之説，云：「八穀（黍、稷、稻、粱、禾、麻、菽、麥）之中，惟此爲良。淳黑者名巨勝，本生大宛，故名胡麻。」

〔四〕按《詩》《書》所言之「麻」，注者以爲五穀之一，宋應星《天工開物・乃粒》言麻之可粒可油者唯火麻、胡麻二種，胡麻既來自西域，而火麻又無當於穀，故以爲《詩》《書》所言五穀之麻或已絕種，或爲菽粟之別種而漸訛其名。

〔五〕「以犬嘗麻」，原本誤作「以麻嘗犬」，據《禮記・月令》原文改。《禮記・月令》仲秋之月，「以犬嘗麻，先薦寢廟」。是月麻始熟，以犬嘗麻實，然後薦於祖先。

〔六〕《周禮・天官冢宰》「籩人」注：「鄭司農云：朝事謂清朝未食，先進寒具口實之籩。故麥曰麷，麻曰蕡。」又曰：「蕡，枲實也。」

〔七〕《詩・豳風・七月》：「七月食瓜，八月斷壺，九月叔苴，采荼薪樗，食我農夫。」注：「叔，拾也。苴，麻子也。」

〔八〕《說文解字》卷一下：「萉，枲實也。」「䕅，萉。」

〔九〕《周官》即《周禮》。《周禮・天官冢宰》有典絲、典枲之官。典枲掌布緦、縷、紵之麻草之物，以待時頒功而授齎。

〔一〇〕《詩・陳風・東門之枌》：「穀旦于差，南方之原。不績其麻，市也婆娑。」箋曰：「績麻者，婦人之事也。」又《東門之池》：「東門之池，可以漚麻。彼美淑姬，可與晤歌。」

〔一一〕此以夏、商、周爲三代。

〔一二〕卉服：以葛所製之衣服。據《禹貢》「島夷卉服」，是大禹時始由海外傳入卉服，故曰三代以前中國無卉服。

〔三〕純：絲也。治絲爲紉，是搓捻多支合爲一股；治麻相反，繴縷是把麻皮劈分爲細縷，故治絲功省於治麻。

〔四〕言苧、葛所製之布，其薄可卷納於細筒甚至筆管之内。參見本書卷十四「苧麻」條、卷二十二「葛」條。

〔五〕粒食：穀物。

〔六〕《左傳》成公九年引《逸詩》。菅、蒯均爲茅草。

〔七〕「莔麻」，當是「苘麻」之誤。

薏苡

薏（yì）苡（yǐ）仁，《本經》上品。江西、湖南所産頗多。北地出一種草子，即《圖經》所云「小兒以線穿如貫珠爲戲」者，蓋雷斅所謂「糯米」也。〔一〕與薏苡仁相似，不可食。

雩婁農曰：薏苡明珠，去瘴癘而來萋斐。〔二〕然服食幾何，乃以車載耶？五嶺間種之爲田，余擲之廡砌，輒秀而實，非難植者。《帝王世紀》載有莘氏吞薏苡而生禹，〔三〕此與芣苢宜男之説相類。《逸周書》：西戎獻桴苡，其實若李。〔四〕今南方候暖，薏苡高如木，實形似李，但小耳。説《詩》者或以「桴苡」爲「芣苢」，然二者今皆爲孕婦禁方矣。〔五〕

〔一〕雷斆，南朝劉宋時人，著《炮炙論》三卷，久佚，其説散見於諸醫書，近代有輯佚。雷氏云：「穇米顆大無味，時人呼爲粳穇，薏苡仁顆小色青味甘。」

〔二〕《後漢書·馬援傳》：馬援在交阯，以薏苡實能勝瘴氣，常餌之。南方薏苡實大，援欲以爲種，軍還，載之一車。及馬援卒後，有上書譖之者，以爲前所載還，皆明珠文犀。萋斐：《詩·小雅·巷伯》：「萋兮斐兮，成是貝錦。彼譖人者，亦已大甚。」萋斐本文章相錯義，此喻讒人羅織過錯以成人罪。

〔三〕《史記·夏本紀》正義引《帝王紀》云：「鯀妻脩己見流星貫昴，夢接意感，又吞神珠薏苡，胸坼而生禹。」脩己或名女志，有莘氏女。

〔四〕《逸周書·王會解》：「康民以桴苡者，其實如李，食之宜子。」注：康亦西戎之别名也，食桴苡即有身。

〔五〕《詩·周南》有《芣苢》一篇，《詩序》言「《芣苢》，后妃之美也，和平則婦人樂有子矣。」《詩疏》遂有「芣苡，木也，實似李，食之宜子」之説。然「實似李，食之宜子」見於《逸周書》，所言本爲「桴苡」，説《詩》者强扭爲一物。而二者既爲「孕婦禁方」，則「宜男」之説更謬。

赤小豆

赤小豆，《本經》中品。古以爲辟瘟良藥，俗亦爲餛沙餡。〔一〕色黯而紫。醫肆以相思子半紅半黑者充之，殊誤人病。

〔一〕餛沙餡：即今所謂「豆沙餡」。

白緑小豆 花小豆。

赤小豆以入藥，特著其白、緑二種。亦可同米爲飯，雲南呼爲「飯豆」，貧者煮食不糝米也。〔一〕其形微同菉豆而齊近方。〔二〕然唯赤者作飯色味香皆佳。又有「羊眼豆」，莜科，豆色緑，有黑暈。又「彬豆」，色褐；「螞蚱眼」，色黄白，皆小豆類。

〔一〕糝：以米和羹。

〔二〕齊：即「臍」字，豆臍。

大豆

大豆，《本經》中品。葉曰藿，莖曰萁。有黄、白、黑、褐、青、斑數種。其嫩莢有毛。花亦有紅、白數色。豆皆視其色以供用。

雩婁農曰：古語稱「菽」，漢以後方呼「豆」，五穀中功兼羹、飯者也。〔一〕黑者服食，棧中上料；〔二〕若青、黄、白，皆資世用。夫飯菽配鹽，炊萁煎藿，食我農夫，獨殷北地。〔三〕而倉卒濕薪，饑寒俱解；〔四〕咄嗟煮末，奢靡相高；〔五〕沙餅翠釜，同此酥腴耳。〔六〕淮南製腐，理宜必祭；〔七〕清吏所甘，同乎宰羊。〔八〕若浸沐生蘖，〔九〕末原其始，大豆黄卷，〔一〇〕或權輿焉。〔一一〕明陳嶷《豆芽賦》〔一二〕曰：「有彼物兮，冰肌玉質。子不入於污泥，根不資於扶植。金芽寸長，珠蘂雙粒。匪緑匪青，不丹不赤。白龍之鬚，春蠶之蟄。」信哉斯言，無慙其實。

〔一〕豆藿爲羹，豆粒爲飯。

〔二〕黑豆以飼牲畜，爲上等料食。棧：馬棚。

〔三〕殷：盛。言以豆爲食之俗，獨盛於北方。以上言豆食爲民生所重。

〔四〕《後漢書·馮異傳》：馮異字公孫。王郎兵起，光武（劉秀）自薊倉皇東南馳，至饒陽無蔞亭。時天寒烈，衆皆飢疲，異上豆粥。明旦，光武謂諸將曰：「昨得公孫豆粥，飢寒俱解。」及至南宮，遇大風雨，光武引車入道旁空舍，異抱薪，鄧禹爇火，光武對竈燎衣。異復進麥飯、菟肩。蘇軾《豆粥》詩詠此云：「君不見滹沱流澌車折軸，公孫倉皇奉豆粥。濕薪破竈自燎衣，飢寒頓解劉文叔。」

〔五〕《晉書·石崇傳》：石崇與王愷競富，崇必勝，愷往往怳然自失。崇又爲客作豆粥，咄嗟便辦。又嚴冬能得韭蓱虀。嘗與愷出遊，爭入洛城，崇牛迅若飛禽，愷絶不能及。愷每以此三事爲恨，乃密賂崇帳下，問其所以，答云：「豆至難煮，豫作熟末，客來，但作白粥以投之耳。韭蓱虀是擣韭根雜以麥苗耳。牛奔不遲，良由馭者逐不及反制之，可聽蹁轅則駃矣。」於是悉從之，遂爭長焉。崇後知之，因殺所告者。蘇軾《豆粥》詩詠此云：「又不見金谷敲冰草木春，帳下烹煎皆美人。萍虀豆粥不傳法，咄嗟而辦石季倫。」

〔六〕無論是盛於簡陋的沙瓶，還是豪奢的翠釜，豆粥都是一樣的酥腴適口。以上言豆粥。

〔七〕朱熹《豆腐》詩云：「種豆豆苗稀，力竭心已腐。早知淮南術，安坐獲泉布。」題下小注：「世傳豆腐本乃淮南王術。」按西漢淮南王劉安好方術，多招致方術之士於門下。後世製豆腐者奉劉安爲行業祖師神而祭之。

〔八〕清吏：清廉之官。《清異録》：時戢爲青陽丞，潔己勤民，肉味不給，日市豆腐數個。邑人呼豆腐爲「小宰羊」。按縣丞又稱「小宰」。以上言豆腐。

〔九〕以水浸豆而生芽蘖，即所食之豆芽。

〔一〇〕《圖經》：黄卷，以生豆爲蘖，待其芽出，便暴乾取用，方書名「黄卷皮」，産婦藥中用之。

〔一一〕權輿：物之起始。此言豆芽之製作，原始於入藥之黄卷。

〔一二〕《歷代賦彙·補遺》卷十二作《豆芽菜賦》。

白大豆〔一〕

大豆，昔人多以爲即黄豆，然自是兩種。大豆花如稨豆，有黄、白各色，豆有白者、黄者、緑者、褐者、黑者。緑有透骨、鴨蛋等名。市中以爲「烘青豆」者是褐者，俗曰「茶豆」，形長圓，大抵皆炒以爲茶素。〔二〕種者皆於蜀秫隙地植之，不似黄豆用廣。黄豆今俗呼「毛豆」，種植極繁，始則爲蔬，繼則爲糧，民間不可一日缺者。其花極小，豆色黄，或有黑臍，形微扁。亦有大小早遲各種，聚而觀之，乃能詳辨。

〔一〕「白大豆」，原本誤作「大白豆」。

〔二〕茶素爲飲茶所用之零食，今之所謂「茶點」者。清李調元《南越筆記》卷十六有「茶素」一條，云廣州之俗，尋常婦女以茶素相饋問，然多爲油炸小面食。

粟

粟，《别録》中品。諸説即粱之細粒者，一類而種各異，固始通呼「寒粟」。〔一〕耐旱而遲收，凡畏水之地，伏潦後始種之。〔二〕北地惟以粱與粟爲粥飯，故獨得穀名。《齊民要術》謂今人專以稷爲穀，具載晚早數十種，有「赤粟」、「白粟」、「蒼白稷」諸名，則名粟者即稷矣。《爾雅注》以「江東呼粟爲粢」釋「稷」，謂粟爲稷，〔三〕其來已古。考《説文》嘉穀實曰粟，〔四〕蓋兼禾、黍。今之粟專屬此種，與古異。其種名尤繁，北諺曰「百歲老農，不識穀種」，爲粱、粟言也。俗語簡質，渾曰「小米」，〔五〕而穀種益難辨，姑以俗之呼粟者圖之。既與粱有别，而方言無呼此爲「稷」者，泥古則不能通俗，故仍標「粟」名。

〔一〕固始縣：位於今河南省東南部，爲吴其濬故鄉。

〔二〕伏潦：伏天雨澇。

〔三〕《爾雅·釋草》「粢，稷」，郭璞注：「今江東人呼粟爲粢。」是以「粟」爲「稷」。

〔四〕《説文》卷七上：「粟，嘉穀實也。」

〔五〕渾曰：籠統而稱之。

小麥

小麥，《别録》中品。《廣雅》云：「大麥，麰也。小麥，來也。」〔一〕土燥亦燥，土濕亦濕。南北不同，故貴賤異。

雩婁農曰：「此物大熱，何故食之？」此西方人語，《本草》無是説也。近世醫者多以麥性燥，戒病者勿食。北人渡江，三日不餐麪，即覺骨懈筋弛，夫豈有患熱者哉？大抵穀種皆藉熱蒸而成，稻之新也，濕熱尤甚，風戾而廩之，〔二〕經時即平和滋益矣。北之麥，南之稻，人所賴以生。然稻能久藏，所耗少；麥經歲則蟲生，其色黑，故俗呼曰牛。簸揚輒減十之二三。「穀之飛亦爲蠱」，〔三〕爲麥筮也，〔四〕三十年之蓄尚稻而不尚麥者以此。〔五〕余既爲麥雪謗而並及之。

〔一〕麰，通「麳」，即大麥。來，小麥。

〔二〕戾：吹乾。

〔三〕見《左傳》昭公元年。

〔四〕意謂經傳中的「穀飛爲蠱」，講的就是麥粒生蟲。

〔五〕糧食無能儲三十年者。古人有云：「三年耕，必有一年之蓄；三十年耕，必有十年之儲。」此言

「三十年之蓄」，實即備用十年之儲糧。

大麥

大麥，《别録》中品。陶隱居謂爲「稞麥」。《唐本草》遂云出關中，即「青稞麥」，《本草拾遺》已斥之。今青稞出西北塞外，性黏尤寒，與大麥異種。大麥北地爲粥極滑。初熟時用碾半破，和餹食之，曰「碾黏子」。爲麪、爲餳、爲酢、〔一〕爲酒，用至廣。大、小麥用殊而苗相類，大麥葉肥，小麥葉瘦，大麥芒上束，小麥芒旁散。諺曰：「穀三千，麥六十。」得時之麥，粒逾六十，此其數矣。

〔一〕酢：即醋。

穬麥

穬（kuàng）麥，《别録》中品。蘇恭以爲大麥，〔一〕陳藏器以爲麥殻，〔二〕《圖經》以爲有大、小二種，言人人殊。今山西多種之，與大麥無異。熟時不用打碾，仁即離殻，但仁外有薄皮如麩，打不能去。《山西通志》：「穬麥皮肉相連似稻，土人謂之草麥，造麯用之，亦有碾其皮以食者。」考《齊民要術》「穬麥，大麥類，早晚無常」，《九穀考》〔三〕以爲「大麥之别種」，是也。《説文》：「穬，芒粟也。」麥爲芒穀，不應此種獨名穬。西北志書多載「露仁麥」，似即穬麥，又或以爲青稞。《説文》：「稞，穀之善者。一曰無皮穀。」青稞與穬麥迥異，然皆不需碾打而殻自落，疑「穬麥」即「稞麥」一聲之轉，而青稞以色青獨著。《唐書》謂吐蕃出青稞，〔四〕而《齊民要術》已有青稞之名，與穬麥用同。蓋外國方言皆無正字，如山西之呼「莜」、呼「油」，皆本蒙古人語。而作《唐書》者以中國之産，譯爲青稞，非必來自外國也。《天工開物》謂穬麥獨産陝西，一名「青稞」，即大麥隨土而變，皮成青黑色。此則糅雜臆斷，不由目覩也。

〔一〕蘇恭即蘇敬，唐初人，高宗顯慶中爲監門衛長史。時司空英國公李勣等修陶隱居所注《神農本草經》，增爲七卷，世謂之《英公唐本草》。蘇敬重加訂注，增藥一百一十四種，凡二十卷，目録一卷，別爲《藥圖》二十五卷，《圖經》七卷，共五十三卷，世謂之《唐新本》。本書所引多出宋人文獻，宋人諱「敬」，改蘇敬爲「蘇恭」。

〔二〕陳藏器，四明人，唐開元中爲三元縣尉，撰《本草拾遺》，李時珍贊其「博極群書，精覈物類，訂繩謬誤，搜羅幽隱，自《本草》以來，一人而已」。原書不存，其説多見於《證類本草》。本書所引，或標《本草拾遺》書名，或作「陳藏器云」。

〔三〕《九穀考》，清乾隆時學者程瑶田所著。

〔四〕見《舊唐書·吐蕃傳》：「其地气候大寒，不生秔稻，有青稞麥、䜶豆、小麥、喬麥。」

粱

粱，《別録》中品。種有黄、白、青各色。蘇頌〔一〕謂粟、粱一類，粟雖粒細而功用無別，是以粒大者爲粱，細者爲粟。李時珍謂穗大而毛長粒粗者爲粱，穗小而毛短粒細者爲粟，其説相符。然二者迥別，而種尤繁。今北地通呼「穀子」，亦有粘不粘之分。《氾勝之書》「粱爲秫粟也」。西北皆呼「小米」。固始呼粟爲「野人毛」，正肖其形。其稈爲秫，〔二〕牧者以其豐歉爲繁羸也。

雩婁農曰：「穀」、「粟」皆粒食總名。《周禮注》以粟爲稷，《齊民要術》從之，蓋以稷爲穀長，故獨以粟名。〔三〕後世以穀爲粱，以粟爲粱之細穗者，此自俗間稱謂，不可以訂古經也。秫爲粱、粟之黏者，《説文》以爲稷，《爾雅注》以爲粟，《圖經》以爲黍，《古今注》以爲稻，説各不同。按糯爲稻之黏者，而他穀之黏者亦多曰「糯」，即藥草亦然，則「秫」似亦可通稱也。

〔一〕蘇頌，字子容，北宋人。仁宗嘉祐二年，與掌禹錫、林億等著《嘉祐補注本草》，同時又修《本草圖經》。

〔二〕秫，牲畜飼料。

〔三〕以稷爲穀長，故獨以粟名：因爲稷爲穀類之長，所以它也以穀類總名之「粟」作爲別名。

藊豆

藊（biǎn）豆，《別録》中品，即「蛾眉豆」。白藊豆入藥用，餘皆供蔬。或云病瘧者食之即發，蓋即陶隱居所謂「患寒熱者不可食」之義。

雩婁農曰：藊豆供蔬供餌佳矣。觀其矮棚浮緑，纖蔓縈紅，鹿眼臨溪，〔一〕蛩聲在户，〔二〕新苞總角，彎莢學眉，萬景澄清，一芳摇漾。楊誠齋詩「白白紅紅偏豆花」，〔三〕秋郊四眄，此焉情極！若乃凄霖莓長，〔四〕清飈籜隕，〔五〕破茆零落，亂葦欹横，斷橋潰港，枯樹孤根，無數牽纏，有限條達，〔六〕褪花色涴，〔七〕餘莢棱高，〔八〕豆葉黄，野離離，當此之時，何以堪之！夫繁華滿徑，易於推排；冷秀棲園，難爲淡泊。天寒翠袖，倚竹獨憐；〔九〕陌暖金鉤，採桑成曲。〔一〇〕況復秋蓴漸老，〔一一〕頃豆將萁，〔一二〕除架何時，抛藤焉往？蟲聲不去，雀意何如？〔一三〕縱此流連，豈殊寂寞哉！

〔一〕鹿眼：竹籬。籬格斜方如鹿眼，故名。宋陸游《山行》詩：「緣崖曲曲羊腸路，傍水疏疏鹿眼籬。」

〔二〕蛩，此指蟋蟀。《詩·豳風·七月》：「五月斯螽動股，六月莎雞振羽，七月在野，八月在宇，九月在户。」

〔三〕楊萬里《秋花》詩原文作：「道邊籬落聊遮眼，白白紅紅匾豆花。」

〔四〕凄霖莓長：秋雨凄凄，莓苔漸長。

〔五〕清飈籜隕：秋風清勁，竹葉隕落。

〔六〕無數牽纏，有限條達：藊豆的莖蔓大多枯萎地卷纏着，有條理的已經不多。

〔七〕褪花色涴：殘剩的豆花顔色黯污。

〔八〕餘莢棱高：豆莢老時，豆粒的輪廓就很突出了。

〔九〕杜甫《佳人》詩：「天寒翠袖薄，日暮倚修竹。」

〔一〇〕王褒《燕歌行》：「遥聞陌上採桑曲，猶勝邊地胡笳聲。」

〔一一〕《晉書》：張翰因見秋風起，乃思吴中菰菜、蓴羹、鱸魚膾，曰：「人生貴得適志，何能羈宦數千里以要名爵乎！」

〔一二〕漢楊惲詩：「種一頃豆，落而爲萁。人生行樂耳，須富貴何時。」

〔一三〕杜甫《除架》詩：「秋蟲聲不去，暮雀意何如。」注：架除而鳥失棲也。

黍

黍，《别録》中品。有丹黍、黑黍及白、黄數種。其穗長而疎。多磨以爲餻。苗可爲帚，京師所謂「黍子條帚」也。

雩婁農曰：黍、稷盛於西北，河南、朔〔一〕已不偏植，江左南渡，議禮諸家固無由覩其狀而嚌其味也。〔二〕《内則》：「飯黍、稷、稻、粱。」黍至黏，近世亦不甚以爲飯，而糗餌粉餈則資之。〔三〕我朝祀事，薦黍薦稷。尚方有打糁餻，〔四〕糜之擣之，法如餈，〔五〕白者比玉，黄者侔金。五月五日薦角黍，〔六〕以黍作之，不用糯也。丹黍、秬黍，北方亦種之，而黄、白者用廣。稷有赤、白、黄、黑數種，而種黄色者多。京師有攤於案而負以售者，計錢多少削之，呼曰「切餻」，蓋以黍與豇豆和合爲之。稷則通呼爲糜，亦曰穄。黃者獨曰「黃米」，與《唐本草》符。民間以爲飯且釀。又摶爲饅首而空其中，形如鐘，曰「黃米麪窩窩」，皆畿輔之製也。黍、稷雖相類，然黍穗聚而稷穗散，亦以此別。大抵南方以稻、北方以麥與粱爲常餐，黍、稷則鄉人之食，士大夫未嘗取以果腹，即官燕薊者偶食之，亦誤認爲黃粱耳。余所詢於輿臺者如此。〔七〕他日學稼，尚諏於老農。

《說文》：「黍，禾屬而黏者也。」故「黏」字從「黍」。「黏」或曰「䵑」。《說文》引《左氏》「不義不昵」作「不䵑」，黏也。今謂物之膠滞者爲膩，當作䵑。又作「䵒」，《爾雅》「䵒，膠也」，注：「膠，黏䵒。」疏引《方言》「䵒，敎黏也」。《釋文》女一切，則音同䵑。《集韻》音刃。俗謂物之相凝著曰「濘」，宜作「䵒」；敎或作「𪏰」，音汝，今乳鉢宜作此字。又曰「䵖」，《集韻》「黏也」。今通作「紐」，飴餹有紐勁字，宜作此字。又曰「䵚」，《集韻》音護，黏也。今「糊」字俗作去聲讀，宜作此字。又曰「䵙」，《廣韻》音謹，黏也。與「䵒」音相近。又曰「䵛」。當與「䵑」字通。《類篇》乃禮切，《玉篇》黏也。又曰「黏」，《說文》黏也，《集韻》音胡。一曰煮黍米及麪爲鬻，則「餬口」之「餬」可通。或作粘、䩞、糊、𪎊、𪏂、粈、䊵。又曰「䵓」，曰「䵝」、「黟」，或作㯠。曰「䵕」，曰「䵘」，所以黏鳥。曰「䵟」，音摶，義同。曰「䵜」。凡黏之字皆從「黍」，則穀屬黏者無逾於黍矣。其異名則曰「糜」，《說文》穄也。曰「𪏑」，冀州謂之堅，《集韻》作槩。皆穄也，而從黍，則洵黍類矣。《說文》「䵚，黍屬」。似稻者爲稗，則䵚其野黍歟？

其潰葉曰「⿰黍畐」，《説文》「治黍禾豆下潰葉」也，音萉，或音愎。其疎長之貌曰「⿰黍兼」《集韻》音䆁，黍禾疏貌。其香氣曰「䵒」，與「馝」同。而「香」本字從「黍」，則黍爲穀之最馨者歟？其豉皮爲「⿰黍包」，其不黏則曰「⿰黍易」，音曬。觀從黍之字與音，則其形狀性味，不亦瞭然不紊哉？

《説文》「黎，履黏也」。作履黏以黍米，則古用黍黏，正如今人以麥麪爲黏。

〔一〕河南、朔：即河南、河北。

〔二〕江左：即江東，此指建都於江南的諸王朝。江左如宋、齊、梁、陳，南渡如東晉、南宋。嚌：淺嘗。

按：古人宗廟祭禮，例用黍、稷二米，故議禮者多及之。

〔三〕言製作糗餌粉糍等點心則以黍爲原料。

〔四〕按滿洲祭禮，供品有打餻、淋漿餻，此處「打漿餻」應是打餻、漿餻二種。

〔五〕研磨擣搏，如製糍粑之法。

〔六〕角黍即粽子。

〔七〕輿臺：奴僕。

稷

稷，《别録》下品。陶隱居云「稷米亦不識」。〔一〕此北穀，蘇恭始以穄爲稷。朱子釋《詩經》，稷小於黍。各説以粘者爲黍，不粘者爲穄，姑以穄圖之。直隸人謂黍稈生而有毛，穄稈無毛，其色於根苗可辨。穄亦有粘者，特不似黍之極黏耳。近世《九穀考》、《廣雅疏證》〔二〕皆以高粱爲稷，比音櫛字，〔三〕創博無前，已録入《長編》，以廣異聞。但閎儒博辨之學，與習俗相沿之語不妨並存。穄音近稷，農家久不知稷，但知有穄，高粱則不聞呼稷也。黍性固粘而粗於粱，穄小於黍而粗於黍，山西以米爲餅，祇呼爲「黄」，以售於市，或漉粉以漿衣，蓋穀之賤者，謂之疏食亦宜。〔四〕

又湖南有一種「稷子」，其形似稗，與黍、穄、粱、粟皆不類。《通志》據《畫墁録》以爲粟，〔五〕殆宋時以舊説謂稷爲粟，故載筆仍曰「粟」耳。今湘人皆曰稷，無呼粟者。北方之稼遺種江湘，正如宋、蔡、唐之裔播遷湖、黔，禮失求野，此其類與?但古書不詳稷之狀，究未敢遽信無差，仍別圖湖南稷子，以俟博考。

〔一〕《證類本草》引陶隱居云：「稷米亦不識，書多云黍與稷相似。又有稌音渡，亦不知是何米。《詩》云『黍稷稻粱，禾麻菽麥』，此即八穀也，俗人莫能證辨。如此穀稼尚弗能明，而況芝英乎?」按《詩·豳風·七月》作「黍稷重穋，禾麻菽麥」，《唐風·鴇羽》有「王事靡盬，不能蓺稻粱」句。

〔二〕清王念孫撰。

〔三〕比音櫛字：逐字逐音梳理比對。

〔四〕疏食：粗糲的飯食。

〔五〕《通志》指乾隆間修《湖南通志》。宋張舜民《畫墁録》載湖南稷子之始云：「李元則再守長沙。湖湘之地下田藝稻穀，高田水力不及，一委之蓁莽。元則一日出令曰：『將來並納粟米稈草。』湖湘之農夫以爲患，且未知粟米稈草爲何物也。或曰惟襄州有之，可購致也。湘民皆往襄州，每一斗一束，至湘中爲錢一千。自爾誓以田藝粟。至今湖南無荒田，粟米妙天下。」

湖南稷子

湖南沿湖多種稷，五月上旬即可收穫，伏漲未來，澤農賴之。〔一〕其苗、實似北地水稗，俗皆呼「稷」，或稷踰江而變。

雩婁農曰：《湖南志》謂湘中舊不蒔雜穀，遇旱潦無稻，民即無食。有駐兵其地者，令民納芻，必以粟稈，相率渡湖赴襄樊，僦載以來，費且重勞，乃致其種漫布於磽确漘涘，而供其禾藁焉，蓋以爲厲民也。〔二〕後歲凶，遂藉以充腸而免道殣。今瀕洞庭，近牂牁，水無防，〔三〕山無泉者，皆蒔之。其穗與北地粱、粟稍異，蓋人力不專也。夫民可與樂成，難與慮始，非嚴其罰則令不行；令行而游移牽掣，〔四〕則民得其擾而不得其利。褚衣冠，伍田疇，〔五〕不及三年而易相，則東里終爲蠆尾矣。〔六〕江南沮洳，〔七〕水耕刀耨，〔八〕而藝粱、粟者不乏收；然則河北高卬之田，既宜麥菽矣。其污邪水潦所鍾，〔九〕獨不可以江南之種種之乎？元時於畿甸開渠灌田，其利甚鉅，明季以轉漕厮留，議復故蹟，有倡爲風水之説者，事遂寢。今淶水、潞水、灤水、洺水之傍，皆有引以稼下地者，擴而行之，不在人爲哉？李元則守長沙，令民納粟米稈草，事見《畫墁録》。又曰：「至今湖南無荒田，粟米妙天下。」

《烏臺筆補》：「范陽督亢舊陂，歲收稻數十萬石。」《燕山叢録》：「房山石窩稻，色白，味香美，爲飯雖盛暑，經數宿不餲。」〔一〇〕《遵化州志》：稻有東方稻、雙芒稻、虎皮稻，糯有旱糯、白糯、黄糯。《河間府志》：「隋時滄州魯城縣地生野稻、水穀二千餘頃，燕、魏民就食之。」《邢臺志》：稻有紅口芒稻。《廣平府志》：「府西引滏水灌田，白粲不減江浙。」〔一一〕按《畿輔通志》所載如此，今稻田益擴矣。瀛、莫之間，是生旅稻，鍾水旱物，陂而稼之，所收當何如耶？

〔一〕伏漲：伏天江湖漲汛。澤農：居於水澤之農。

〔二〕厲民：勵民。此即《畫墁録》所載李元則事，見前篇注。

〔三〕有水而無堤防，則水不能留。

〔四〕游移牽掣：或游移不定，或爲人干擾。

〔五〕《左傳》襄公三十年：鄭子産從政一年，輿人誦之曰：「取我衣冠而褚之，取我田疇而伍之。孰殺子産，吾其與之！」及三年，又誦之曰：「我有子弟，子産誨之。我有田疇，子産殖之。子産而死，誰其嗣之？」

〔六〕此言若不到三年而罷子産之相，則子産遺惡名於世矣。東里：地名，子産所居。後人稱美子産輒曰「東里子産」。蠆尾：蝎子之毒聚於尾端，喻子産之政害民如蝎毒。《左傳》昭公四年：鄭子産作丘賦。國人謗之，曰：「其父死於路，己爲蠆尾。以令於國，國將若之何？」子寬以告。子産曰：「何害？苟利社稷，死生以之。且吾聞爲善者不改其度，故能有濟也。民不可逞，度不可改。」

〔七〕沮洳：低濕沼澤之地。

〔八〕水耕刀耨：指最原始簡單的耕作方法。

〔九〕污邪：地勢低下之田。

〔一〇〕餲：食物變質。

〔一一〕白粲：白米。

稻

稻，《别録》下品。曰「糯」，曰「粳」，曰「秈」，凡宜稻之區，種類輒别，志乘所紀，不可殫悉。然細者粒光，粗者毛長，早者耐旱，晚者廣收，其大較也。粳，中品。

雩婁農曰：《本經》不載稻，《别録》列下品。《説文》：「沛國謂糯爲稻。」〔一〕蓋糯性滯不易消，故養生者慎食之；抑大河以北宜麥、粟，民有終身不嘗稻者，性亦弗喜，中原九穀並用，〔二〕江以南則唯稻是飫。〔三〕注《本草》者以粳與秈皆附於稻，爲下品，殆未解古人意歟？

然《生民》一詩，述后稷之穡曰「荏菽」，曰「禾役」，曰「麻麥」，曰「秬秠」，曰「穈芑」，而獨不及稌、稻，豈粒食之始尚缺水耕火耨邪？抑下地之稼，〔四〕其性果出黍、稷下耶？雖然，稻味至美，故居憂者弗食。膏粱厭飫則精力委薾，君子欲志氣清明，固宜尚粗糲而屏滑甘。《别録》厠稻於下品，夫亦謂所以「交於神明」者，非食味之道也。〔五〕

《天工開物》云：「五穀遺稻者，以古昔著書聖賢皆在西北。」按《職方氏》，〔六〕并州「宜五種」，幽州「宜三種」，鄭康成注皆云黍、稷、稻，雍州、冀州獨「宜黍、稷」。然《豳風》「穫稻」，〔七〕《豐年》「多稌」，〔八〕汧、渭之間未嘗無滮池也。〔九〕今渭南、韓城爲關中上腴。〔一〇〕《史記·河渠書》：鄭國鑿涇，溉鹵澤之田；徐伯穿渭通漕，肥地得穀；而河東守番係言「引汾溉皮氏、汾陰下，引河溉汾陰、蒲坂下」，實爲山西水利之始。《舊志》：聞喜、臨汾、文水産粳糯。今太原晉水、趙城霍泉稻田尤饒，其緣滹沱、汾、澮州縣及沃泉、曲沃以泉得名。濫泉，清源等處皆平地湧泉。澗溪瀾汋，無不穿地厮渠。而塞外天鎮、陽高、大同亦間引溜灌注，勺澤蹄涔，惜如甘醴，然歲常苦暵，夏潦未降，經瀆千里，輒不能濡軌。惟漳、沁所從來者高，難瀦爲利。聞河内舊有沁渠，昔西門豹引漳灌鄴。或疑沙壖地不可爲稼，蓋未知西北所溉者大抵麥菽禾黍，如澆園蔬，俗曰「飲田」，不盡稻生止水也。〔一一〕蒲、解間往往穿井作輪車，駕牛馬以汲，殆井渠之遺，然不宜稻。

〔一〕《説文解字》卷七上「稬」字作：「沛國謂稻曰稬。」稬、糯字通。

〔二〕中原九穀謂黍、稷、秫、稻、麻、大豆、小豆、大麥、小麥。

〔三〕飫：飽食。

〔四〕下地：低洼之地。

〔五〕此言《别録》區分三品，不是以其物之甘美適口，而是以能否薦於宗廟、交於神明爲標準。

〔六〕見《周禮·夏官司馬》。

〔七〕《豳風·七月》：「十月穫稻。」

〔八〕《周頌·豐年》：「豐年多黍多稌。」

〔九〕《小雅·白華》：「滮池北流，浸彼稻田。」滮：水流貌。

〔一〇〕上腴：上等肥沃之田。

〔一一〕今北方猶稱「飲田」，「飲」讀去聲，僅灌水使田濕透，田中並不積水也。

雀麥

雀麥，《唐本草》始著録，《救荒本草》圖説極晰。與燕麥異，前人多合爲一種。按《爾雅》：「蘥，雀麥。」《説文》作「爵麥」，别無異名，郭注乃以爲「即燕麥」。今燕麥附莖結實，離離下垂，尚似青稞。雀麥一莖十餘小穗，乃微似穄。二種皆與麥同時而葉相似，其實殊非麥類。

《唐本草》僅以催乳録之，又云「一名燕麥」。他方祇云「雀麥」。古謂食燕麥令人脚弱，其性蓋下行。但旅生穀，〔一〕實熟即落，故古歌云：「道傍燕麥，何嘗可穫？」〔二〕醫者取其易生易落，以治難産，則二種應可通用。或謂《七發》「穱麥服處」〔三〕即此雀麥，段氏《説文注》已駁之。〔四〕

〔一〕旅生：野生。

〔二〕《太平御覽》卷九百九十四引古歌曰：「田中菟絲，何嘗可絡？道邊燕麥，何嘗可穫？」

〔三〕漢枚乘《七發》「穱麥服處，躁中煩外」，《文選注》云：「以穱麥分劑而食馬。馬肥，故中躁而外煩也。」

〔四〕段玉裁云：《招魂》、《七發》皆云「穱麥」，「穱」即「穛」字之異文。許慎云：「穛，早取穀也。」王逸注《招魂》亦云：「擇麥中先熟者。」

青稞麥

青稞，即「莜麥」，一作「油麥」。《本草拾遺》謂「青稞似大麥，天生皮肉相離，秦隴、巴〔一〕西種之」是也。山西、蒙古皆産之，形如燕麥，離離下垂，耐寒遲收，收時苗葉尚有青者。雲南近西藏界亦産，或即呼爲「燕麥」。《麗江志》誤以爲雀麥。《維西聞見録》〔二〕：「青稞質類𪍿麥，莖葉類黍，耐霜雪。阿墩子及高寒之地皆種之，經年一熟，七月種，六月穫。夷人炒而舂麪，入酥爲糌粑。」今山西以四五月種，七八月收。其味如蕎麥而細，耐饑，窮黎嗜之。性寒，食之者多飲燒酒、寢火炕以解其凝滯。南人在西北者不敢餌也。將熟時，忽有稞粒皆黑者，俗名「厭麥」，亟拔去，否則雜入種中，來歲與豆同畦，則豆皆華而不實，老農謂「厭麥能食豆」云。滇南麗江府粉爲乾餱，〔三〕水調充服。考《唐書》吐蕃出青稞麥，《西藏記》拉撒穀屬産青稞，〔四〕亦釀酒，淡而微酸，名曰「嗆其」。裏塘臺地寒，不産五穀，喇嘛皆由中甸、麗江攜青稞售賣，則沿西内外産青稞者良多。《唐本草注》誤以大麥爲青稞，宜爲陳藏器所訶。《山西志》但載油麥，《咸陽志》謂大麥露仁者爲青稞，皆不如《維西聞見録》之詳核也。

〔一〕「巴」，原本作「以」，據《本草拾遺》改。

〔二〕清余慶遠撰。

〔三〕乾餱：乾糧。

〔四〕「拉撒」，原誤作「拉撤」。拉撒即拉薩也。

東廧

東廧（qiáng），《本草拾遺》始著録。相如賦「東廧雕胡」，〔一〕《魏書・烏丸傳》「地宜東廧，似穄」，〔二〕《廣志》「東廧粒如葵子，苗似蓬，色青黑，十一月熟，出幽、涼、并、烏丸地」。臣伏讀聖祖御製《幾暇格物編》：「沙蓬米，凡沙地皆有之，鄂爾多斯所産尤多。枝葉叢生如蓬，米似胡麻而小。性暖，益脾胃，易於消化，好吐者食之，多有益。作爲粥，滑膩可食。或爲米，可充餅餌、茶湯之需。向來食之者少，自朕試用之，知其宜人，今取之者衆矣。」仰見神武遠敷，翠華所届，仰觀俯察，纖芥不遺，遂使窮塞小草上登玉食，姒后菲飲，〔三〕《豳風》勤稼，〔四〕千載符節。小臣備員山右，〔五〕得覩此穀，時際豐盈，民少攟摭。考《保德州志》「産登相子，沙地多生，一名沙米，作羹甚美」，又《天禄識餘》云「《遼史》西夏出登相。今甘、涼、銀、夏之野，沙中生草，子細如罌粟，堪作飯，俗名登粟」，皆東廧也。然則今之沙蓬米即古東廧。爰繪斯圖，恭録聖製，俾撫斯民者知沙漠寒朔亦有良産，勿躭膏粱，罔知艱難云爾。

〔一〕見司馬相如《子虚賦》。

〔二〕《魏書》無《烏丸傳》。《三國志·魏書·烏丸傳》注引《魏書》，原文云「地宜青穄、東牆。東牆似蓬草，實如葵子」，並無「似穄」之説。

〔三〕姒后指大禹，禹爲姒姓，后即王。《論語·泰伯》：子曰：「禹，吾無間然矣。菲飲食而致孝乎鬼神，惡衣服而致美乎黻冕，卑宫室而盡力乎溝洫。」

〔四〕《詩序》：「《七月》，周公遭變，故陳后稷、先公風化之所由，致王業之艱難也。」

〔五〕山右即山西。道光二十五年吴其濬任山西巡撫。

黎豆

黎豆，或作「貍豆」。《本草拾遺》始著録。按《爾雅》「欇，虎櫐」，注：「今虎豆，纏蔓林樹而生，莢有毛刺，江東呼檵欇。」陳藏器謂「子作貍首文，人炒食之。陶隱居所謂黎豆即此」。細核其形，蓋即固始所呼「巴山虎豆」也。細蔓攀援，花大如稨豆花，四五莢同生一處，長瘦如菉豆莢。豆細長如鼠矢而不尖，滇南即呼爲「鼠豆」，蓋肖形也。有白、紅、黑、花各種。花者褐色黑斑，殆即陳氏所云「貍首文」也。俗以紅、黑豆和米爲粥，碾破爲餛沙餡，白花者爲豆芽。恐亦小豆别種，本野生而後種植耳。李時珍以「櫐」訛爲「貍」，〔一〕余謂古人謂黑爲「黎」，而色雜亦曰「黎」：天將昕曰「黎明」，則明暗甫分也；面目曰「黎黑」，則赤與黑兼滯也。牛之雜文曰「犂牛」，犂、黎字古通用，文雜而色必晰，故物之劃然者亦曰「犂」。然則豆之文駁而分明者，名之曰「黎」亦宜。《書注》「黎民」、「青黎」皆訓黑，秦改「黎民」爲「黔首」，其義正同。孔《傳》則訓衆，「黎明」或作「遲明」，《漢書注》黎訓比，是皆異義。《爾雅正義》引《古今注》「虎豆一名虎沙，似貍豆而大」，又云：郭注《山海經》以櫐爲虎豆、貍豆之屬，貍豆一名黎豆，虎豆則虎櫐也。蓋一類，以大小、色紋異名。

〔一〕《本草綱目》：「《爾雅》虎櫐，即貍豆也。古人謂藤爲櫐，後人訛櫐爲貍也。」

緑豆

緑豆，《開寳本草》始著録。高阜旱田種之，遲早皆以六十日而收。豆用甚廣，又爲解毒去熱良藥。

雩婁農曰：「菉豆」不見於古字，或作「緑」，亦侔其色。《農桑通訣》：「北方用最多。爲粥爲飯，爲餌爲炙，爲粉爲麪，濟世之良穀也。南方間種之。」〔一〕宋《孫公談圃》乃謂「粤西無此物，每承舍入京，包中止帶斗餘，多則至某江輒遇風浪，不能渡。到彼中，凡患時疾者，用等秤買。一家煮豆，香味四達，患病者聞其氣輒愈」。〔二〕其説近奇。按《湘山野録》：「真宗聞占城稻耐旱，西天菉豆子多而粒大，各遣使以珍貨求其種，得菉豆二十〔三〕石。」然則菉豆至宋而始重。如宋真宗之深念稼穡，亦何異於《豳風》、《無逸》耶？〔四〕菉豆去毒清熱、解暑祛疫功誠鉅，而養老調疾則莫如粉。〔五〕陳達叟贊曰：「碾彼緑珠，撒成銀縷。熱蠲金石，清徹肺腑。」〔六〕

〔一〕《農桑通訣》爲元人王禎《農書》所録之一種。以上所引實見於《農書》卷七之《百穀譜》。

〔二〕所引見明王象晉《群芳譜》，不見於《孫公談圃》。清康熙時編《廣群芳譜》，於上事前加一條，引自《談圃》，吴氏遂誤以此事屬之《談圃》。

〔三〕「十」字原闕，據《湘山野録》卷下補。

〔四〕古時賢君或講《豳風》、《無逸》之篇，或繪《豳風》、《無逸》之圖，以知祖宗創業、生民稼穡之艱難。《豳風》指《詩·豳風》之《七月》，《詩序》言《七月》爲周公所作，陳后稷先公風化之所由，致王業之艱難也。《無逸》指《書》之《無逸》篇。按《無逸》：「周公曰：『君子所，其無逸。先知稼穡之艱難，乃逸，則知小人之依。』」

〔五〕粉：粉絲，即下文所言「銀縷」。

〔六〕宋陳達叟有《疏食譜》一卷，載食品二十種，各繫以贊，皆粗糲草具，故曰疏食。

蕎麥

蕎麥，《嘉祐本草》始著録，字或作「荍」。然荍爲荆葵，非此麥也。一名「烏麥」。北地夏旱則種之，霜遲則收。南方春秋皆種。性能消積，俗呼「淨腸草」，又能發百病云。

雩婁農曰：《本草綱目》附入「苦蕎」，蓋野生也。滇之西北山雪谷寒，乃以爲稼，五穀不生，唯蕎生之，茹檗而甘，比餦餭焉。〔一〕中原暵則蒔蕎，秋霜零即殺之矣。〔二〕苦蕎獨以味苦、耐寒，易凍塗爲穀地，〔三〕殆造物憫衣裘飲酪之氓，俾粒食於不毛之土，而不盡以弋獵之具戕生以養其生歟？

〔一〕餦餭：以食糧製作之糖。

〔二〕零：徐徐而降。

〔三〕將寒凍之土變爲植穀之田。

威勝軍亞麻子

《宋圖經》：「亞麻子出兖州威勝軍。味甘，微温，無毒。苗葉俱青，花白色。八月上旬採其實用。」又名「鵾麻」，治大風疾。李時珍以爲即「壁蝨胡麻」，臭惡，田家種植絶稀。

蠶豆

蠶豆，《食物本草》始著録。《農書》謂蠶時熟，故名。〔一〕滇南種於稻田，冬暖即熟，貧者食以代穀。李時珍謂蜀中收以備荒。蓋西南山澤之農，以其豆大而肥，易以果腹，冬隙廢田，尤省功作，故因利乘便，種植極廣，米穀視其豐歉以定價矣。〔二〕

雩婁農曰：蠶豆，《本草》失載。楊誠齋亦謂蠶豆未有賦者，戲作詩曰：「翠莢中排淺碧珠，甘欺崖蜜輭欺酥。」〔三〕可謂凌厲無前矣。夫其植根冬雪，落實春風，點瑿爲花，〔四〕刻翠作莢。與麥爭場，高豈藏雉；〔五〕同葚並熟，候恰登蠶。〔六〕嫩者供烹，老者雜飯，乾之爲粉，熓之爲果。《農書》云接新充飽，和麥爲餈，〔七〕尚未盡其功用也。《益部方物記》有「佛豆，粒甚大而堅，農夫不甚種，唯圃中蒔以爲利，以鹽漬煮食之，小兒所嗜」。〔八〕《雲南通志》謂即蠶豆。豈宋時尚未徧播中原，宋景文至蜀始見之耶？明時以種自雲南來者絶大而佳，滇爲佛國，名曰佛豆，其以此歟？雖然，滇無蠶，以佛紀，若江湖蠶鄉，以爲蠶候，則曰蠶宜。

〔一〕見元王禎《農書》之《百穀譜》。

〔二〕蠶豆豐收，則米穀價隨之降低，反之亦然。可見種植之廣，民生賴之。

〔三〕楊萬里《招陳益之、李兼濟二主管小酌，益之指蠶豆云未有賦者，戲作七言。蓋豌豆也，吴人謂之蠶豆》詩。

〔四〕堅：黑色琥珀。

〔五〕唐張蠙詩：「甸麥深藏雉。」

〔六〕葚：桑葚。《禮記·月令》：「季春之月……蠶事既登。」

〔七〕王禎《農書·百穀譜》：「蠶豆，百穀之中，最爲先登，接新代飯充飽。今山西人用豆多麥少，磨麪可作餅餌而食。」

〔八〕《益部方物記》，即《益部方物略記》，一卷，宋宋祁撰。祁謚景文。按：《益部方物略記》在本書中又略作《益部方物略》，或誤作《益部方物記略》。

蜀黍

蜀黍，《食物本草》始著録。北地通呼曰「高粱」，釋經者或誤爲黍類。《農政全書》〔一〕備載其功用，然大要以釀酒爲貴。不畏潦，過頂則枯，水所浸處即生白根，摘而醬之，脆美無倫。

雩婁農曰：吾嘗雨後夜行，有聲出於田間如裂帛，驚聽久之。輿人曰：「此蜀秫拔節聲也。久旱而澍，則禾驟長，一夜幾逾尺。」昔人謂鹿養茸數日便角，其生機速於草木。若蜀秫之勃發，顧何如者？又見婦稚相率入禾中，褫其葉，以爲疎之使茂實耳，詢之，則織爲簟也，〔二〕緝爲蓑也，篾爲笠也，爇爲炊也，一葉之用如此！若其稈，則薄之堅於葦，〔三〕揩以柴而床焉；〔四〕籬之密於竹，〔五〕樊於圃而壁焉。〔六〕煨爐則掘其根爲榾柮，〔七〕搓棉則斷其梢爲葶軸。聯之爲筐，則櫛比而方，婦紅所賴以盛也；〔八〕析之爲筊，〔九〕則櫺疎而晳，稚子所戲以籠也。〔一〇〕卬田足穀之家，如崇如墉，蓋有不可一日闕者。顧其米澀，不雜以麥與豆則棘口，而造酒乃醇以勁，利膈達腹，喻之以刀，敵雪衝風，比之以襖。利之所生，凡釀者販者，皆譏而稅其什一，〔一一〕其不脛而走，達於江、淮、閩、粵者，益美烈而加馨，嗜者每以得其涓滴爲快，而常慮其贋，且或羼以他酎。〔一二〕故青旗之標，〔一三〕出畿輔者曰「京東」，出山西者曰「汾潞」，出江北者曰「沛」，出遼左而泛海者曰「牛莊」，皆都會也。惟蜀秫之名，不見於經。《博物志》謂種蜀黍地多蛇，〔一四〕北地固少虺蜴，亦未稔其即此穀與否？而利民用如此其溥，殆古所謂「木禾」、「木稷」者歟？〔一五〕然稻蟹之鄉既不插蒔，而河朔以其易生而廣收，亦目爲粗稼。有以麥與蜀秫麫合爲「薄夜」相餉者，〔一六〕表毣毣如積雪，而背殷紅侔丹砂焉。吾戲謂曰：宗軍人粗食如此甘美，〔一七〕其所矜精鑿者，必崑圃之珠塵玉屑耶？〔一八〕木稷見《廣雅》。〔一九〕《山西通志》：「高粱，土人又稱茭子，在太原屬者苗低穗緊，在汾州屬者苗高穗鬆，在平陽、絳州諸屬者有早秫、晚秫二種。早秫有大老漢、小老漢諸種，晚秫有紅、黑、黃、白、蓬頭諸種。蓬頭穗下垂，紅、黑、白三種穗上生，黃穗四面分披。粒無殼者米硬，可爲粥；粒有殼者米軟，可爲酒醋。」按高粱之類，此爲詳盡。

附：蜀黍即稷辯

蜀黍非惟經傳無聞，即《本草》亦不載，惟《博物志》始著其名，《食物本草》著其用，而又謂南人呼爲「蘆穄」。今亦不聞有呼「蘆穄」者。《九穀考》删謂即稷，引據博奧，一掃舊説，《廣雅疏證》、《説文解字注》皆主之。段氏之言曰：「漢人皆冒粱爲稷，而稷爲秫秫。鄙人能通其語者，士大夫不能舉其字，可謂撥雲霧而覩青天矣。」尊崇獨至，亦蜀黍之大幸也。但北地呼「蜀黍」，音重即爲「秫秫」，如蜀葵亦呼爲「淑𦈢」，阮儀徵相國所謂「淑氣」是也。〔二〇〕《九穀考》以《説文》「秫，稷之粘者」，遂以蜀黍定爲秫，而蜀黍之不黏者别無異名，不得不謂「不黏者」，亦通呼爲「秫秫」。夫穀多有黏、不黏二種。稻黏爲糯，不粘爲秈。稷之黏者爲秫，不應不黏者亦爲秫也。《九穀考》又謂天下之人呼高粱爲「秫秫」，呼其稭爲秫稭，舊名在人口中，世世相受。夫以蜀黍音同秫秫，定爲黏稷之秫，彼以稷、穄雙聲，指穄爲稷，亦西北之人至今相承語也。蜀黍有黍名，不得指爲黍；高粱有粱名，不得定爲粱，獨可以其秫秫之稱而即定爲稷之名秫者耶？

《説文解字注》謂「以穄爲稷，誤始蘇恭」。蘇氏之誤多矣，如以青稞爲大麥，則大、小麥幾不能辨，獨其以稷爲穄，則尚有説。考《本草》有稷無穄，或即以穄爲黍。而《齊民要術》備列北方之穀，獨謂稷爲穀，其云「凡黍穄田，黍黏者收薄，穄味美者亦薄；刈穄欲早，刈黍欲遲」，黍與穄或一類，或二種，皆在疑似之間。而《說文》「秫」下即曰「穄，穈也」。二字相厠，「𪏮爲黍穰」，「穰爲黍𪏮已治者」，皆不連綴。而凡黍之字皆從黍。則曰「穈，穄也」，則謂穄爲稷，謂穄爲黍。以近日治《說文》之法求之，二者皆可相通，果孰從耶？

獨是蘇氏謂稷與黍爲秈、秫，故其苗同類，是誠考之未審。古以黍、稷爲二穀，若同類而分秈、秫，則稻之糯、粳亦將別爲二種乎？且以今之種黍子、穄子者驗之，則黍穗斂束，穄穗鬅沙，黍粒長，穄粒圓或扁，黍用多而穄用少。大凡北地之穀，種粱者什七，種黍者什二，種穄者什或不得一焉。三者初生皆相似，而穎粟苞秀則漸異，〔二一〕農家分畦別隴，蓋取用不同也。

李時珍承蘇氏及羅氏之說，但謂黍爲稷之黏者。爾後紀載，轉相沿襲，不復目驗而心究，其爲諸通人所厭菲而吐棄，誠無足怪。

而吾謂秫之爲稷，穄之爲黍，其說亦不自《九穀考》始。《經典釋文》謂「北方自有秫穀，全與粟相似，米黏，用之釀酒，其莖稈似禾而粗大」。按其形，惟蜀黍之通呼「秫秫」者可以當之。《珍珠船》〔二二〕鲁徐鉉說「楚人謂之稷，關中謂之穈，其米爲黃米」〔二三〕爲「認黍爲稷」，是即《九經考》以穈爲黃黍之嚆矢，〔二四〕乃獨以稷爲粟米，考《爾雅注》「今江東呼粟爲粢」，說經者斥爲六朝謬說，通於彼而又窒於此矣。

而《爾雅正義》詳繹其說，謂黃米與稷相似而垂穗較疏，則黃米與穄又別爲種，與蘇氏諸人之説稍異。而其釋稷粢也，直云「北方所謂稷米」，又不著其形狀，豈以同時方掊擊穄之爲稷，而以稷易穄耶？抑穄、稷實有兩種耶？余遍詢直隸、山西人，皆謂穈、穄爲一，與《説文》同，而以軟硬爲黍、穄之分，且云穄無黏者，則是秫爲黏稷，不惟無其名，亦失其種。

段氏注《説文》，多云「爲淺人更改」或「佚脱」，此「秫」字下即非竄移，又求其説而不得，則不敢不托「蓋闕」之義。夫諸儒上下千古，研貫百家，持論閎矣。余少便鞅掌王務，〔二五〕所見卷軸何能半袁豹？〔二六〕但諸儒以俗呼秫秫爲稷之黏秫，而於俗呼穈之米爲稷米則斥之，謂晉人以粟爲稷爲誤，而並以漢人之説稷者爲皆不識稷；且以《管子》「黍秫之始」一言滋惑，疑爲後人所加，則自三代迄今舉無可從，惟俗語爲徵信，而俗語之言稷者不足信，獨言秫者爲足信，是亦未能折服昔賢，而使天下後世俱以高粱爲稷而無敢異議也。余既植黍與穄而審别之，縱不可以穄冒稷，而斷不能信以蜀黍爲稷。夫北地之呼粟、黍、穄者，皆曰「小米」耳。統言之，幾無不可通，而細究之，則古無今有、古有今無者曷可勝數？以余所見，乃太倉稊米而已。段氏有言：「草木之名，實多同異，雖大儒亦不能無誤。」此論允矣。故《長編》中諸説備載，而不復置辯。

按《齊民要術》：「『穀』者總名，非止爲粟也。然今人專以稷爲穀，望俗名之耳。」即引孫、郭諸人稷粟之説。〔二七〕又云「按今世粟名多以人姓字爲名目」云云，臚列近百種，俱有穀、粟、糧、稷名，而别白精粗。其云「今人俗名」者，恐即指「江東呼粟爲粢」及稷、粟之説，而特疑其籠統。觀其言種穀法至詳至悉，夏種黍、穄，與植穀同時，地必欲熟，種粱、秫法則欲薄地，種與植稷同。一曰「植穀」，一曰「植稷」，穀、稷互見，又非盡書穀。而粱、秫欲薄地，或即《釋文》所云北方秫種似禾而高大者，否則當以秫入穀，不應别立條。細繹賈氏之意，蓋以粱、粟、稷皆爲穀。今人專以稷爲穀，乃俗名，非正也。

《農政全書》遂謂「古所謂稷，今通謂穀，或稱粟，粱與秫，則稷之别種」，是真以稷、粱爲一矣。獨其所謂「穄爲黍之别種，今人以音相近，誤稱爲稷」，此《九穀考》「以穄爲黍」之所本。又《閩書》「稷，明祀用之」，《歐冶遺事》〔二八〕「穄米與黍相似而粒大」，按此説，是蜀黍也。直省志書載稷者多有，〔二九〕都無形狀，惟《歙縣志·物産》「穄有黑穄，秈穄也；赤穄，糯穄也；長如蘆葦，號蘆穄，皆古之稷」。此皆《九穀考》以蜀黍爲稷之説。而程氏，歙人也，〔三〇〕蓋其里先有是言，而益推衍之，以《説文》爲歸宿，非首發難端耳。《農政全書》載有《齊民要術》「種蜀黍」一條，文義不類，恐沿上一條「種粱秫」而誤書。又曰「遺其本書」，當是《農書》中語耳。

又按《説文》、孫炎、郭璞諸説，蓋皆傳聞異辭，各存别名。《九穀考》謂近人無呼粟爲秫者，是誠然矣。又謂他穀之黏者亦假借，通稱曰秫，則黏粟、黏稷皆可名秫。孫、郭之説已不爲謬。《古今注》謂秫爲糯稻，今南方通呼秈、秔、糯，不聞有評秫稻者，則不評秫粟，亦猶秬、秠、虋、芑，今亦無是稱也。〔三一〕余嘗謂江左諸儒足跡不至北地，徒以偏傍音訓推求經傳名物，往往不得確詁，顔黄門所辨者皆是也。〔三二〕程徵君久僑燕薊，就北方之音聲以駁文士之講説，所見正與余同。而於北音尚有未盡然者。段氏《説文注》「榆」字云：「《齊民要術》分姑榆、山榆、刺榆爲三種。依許説，山榆即刺榆，賈氏言植物，皆種植，得諸目驗，豈許有未諦」云云，則段氏亦曾以賈氏之言爲可據矣。按《齊民要術》種粱秫法與植稷同，則非謂秫即稷。細繹前説，「黍黏收薄，穄美亦收薄，種秫與稷同」，不云「與穄同」，恐亦以穄爲黍；穄無黏者，故但言美，美則軟似黍耳，言其美則亦非一種。蘇氏獨云「黄米」，亦褊矣。鄭司農注「九穀」，〔三三〕稷、秫並舉，固不以秫爲稷。後鄭不從，恐亦未必即以秫、稷爲一物。以粟易秫，粱可兼秫，秫不可兼粱，未知後鄭意如何。漢儒多家西北，且嘗躬耕，其於稷種蓋習見，以爲人人皆知，無煩訓詁。故鄭氏《三禮注》、《詩箋》獨不詳稷之形狀，而班固、服虔諸儒亦何至不知其土宜，如周子之不辨菽麥乎？〔三四〕如蓬蒿諸草，漢儒多不詳其形狀，遂啓後人辨證，未必漢儒皆不知也。叔重汝南人，〔三五〕吾同郡也。漢時種秇，吾不能知，今則以稻、麥、豆、高粱、穀子爲大田，非惟不植穄，亦無識黍者。大抵農人逐利，與時貴賤，古所重而今棄者良多。今西北植穄者亦少，恐異時並其種而失之矣。諸儒但謂高粱爲北種，不知漳、泉皆曰「番黍」，而黔中苗寨秇植無隙地也。又如玉蜀黍一種，於古無徵，今遍種矣。《留青日札》謂爲「御麥」，《平凉縣志》謂爲「番麥」，一曰「西天麥」，《雲南志》曰「玉麥」，陝、蜀、黔、湖皆曰「包穀」，山氓恃以爲命，大河南北皆曰「玉露秫秫」。其種絶非蜀黍，類名以麥而非麥，名以穀而非穀。若據河南北方言以爲秫，則亦得爲稷之别種耶？

按漢儒以粟爲稷，至晉不易，陶隱居亦云「粟粒細於粱，或呼爲粢米」。蘇恭曰：「粟與粱有别。」今農人種小米者猶曰某穀、曰某粟，其穗粒俱不同，一望而知，不似黍、穄之分尚須細别也。《齊民要術》備列粟名，曰朱穀、黄聒穀、加支穀、李穀、白鹺穀、調母粱、赤巴粱，則穀、粱、粟洵一類矣，而獨系以「今人專以稷爲穀」一語。玩其詞意，殆以「穀」是總名，稷本一種，而今人以爲穀，則稷、粟、粱同有穀名，遂皆並載。惟既云「專以稷爲穀」，則所載名穀者乃是稷，而别名粱者必非稷矣。蘇恭知粱、粟有别，而斥陶呼粢之非，則粟不爲稷，自蘇氏始，亦非近時諸儒刱論。但蘇非謂粟即是粱，李時珍乃謂「粟，粱也」，則粟之爲粱，乃自李氏始。

蘇、李之説固不必與漢儒注經相校，但即以《别録》論之，白粱、青粱、黄粱皆云味甘，粟别一條云味鹹，一類以大細爲别，不應甘鹹異味。陶但云「粟舂熟令白，亦以當白粱」，則未嘗以爲真粱；又曰「粱是粟類」，亦概言之耳。《别録》分别性味，有粟、有粱、有稷、有秫，陶以粟爲粢，則無以釋稷，故云不識，而臆爲黍、稷相似之語，此大誤也。其釋秫云「北人以作酒」，亦不指爲何物。《齊民要術》以種植爲主，故凡俗之呼「穀」者，皆雜録於右，曰穀、曰粱、曰稷、曰粟，但隨俗呼名，不復識别，正如今人曰小米、曰穀子，其類乃不可究詰，夫豈一種哉？愚夫愚婦，展轉相傳，物以音變，音以地殊，凡古物在今不能指名者皆是也。南人之言，余不能譯。今山西以高粱爲茭子，以青稞爲莜麥，以荏爲葱，售於市，書於牘，無異辭，不覩其物，無由識之，安得以其俗語改古訓哉？

《别録》即漢以來名醫所録，既分載稷、粟，何得謂漢儒皆以粟冒稷？《氾勝之書》「粱爲秫粟」，秫之通稱，漢時已然。《説文》「黏稷」，蓋以稷爲穀長，姑舉一類，以統其餘。《匡謬正俗》謂「秫似黍米而粒小」，此殆是《説文》「黏稷」也。大抵稷、秫以黏不黏爲别，而粱、粟即以秫不秫爲别。舉稷之名秫，以爲凡黏穀之名，此乃所謂穀長矣。惟農家統以穀名，粱與粟與稷三種久已混淆，而秫、粟音尤相近，當時必有以秫、粟爲一者。諸儒相承，即以粟、稷互訓，或因俗稱，或傳寫以聲而訛，而欲别稷者，仍當於俗呼穀、粟之類别之。特古訓遺其形狀，難爲識别。蘇氏以穄爲稷，遂至謂稷無黏者。孫、郭以秫爲黏粟，遂致以秫爲黏粟之定名，而未考《氾勝之書》「粱爲秫、粟」，是則偶未細檢而措語稍偏。李氏之説，則正言直斷，敢於信矣，諸儒詆之，職此之由。余謂以穄爲稷，誠非有本之言，而以蜀黍之俗呼秫秫者定爲黏稷，則《詩集注》之黍似即指蜀黍，而鄉間塾師輒以高粱爲粱，一物而數名，吾誰適從？若以蜀黍種早指爲首種，今北地春而種麥，滇南蜀黍宿根自生，此豈可以訂古訓哉？

又按《齊民要術》：「種粱、秫並欲薄地，與植稷同。」一本「稷」作「穀」，益信賈氏之所謂穀者確是稷，而粱、秫、稷三種判然可知矣。粱爲秫粟，秫不得爲黏粱，而與植稷同時，則秫或即爲黏稷，與《説文》同。稷不黏而秫黏，一種二名，其性異，其狀未必異也。《氾勝之書》粱爲秫粟，粱、粟二名，其性異，其狀亦不應異也。農家貴糯種秫，粱爲常植。《圖經》謂能盡地力，故植薄地。漢、晉人以稷爲穀，穀與粟皆總名，名以穀並名以粟，而與粱之不黏者同名而滋混矣。

《爾雅翼》謂圓而細者爲粱之粟，吾疑圓而細者乃前儒所謂稷而得粟名者也。粱以大粒長毛與諸穀異，其不黏者亦不應穗粒圓細。且今之粱自有黏不黏二種，不黏者即粟矣，而又有粟一種，此粟非即稷乎？諸儒皆斥前人以粟冒稷，吾謂粱與稷同有粟名，而《本草注》不復細別，遂專以粟屬粱，並以稷之名粟者亦爲粱。吾非爲漢、晉諸儒作調人，〔三六〕特以今之通呼「穀」，與魏、晉人之呼「穀」一也。魏、晉之穀，粱、粟、稷皆厠其中；今日之穀，種亦繁矣，何得謂無稷也？湖南有稷子苗，似粱而穗散粒大，乃甚似高粱。藋粱一名「木稷」，其以此歟？

〔一〕《農政全書》六十卷，明末徐光啓撰。

〔二〕簞：席。

〔三〕簿：編成片狀。

〔四〕𢭏：支撐。柴：木棒。

〔五〕籬：此作動詞，即做成籬笆。

〔六〕樊：用籬笆之類圍起來。

〔七〕榾柮：用於燒火取暖的木塊。

〔八〕即做女紅用的針綫筐。

〔九〕筊：小籠子。

〔一〇〕即裝蟈蟈之類草蟲用的小籠子。

〔一一〕譏：設關稽查。什一：十中抽一爲税。

〔一二〕酎：重釀的醇酒。

〔一三〕指酒招。

〔一四〕張華《博物志》卷四引《莊子》云：「地三年種蜀黍，其後七年多蛇。」今《莊子》無此文。

〔一五〕木禾：禾皆草本，木本之禾僅見於神話傳説，如《山海經》言崑崙山上有木禾，長五尋，大五圍之類。「木稷」見後注。

〔一六〕薄夜：薄夜餅，見《北户録》。疑「夜」之本字當是「葉」。

〔一七〕《宋書·宗慤傳》：宗慤鄉人庾業，家甚富豪，方丈之膳，以待賓客；而慤至，設以菜葅粟飯，謂客曰：「宗軍人，慣噉粗食。」愍致飽而去。

〔一八〕崑圃：神話傳説中崑崙山上有懸圃，爲仙人所居。

〔一九〕《廣雅》：「藋粱，木稷也。」李時珍以爲即蜀黍。

〔二〇〕阮元，字伯元，江蘇儀徵人。乾嘉時著名學者。官至體仁閣大學士，故稱相國。

〔二一〕穎：禾穗。粟：穀粒。苞：穀之外皮。秀：花穗。總指禾穀果實之外形。

〔二二〕「珍」，應作「真」。明胡侍撰。

〔二三〕見徐鉉《説文繫傳》「稷」字注。

〔二四〕嚆矢：響箭。此即「先聲」意。

〔二五〕《詩·小雅·北山》：「或棲遲偃仰，或王事鞅掌。」指職事匆忙紛擾。

〔二六〕半袁豹，有袁豹的一半。袁豹，晉丹陽太守，有文集。《晉書·殷仲文傳》：「仲文善屬文，爲世所重。謝靈運嘗云：『若殷仲文讀書半袁豹，則文才不減班固。』」言其文多而見書少也。

〔二七〕孫炎，三國吴人，曾著《爾雅音義》。郭璞，晉人，著《爾雅注》。按：《爾雅》「粢，稷也」，孫炎曰「稷，粟也」，而郭璞注「今江東呼粟爲粢」。

〔二八〕宋福建人陳傳撰。《宋史》作《歐冶拾遺》。

〔二九〕直省：南、北直隸俱可稱直省，單言「直省」則指北直隸。

〔三〇〕《九穀考》作者程瑶田，安徽歙縣人。

〔二一〕《詩·大雅·生民》：「誕降嘉種，維秬維秠，維穈維芑。」穈，《爾雅》作「虋」。

〔二二〕顔黄門：即顔之推，初仕於梁，梁亡歸北齊，仕至黄門侍郎。著《顔氏家訓》，其中《音辭篇》以南方士族而輕詆北人音義多失，舉例甚多。而吴氏以爲顔氏所舉皆不得確詁。

〔二三〕鄭司農：鄭衆，東漢明、章帝時人，大經學家，官至大司農。爲與東漢末年的大儒鄭玄相區別，又稱鄭衆爲「前鄭」，稱鄭玄爲「後鄭」。

〔二四〕周子：春秋時晋悼公名。《左傳》成公十八年，晋立周子爲君。周子有兄，不慧，不能辨菽麥，故立周子。是不能辨菽麥者乃周子之兄。

〔二五〕《説文解字》作者許慎，字叔重。

〔二六〕調人：居中調解糾紛之人。

稔頭

稔（rěn）頭，一名「灰包」。蜀黍之不成實者，忽作一包白瓤如茭瓜，小兒輒取食之，味甘而酥，能噎人，亦可作茹；老則黑縷迸出成灰，亦有作粒者，輒即黑枯。地不熟、功不至則生。余偶以嘗客，戲語之曰：「山西謂蜀黍爲茭子，俗亦謂菰爲茭，鄭康成以菰列九穀，〔一〕此不可謂菰耶？」客曰：「吾食茭瓜而不知爲雕胡，〔二〕食蜀黍而不知有稔頭。微君言，吾固不辨爲二穀。請作《食經》，以充吾厨；勿談《太玄》，以覆吾瓿。」〔三〕

〔一〕按鄭衆注《周禮》「九穀」爲黍、稷、秫、稻、麻、大小豆、大小麥。而鄭玄（康成）謂九穀無秫、大麥，而有粱、苽。又按，苽，鄭玄注《禮記·内則》曰：「苽，彫胡也。字又作菰。」菰即今之茭白，其實即菰米，亦稱雕胡，故列入九穀。

〔二〕茭瓜即茭白，而雕胡爲其實，二者也算是一物。

〔三〕《漢書·揚雄傳》：雄作《太玄》。劉歆謂雄曰：「空自苦。今學者有禄利，然尚不能明《易》，又如《玄》何？吾恐後人用覆醬瓿也。」西漢時字寫在簡牘上，所以可以蓋醬缸。

植物名實圖考卷之二　穀類

稗子

《救荒本草》：「水稗生水田邊，旱稗生田野中。苗葉似稃子，葉色深緑，脚葉頗帶紫色。梢頭出匾穗，結子如黍粒大，茶褐色，味微苦，性微温。採子搗米煮粥食，蒸食尤佳，或磨作麪食皆可。」

雩婁農曰：稗能亂苗，〔一〕亦有二種：有圓穗如黍者，有扁而數穗同生者。與米同舂則雜而帶殼，別而杵之則粒白而細，煎粥滑美。北地多種之於塍，非稂莠比也。〔二〕《爾雅》「稊，英」，〔三〕注謂「似稗，布地生穢草」。又古詩云「蒲稗相因依」，〔四〕則稊爲陸生、稗爲澤生歟？《農政全書》諄諄以種稗爲勸，備豫不虞，仁人之用心哉！

〔一〕稗能亂苗：與稻秧相混而不易分別。

〔二〕稂莠：對禾苗有害之雜草。

〔三〕「英」，《爾雅·釋草》作「苵」。

〔四〕謝靈運《石壁精舍還湖中作》。

光頭稗子

光頭稗子，莖葉俱同茭菰，生陸地，穗出葉中，扁淨無毛，故名。爲炊香美。水稗形如禾，生於水田，蓋即《淮南子》所謂「離先稻熟」。〔一〕而陸生穢地者爲稊，其即此歟？

〔一〕見《淮南子·泰族訓》。高誘注云：「稻米隨而生者爲離，與稻相似，耨之，爲其少實。」

䅟子

《救荒本草》：「䅟（cǎn）子，生水田中及濕地内，苗葉似稻，但差短，梢頭結穗，彷彿稗子穗。其子如黍粒大，茶褐色，味甘。採子搗米煮粥，或磨作麪蒸食亦可。」黔山多種「鷹爪稗」，〔一〕亦呼「䅟子」，雲南曰「鴨掌稗」。

雩婁農曰：䅟子，稗類，於書尠見。其穗駢出，參差如大小指，或以「摻摻」得名耶？〔二〕《廣群芳譜》：「一名『龍爪粟』，一名『鴨爪稗』。北地荒坡處種之。苗葉似穀，至頂抽莖，有三稜，開細花簇簇。結穗分數歧，如鷹爪之狀。」形容極肖。《日照縣志》：「䅟子，粟之賤者。有黑白二種，宜濕地，石得米二斗餘，民賴以餬口。」而《三峽志》〔三〕謂「自滇中來，曰雲南稗，一曰雁爪稗。亦播種畦植，與穀爭價。東南所無」。蓋峽中石田，艱於嘉種耳。余過章、貢間，〔四〕河壖極磽，時黄雲徧野，擴摭弗及，安得謂東南無此？黔山陿瘠，無異峽中，溪頭峰角，種植殆徧。秋日穗稔，赭緑壓蹊，駢者如掌，鉤者如拳，既省工力，亦獲篝車，〔五〕民恃爲命，敢云「農惡」哉？《救荒》圖與此稍異，或一類亦有二種。

〔一〕黔山：貴州多山，遂以黔山爲貴州代稱。

〔二〕《詩·魏風·葛屨》：「摻摻女手，可以縫裳。」

〔三〕《三峽志》，《廣群芳譜》引作《三峽考》。

〔四〕章、貢，二水名，二字合爲「贛」字，故以章貢指贛江流域。

〔五〕篝：篕籠。篝車：即滿篝滿車，指豐盈的收獲。《史記·滑稽列傳》：淳于髡對齊威王：「今者臣從東方來，見道傍有禳田者，操一豚蹄，酒一盂，祝曰：『甌窶滿篝，汙邪滿車，五穀蕃熟，穰穰滿家。』臣見其所持者狹，而所欲者奢，故笑之。」

山黑豆

《救荒本草》：「山黑豆，生密縣山野中。〔一〕苗似家黑豆，每三葉攢生一處，居中大葉如菉豆葉，傍兩葉似黑豆葉，微圓。開小粉紅花，結角比家黑豆角極瘦小，其豆亦極細小，味微苦。苗葉嫩時採取，煠熟，〔二〕水淘去苦味，油鹽調食。結角時採角煮食，或打取豆食皆可。」雲南山中亦有之，花實較肥大，人弗採摘。

雩婁農曰：吾嘗渡河而北，大風沙擊車帷，有聲如雹。及抵驛，一廛盡喧，皆曰「天雨豆」。

亟取視，正如黑豆，小而堅，不類田隴間所藝。豈崇巖邃谷，穭穀自生，〔三〕陳陳堆聚，久而從風飄颺者耶？然絶無斷莖敗莢相雜，如出諸倉篅者，〔四〕抑猿鼠所窖，大風有隧，〔五〕因而發其覆耶？羅泌《路史》博載史傳雨金、雨粟、雨毛、雨血、雨魚諸異，然未得於目覩，而志五行者或附會以爲休咎。〔六〕是邑也，時有小旱，不爲災，亦無他異。蓋風雨奇怪，非常理可測。至池魚飛越，或有龍雷震攝。吾偶過野塘，一卒擊鑼，聲未絶，游魚撥剌飛水上數尺，有自擲於岸者。静極驟動，不可卒制，理固然爾。

《古今注》：元康中南陽雨豆，永平中下邳雨豆，似槐實。《宋史》：元豐中忠州南賓縣皆雨豆；大觀中，廬州雨大豆。《金史》：大定中，雨豆於臨潢之境，形上鋭而赤，味苦。《元史》：至元中，鄱陽雨豆，民取食之。《癸辛雜識》：至元中，永嘉雨黑米；泉州雨紅豆，如丹砂，可爲飯。《漢陽府志》：明時雨小豆，種之蔓生，不實；又黟、歙、常熟皆雨豆。鞏昌府安會雨豆，破之有麪，味苦澀。又陝西雨黑豆，食之氣閉。六合雨紅豆，有二瓣，食作腥氣。同安雨豆，扁而細，或黄或黑，有掃之盈升者。雨豆一也，或可食，或不可食，其有似豆而非豆者耶？抑以此别災祥耶？

〔一〕密縣：在今河南鄭州西南百里。

〔二〕煠：用開水燙熟。

〔三〕穭穀：野生之穀。

〔四〕篅：盛穀之器，圓形。

〔五〕《詩·大雅·桑柔》：「大風有隧，有空大谷。」毛《傳》謂「隧，道也」。西風謂之大風。此處指大風吹入猿鼠之洞穴。

〔六〕志五行者：諸史志多設《五行志》，專記載災異所預兆吉凶。

山菉豆

《救荒本草》：「山菉（lǜ）豆，生輝縣太行山車箱衝山野中。〔一〕苗莖似家菉豆，莖細，葉比家菉豆葉狹窄。艄開白花，結角亦瘦小。其豆黯緑色，味甘，採取其豆煮食，或磨麪攤煎餅食亦可。」

〔一〕輝縣：在今河南新鄉西北。

苦馬豆

《救荒本草》：「苦馬豆，生延津縣郊野中，〔一〕在處有之。苗高二尺許，莖似黄芪苗，莖上有細毛。葉似胡豆葉微小，又似蒺藜葉却大。枝葉間開紅紫花，結殼如拇指頂大。〔二〕頂間多虚，俗間呼爲羊尿胞。内有子如穄子大，茶褐色。子、葉俱味苦。採葉煠熟，换水浸去苦味，淘淨，油鹽調食；及取子水浸，淘去苦味，晒乾，或磨或搗爲麪，作燒餅、蒸食皆可。」按山西平隰亦多有之。〔三〕花如豆花，色極紅，結實空薄，一簇十餘。內子甚小，往往有蟲跧伏其中，氣惡，俗呼「馬屁胞」。饑饉薦臻，捃拾及此，枯魚銜索，幾何不蠹？〔四〕

〔一〕延津：今屬河南新鄉市。

〔二〕「大」字後原本有「半」字，據《救荒本草》删。

〔三〕平隰：低而平的濕地。

〔四〕「蠹」，原本誤作「盡」。此句大意謂：災荒相繼而至，饑民靠採食「馬屁胞」之類維生，正如脱水之魚穿到繩子上，距被蠹蟲所食還能有多久呢？《韓詩外傳》：「枯魚銜索，幾何不蠹？二親之壽，忽如過隙。」

川穀

《救荒本草》：「川穀，生汜水縣田野中。〔一〕苗高三四尺，葉似初生薥秫葉微小，葉間叢開小黄白花。結子似草珠兒微小，味甘。採子擣爲米，生用冷水淘淨後，以滚水湯三五次，去水下鍋，或作粥、或作炊飯食皆可，亦堪造酒。」

〔一〕汜水：今屬河南滎陽。

山扁豆

《救荒本草》：「山扁豆，生田野中。小科，〔一〕苗高一尺許，葉似蒺藜葉微大，根葉比苜蓿葉頗長，又似初生豌豆葉。開黄花，結小匾角兒，味甜。採嫩角煠食。其豆熟時，收取豆煮食。」

〔一〕科：此處與「棵」意同。

回回豆

《救荒本草》：「回回豆，又名『那合豆』，生田野中。莖青，葉似蒺藜葉，又似初生嫩皂莢葉〔一〕而有細鋸齒。開五瓣淡紫花，如蒺藜花樣。結角如杏仁樣而肥，有豆如牽牛子微大，味甜。採豆煮食。」

〔一〕「葉」字，原本闕，據《救荒本草》補。

野黍

野黍，生北方田野。《救荒本草》録之。粒稀早穗，實熟易落。

雩婁農曰：余聞之野人曰：凡穀實皆有野生者，其苗短，其粒瘦，種之肥地則方苞穎栗，〔一〕與田禾無異。然則鴻荒甫闢，誕降嘉種，亦唯荒穢於緜絛塗泥之中而未有區別。〔二〕聖人出，嘗之而知其益於人也，於是茀之、萊之、藝之、役之而爲畎畝，〔三〕動之、散之、潤之、暄之而爲墉櫛，〔四〕溝之、澮之以備灌溉，堰之、坊之以禦浸潦，奏庶日艱食，〔五〕豈一手一足之爲烈哉！後世值水旱之祲，而始鰓鰓然求自然之穀以救孑遺。〔六〕嗚呼！滌滌山川，〔七〕野無青草，即生瓜籠稻，〔八〕亦安可得？然自來饑饉荐臻之後，或旅生以蘇喘息，或歧穗以補困窮，蓋造物仁愛，未嘗一息或停。而氣數之厄，造物亦無如何。彼耐暵耐濕之種，固不乏矣，而田家五行，所占多驗，課問勤則徵應不爽，休咎之兆，龜筮有不及者。吾居鄉時，春雨足而夏澤屢愆，〔九〕播種於田，所獲不能倍於種。盛暑中偶憩一農家，則場圃盡築，穜稑倉積矣。訊其故，則曰：「稻種有『六月稜』者，早種速穫，其米糙而收薄。數年來，田家皆以夏暵失其業，吾及尺澤而耕，〔一〇〕徂暑而熟。〔一一〕祈雨者芻龍柳圈，鼓闐闐於隴首，〔一二〕吾以其時僦閒民，割吾禾於烈日中，雇錢少而秠秸且無損。〔一三〕所收雖約，然市無赤米，〔一四〕價方昂而未已，較之粒米狼戾，〔一五〕廢積不售，其贏殆倍蓰焉。」〔一六〕噫！一上農之力，能與造物爭盈虛如此。然則爲民上者，訪深明農事之人以爲田畯，〔一七〕又博求多種，相陰陽寒暑之不齊而增損之，使民之趨時赴功如救火追亡，人而力祛其呰窳偷生之習，〔一八〕詎不足補救災祲於萬一哉？徐元扈〔一九〕曰：「稗多收，能水旱，宜擇佳種于下田種之，災年便可廣植，勝於流移捃拾。」吾亦謂：有田者必預求能水旱之穀種，視地之高下各種數區，毋以收薄而鹵莽之。歲美俱美，歲惡必不俱惡，豈不愈於采稂莠而冀穭穀哉？然田家有能有不能者，則曰「必先去其貪」。

〔一〕《詩·大雅·行葦》：「方苞方體。」苞，植物初生。體，成形。《生民》：「實穎實栗。」穎，穗芒。栗，穀實。宋戴埴《鼠璞·樊遲學稼》：「禾麻菽麥，秬秠穈芑，各有土地之宜；方苞種裒，發秀穎栗，各有前後之序。」

〔二〕《書・禹貢》：「厥草惟繇，厥木惟條。」注：繇，茂也；條，長也。言草木繁茂狀。此句言洪荒之初，雖有美穀之種，亦混雜於叢草荒野之中，與尋常草木没什麼區别。

〔三〕《詩・大雅・生民》：「茀厥豐草。」茀，治也。以上爲芟治荒野、栽種作物以成良田。

〔四〕暄：暖。《詩・周頌・良耜》：「其崇如墉，其比如櫛。」此言既種之後的勞作及收穫，穀成熟之後而積聚衆多，倉庫崇如城墉，比次如櫛。

〔五〕《書・益稷》：「暨稷播，奏庶艱食鮮食。」孔《傳》：「艱，難也。衆難得食處，則與稷教民播種之。」

〔六〕鰓鰓然：戰懼貌。自然之穀：指野生之穀。

〔七〕《詩・大雅・雲漢》：「旱既太甚，滌滌山川。」滌滌，蕩然無物貌。

〔八〕《越絶書》：吴王夫差既爲越王所敗，率其餘兵，饑餓乏糧，視瞻不明，「據地飲水，持籠稻而餐之」。籠稻，未熟之稻。

〔九〕愆：失時。此言夏天的雨水屢屢不能及時降下。

〔一〇〕尺澤：池洼之小者。此指尚有小水之時。

〔一一〕《詩・小雅・四月》：「四月維夏，六月徂暑。」六月爲暑天初臨。

〔一二〕芻龍：以草編作龍形。柳圈：以柳條作成圓圈，戴在頭上。打鼓於田間。均爲祈雨之俗。

〔一三〕秷：禾穗。

〔一四〕赤米：質劣之米。《國語·吴語》：「大荒荐饑，市無赤米。」

〔一五〕《孟子·滕文公上》：「樂歲粒米狼戾。」意爲豐年糧食過剩，狼藉而棄於地。

〔一六〕倍蓰：一倍曰倍，五倍曰蓰。此言能贏數倍之利。

〔一七〕田畯：此指勸農的官員。

〔一八〕呰窳：苟且懶惰。

〔一九〕《農政全書》的著者徐光啓，字元扈。

燕麥

燕麥多生廢地，與雀麥異，《救荒本草》辨别極晰。《野菜贊》云「有小米，可作粥」。其稭細長，織帽極佳，故北地業草帽者種之。

雩婁農曰：甚矣瘠土之民之苦也！《博物志》謂食燕麥令人骨軟，〔一〕《救荒本草》録之，亦謂拯溝壑耳。〔二〕《麗江府志》：「燕麥粉爲乾餱，水調充服，爲土人終歲之需。」維西苦寒，〔三〕其人力作，幾曾病足哉？蓼之蟲，桂之蠹，生而甘之，烏知其辛？〔四〕彼漿酒藿肉，〔五〕覭覭然呰食者，〔六〕其亦幸而不生雪窖冰天，得以填其慾壑耳。然而醉生夢死，與圈豕檻羊同其肥腯，冥然罔覺，以暴殄集其殃，其亦不幸也已！

〔一〕晉張華《博物志》卷四：「食燕麥令人骨節斷解。」

〔二〕饑民將輾轉而死於溝壑，燕麥可救饑。《孟子·梁惠王下》：「凶年饑歲，老弱轉乎溝壑，壯者散而之四方。」

〔三〕維西：中國西部，泛指雲、貴、西藏等地。

〔四〕苦蓼、桂樹中的蠹蟲，生而習慣，何知其苦辛？

〔五〕以酒爲漿，以肉爲藿，形容飲食優越。

〔六〕厚着臉皮而指責吃燕麥的人不懂養生。

胡豆

胡豆，《救荒本草》録之。豆可煮食，亦可爲麪。《本草拾遺》：「胡豆子生田野間。米中往往有之。」不述其形狀，當即此。

雩婁農曰：今胡豆野生，非古胡豆也。考《爾雅》「戎，菽」，注：「今胡豆。」《廣雅》、《齊民要術》胡豆與大豆異類。《名醫別録序例》云「胡豆，今青斑豆」，則是豆之有青斑者，大豆、飯豆中皆有之。蓋舊時胡麻、胡瓜，草木中多以「胡」名者，今皆異稱。胡麻既別爲山西一種，而胡豆則田野旅生，誠不能定古之胡豆爲今何豆也。《廣雅》：「胡豆，跭䜍也。」李時珍以豇豆角雙指爲跭䜍，《九穀考》以郭注「胡豆」或即今豌豆，亦本李說。夫跭䜍，但以形聲臆度。而《廣雅》胡豆、豌豆兩釋，方言異字，彼此是非，蓋闕如也。《滇黔紀遊》〔一〕謂「太和戎菽，年前即采，土人謂之大莞豆」，此即蠶豆。文人泚筆動援古籍，〔二〕可無論耳。

〔一〕清初陳鼎撰。

〔二〕泚筆：以筆蘸墨，指著書作文。

玉蜀黍

玉蜀黍，《本草綱目》始入「穀部」。川、陝、兩湖凡山田皆種之。俗呼「包穀」。山農之糧，視其豐歉，釀酒磨粉，用均米麥。瓤煮以飼豕，稈乾以供炊，無棄物。

豇豆

豇（jiāng）豆，《本草綱目》始收入「穀部」。此豆莢必雙生，故有「跭[illegible]」之名。種有紅、白、紫、赤、斑駁數色，可茹、可穀，亦能解鼠莽毒。〔一〕

〔一〕鼠莽即鼠莽草，可用以毒鼠。《本草綱目》「莽草」條：「此物有毒，食之令人迷罔，故名。山人以毒鼠，謂之鼠莽。」

豌豆

豌豆或作「豋」。按《説文》豋訓豆飴，非豆名。

豌豆，李時珍以爲即「胡豆」，然《本草拾遺》所云胡豆非此豆也。古音義「胡」多訓大，後世輒以種出胡地附會其説，皆無稽也。豌豆、葉皆爲佳蔬，南方多以豆飼馬，與麥齊種齊收。《廣雅》：「畢豆、豌豆，留豆也。」〔一〕《本草》中皆未著録。

雩婁農曰：豌豆，《本草》不具，即詩人亦無詠者。細蔓儷蕁，〔二〕新粒含蜜，菜之美者，吾鄉之巢，〔三〕烏能相擬哉？按陸宣公狀云：〔四〕「京兆府先奏：『當管蟲食豌豆，請據數折納大豆。』度支續奏：『據時估，豌豆每斗七十價已上，大豆每斗價三十已下，望令各據估計錢數折納。』螟蜮爲灾，豌豆全損，司府折納充數，已爲尅下從權；〔五〕度支準估計錢，乃是幸灾規利。〔六〕且豌豆爲物，其用甚微，舊例所支，唯充畜料，準數迴給大豆，諸司誰曰不宜？」蓋昔時僅以秣馬，而未嘗供蔬，饜既有誅，齒亦弗及。〔七〕至利計秋毫，冀益國用，自非程异、皇甫鎛之徒何能辨此？〔八〕

〔一〕《廣雅》原書作：「豍豆、豌豆，蹓豆也。」

〔二〕儷蕁：可與蕁菜相比肩。

〔三〕巢即「巢菜」，薇即野豌豆，有結實不結實之分，不結實者莖、葉可食，謂之巢菜。

〔四〕陸贄，唐德宗時賢相，謚宣。下引文節自陸贄《請依京兆所請折納事狀》。

〔五〕變更規章以克扣百姓。

〔六〕利用天災以圖謀利益。

〔七〕雖因窮饜而强制徵收，但徵收上來也不用來食用。

〔八〕程异、皇甫鎛在唐憲宗時以聚斂克剥齊名，但爲人却有不同。皇甫鎛爲御史大夫，專以克剥嚴急，聚斂媚上，險邪諂佞，爲有名的姦臣。而程昇晚年改節，不剥下、不朘民而經費以贏。

刀豆

刀豆，《本草綱目》始收入「穀部」，謂即《酉陽雜俎》之「挾劍豆」。其莢醃以爲茹，〔一〕不任烹煮。

雩婁農曰：刀豆只供菜食，《救荒本草》所謂「煮飯作麪」者，亦饑歲始爲之耳。味短形長，非爲珍羞。《本草綱目》乃以爲即挾劍豆，樂浪澤物，何時西來？〔二〕且《諾皋》之記，亦摭子年誕詞耳。〔三〕尚有繞陰豆，其莖弱，自相縈纏；傾離豆，見日葉垂覆地，〔四〕又將以何種角穀當之？《杜陽雜編》〔五〕「靈光豆，大類菉豆，煮之如鵝卵」，尤奇。

〔一〕茹：蔬菜。

〔二〕《酉陽雜俎》卷十九言挾劍豆：「樂浪東有融澤，澤中生豆莢，形似人挾劍，横斜而生。」

〔三〕《酉陽雜俎》有《諾皋記》一篇，後人遂以《諾皋》代指《酉陽雜俎》。後秦方士王子年撰有《拾遺記》，言歷代諸國奇物，荒誕無稽。《酉陽雜俎》的「挾劍豆」即從《拾遺記》卷六中采來。

〔四〕以上兩種怪豆，均見於王子年《拾遺記》。

〔五〕唐蘇鶚撰，多記唐代奇物怪聞，亦《拾遺記》之屬。

龍爪豆

龍爪豆，産寧都州。〔一〕葉大如掌，角長四五寸，豆圓扁如大指，土人煮以爲飯。

雩婁農曰：吾過南豐以東，〔二〕見豆架而駭其呺然大也。〔三〕巨爪攫拏，森如熊蹯；〔四〕圓實的突，握若雀卵。殆日吞數枚，可以忘饑矣。然寠人飯之，而賓筵無薦者，視廣豐以簞笥饋人，〔五〕絶不相侔。邑人謂食多鬱滯，故不珍惜。《養生論》〔六〕曰「豆令人重」。心腹否則支體痿，〔七〕故曰重也。北人有諺曰：「趙北之魚，吃亦悔，不吃亦悔。」以其碩而無味也。然則是豆也，其劉表帳下八百斤之牛歟？〔八〕

〔一〕寧都州：今江西寧都。

〔二〕南豐：在今江西撫州南，地接福建。

〔三〕呺然：虚大貌。

〔四〕熊蹯：熊掌。

〔五〕廣豐：亦江西地名，在上饒東。此言廣豐以土産之龍爪豆作爲禮品贈人。詳見下條。

〔六〕三國魏嵇康撰。

〔七〕否：讀如痞，閉塞不通。

〔八〕《世説新語·輕詆》：桓温謂四座曰：「諸君頗聞劉景升不？有大牛重千斤，啖芻豆十倍於常牛，負重致遠，曾不若一羸牸。魏武入荆州，烹以饗士卒，於時莫不稱快。」辛棄疾《破陣子》「八百里分麾下炙」亦用此事，然「八百里駁」爲牛名，吴氏或誤記劉表之牛爲「八百斤」。

龍爪豆又一種。

龍爪豆即刀豆之類，豆大而扁如指頂，或有紋如荷包形。有紫、黑二種。

雩婁農曰：江西廣豐近封禁山，〔一〕産大豆角如爪，其實白質而赤章。味如扁豆而甘，且藏久無藥氣，土人亦珍之。移之南昌，〔二〕實未成而隕，疑秋風漸早也。顧吾邑所莳「荷包豆」者，黑白紋極細，形狀正同，味稍薄，豈一類而黑紋者獨耐寒耶？《唐本草》：「稨豆，北人呼鵲豆，以其黑而白間如鵲羽。」凡稨豆皆然，惟李時珍謂有斑者或此類。

〔一〕封禁山即銅鈸山，位於贛、浙、閩三省交界處。

〔二〕江西南昌府，治所在今江西南昌，轄南昌、新建、豐城、進賢、奉新、靖安、武寧等縣。

雲藊豆

雲藊豆，白花，莢亦雙生，似藊豆而細長，似豇豆而短扁。嫩時並莢爲蔬脆美，老則煮豆食之。色紫，小兒所嗜。河南呼「四季豆」，或亦呼「龍爪豆」。

烏嘴豆

烏嘴豆，滇南有之。同茶豆而有黑暈。又有一種「太極豆」，褐色黑紋，微如太極圖形。又有「花臉豆」，青黄色，有黑暈，形微扁。又有「棕角豆」，圓形，褐色而緺，亦有黑者。皆豆種之巨擘也。

野豆花

野豆花，生雲南山阜。黄花、澀葉俱如豆，横根頗長。

黑藥豆

黑藥豆，生江西南安山林間。〔一〕形狀頗似蹽豆。花黄紫色。結角長六七分，内有黑豆二粒，光圓如人瞳子。俗云每日吞二粒，明目，至老不花。

〔一〕江西南安：今江西贛州大餘，大庾嶺北麓。

蝙蝠豆

蝙蝠豆，生雲南。花色淡黄，以形似名。

黄麻

黄麻，生南安。紫莖，尖葉長寸餘，與火麻絶異。結子不殊。土人績之。大麻，李時珍謂俗名「黄麻」。今北地無此名，或即此也。

山黄豆

山黄豆，蔓生，花葉俱如豆，花白作穗，蓋鹿藿之類。〔一〕

〔一〕鹿藿見卷三。

山西胡麻

胡麻，山西、雲南種之爲田。根圓如指，色黄褐，無紋。叢生，細莖。葉如初生獨帚。發杈開花五瓣，不甚圓，有直紋，黑紫蕊一簇。結實如豆蔻，子似脂麻，滇人研入麪中食之。《大同府志》：「胡麻，莖如石竹。花小，翠藍色。子榨油，元大同歲貢油麪輸上都生料庫。」今民間糶之，油曰「大油」，省南北以茹、以燭，其利甚溥，惟氣稍膩。雁門山中有野生者，〔一〕科小子瘦，蓋本旅生，後蒔爲穀。花時拖藍潑翠，〔二〕裊娜亭立，秋陽晚照，頓覺懷新。《本草》以巨勝爲胡麻，今名脂麻，而此草則通呼胡麻。《别録》謂胡麻生上黨，〔三〕不識指何種也。

〔一〕雁門：在今山西代縣。

〔二〕拖藍：宋荆浩《山水賦》「遠水拖藍」，本以喻水色。潑翠：東坡詩「亂翠曉如潑」，亦喻山色。此俱以寫花色之濃。

〔三〕上黨：今山西省東南部。

植物名實圖考卷之三　蔬類

冬葵

冬葵，《本經》上品，爲百菜之主。〔一〕江西、湖南皆種之。湖南亦呼「葵菜」，亦曰「冬寒菜」，江西呼「蘄菜」。葵、蘄一聲之轉。志書中亦多載之。李時珍謂今人不復食，殊誤。湘南節署東偏爲「又一村」，有菜圃焉。余課丁種葵兩三區，〔二〕終歲取足，晨浸夕茁，避露惜根，〔三〕吮其寒滑，藏神清而渴喉潤。〔四〕郵致其子於薊門故舊，北地泉冽土沃，含膏飽霜，味尤雋腴，金齏玉膾，〔五〕驟得南蔬，亦皆屬饜焉。考唐宋以前園葵諸作，皆述其烹飪之功，而物狀亦備，後人詠蜀葵、黄葵，侔色揣稱，〔六〕佳句膾炙，而葵菜與管城子無翰墨緣矣。〔七〕然王禎《農書》述葵之濟世，謂「無棄材」。《山家清供》、《救荒本草》皆云葵似蜀葵而小，明以前非無知者。唯王世懋云菜品無葵，〔八〕不知何菜當之，隨筆浪語，不足典要。李時珍博覽遠搜，厥功甚鉅，其書已爲著述家所宗，而鄉曲奉之尤謹，乃亦云「今人不復食之，亦無種者」。此語出而不種葵者不知葵，種葵者亦不敢名葵，遂使經傳資生之物與《本草》養竅之功〔九〕同作莊、列寓言，〔一〇〕豈不惜哉！夫不著其功用猶之可也，乃其發宿疾，動風氣，病者貿貿食之，〔一一〕何以示禁忌？嗚呼！以一人所未知而曰今人皆不知，以一人所未食而曰今人皆不食，抑何果於自信耶？郭景純注《山海經》於詭異荒渺之物，不敢以爲世所未有，〔一二〕注《爾雅》所不識，則云「未詳」，不以一己所見概天下，誠慎之也。《本草》之注，昔人所慎，一語之誤，乃至死生。然則任天下事，以己所不知而謂今人皆不知，己所不能而謂今人皆不能，其關於天下之人生死又何如耶？葵之名幾湮，葵之圖具在，按圖雖不得驥，要可得馬。今以後有不知葵者，試以冬寒菜、蘄菜與諸書葵圖較。《農政全書》冬葵圖極精細。

雩婁農曰：烹葵及菽，農夫之食。〔一三〕綠葵紫蓼，〔一四〕粟飧葵菜，〔一五〕高人志士山蔬，固應不惡。《遼史》張儉在相位二十餘年，致政歸第。會宋書辭不如禮，上將親征，幸儉第。進葵羹、乾飯，上食之美，徐問以策。儉極陳利害，且曰：「第遣一使問之，何必遠勞車駕？」上悦而止，復即其第賜宴。敬上敬下，情禮藹然，其風古矣。諫行言聽，且異於晉平公之於亥唐。〔一六〕

附：揅經堂《葵考》〔一七〕

葵爲百菜之主，古人恒食之。《詩·豳風》、《周禮·醢人》、《儀禮》諸篇、《春秋左氏傳》及秦漢書傳皆恒見之。《爾雅》于恒食之菜不釋其名，爲其人人皆知也，故不釋韭、葱之名，而但曰「萑，山韭」、「茖，山葱」。《爾雅》不釋葵，其曰菟葵、芹葵、戎葵、蔠葵，皆葵類，非正葵，亦韭葱之例也。六朝人尚恒食葵，故《齊民要術》載種葵術甚詳。鮑昭《葵賦》亦有「豚耳鴨掌」之喻。〔一八〕唐、宋以後，食者漸少，今人直不食此菜，亦無知此菜者矣。然則今爲何菜耶？曰：古人之葵，即今人所種金錢紫花之葵，俗名「錢兒淑氣」即「蜀葵」二字吴人轉聲。者，以花爲玩，不以葉充食也。今之葵花有四種。一向日葵，高丈許，夏日開黄花，大徑尺。一蜀葵，高四五尺，四五月開各色花，大如杯。此二葵之葉皆粗澀有毛，不滑，不可食。惟金錢紫花葵及秋葵葉可食。而金錢紫花葵尤肥厚而滑，乃爲古之正葵。此花高不過二尺許，花紫色，單瓣大如錢，葉雖有五歧而多駢，誠有如鮑明遠所謂「鴨掌」者，異于秋葵之葉大、多歧、不駢如鶴爪也。《齊民要術》稱葵菜花紫，今金錢葵花皆紫，無二色，不似蜀葵具各色、秋葵色淡黄也。《左傳》云「葵猶能衛其足」，杜預注云：「葵傾葉向日，以蔽其根。」曹植表〔一九〕云：「若葵藿之傾葉，太陽雖不爲之迴光，然向之者誠也。」《玉篇》云：「葵葉向日，不令照其根。」此皆言葵之葉能衛其根，即「葛藟庇本根」之義，〔二〇〕非言其花向日自轉也。藿爲豆葉，豆之花亦豈向日而轉哉？予嘗鋤地半畝，種金錢紫花之葵，翦其葉，以油烹食之，滑而肥，味甚美。南中地暖，春夏秋冬皆可采食。大略須地肥而葉嫩，大如錢，乃甘滑。《儀禮·士虞禮》稱之曰「滑」者以此。〔二一〕又余嘗登泰山，其懸崖窮谷、曲磴幽石之間，無處無金錢紫花之葵，皆山中自生，非人所種，山中人采其葉烹食之，但瘦耳。然則世人雖久不食之，而名山古地尚有留存者矣。《説文》云：「藿，豆之少也。」余嘗種豆，採其葉苗食之，味亦美。葵葉之味，與藿正相似，益可知古人葵、藿並舉之義。秋葵葉嫩時亦可食，但此與葵性相近，終非正葵。葵之花開于夏，此則至秋始開，其葉不能四時常可種食耳。

按儀徵相國以金錢葵爲即葵菜，是真知葵者。唯葵菜花與金錢葵同而尤小。泰山崖谷之葵非菟葵耶？金錢葵亦有白花者，葵菜花則唯淡紫一色。向日葵乃一丈菊俗名，非葵類。

〔一〕王禎《農書·農桑通訣》：「葵爲百菜之主，備四時之饌。」

〔二〕課丁：此指督令工役。

〔三〕避露：王禎《農書》載農諺「觸露不掐葵」，言必待露水乾後，方可掐葉。惜根：杜甫《示從孫濟》詩云「刈葵莫放手，放手傷葵根」，蓋傷根則不生矣。

〔四〕藏：此即「臟」字。藏神：傳説人身中有五臟神，此喻五臟功能。

〔五〕精美珍貴的菜饌。

〔六〕擬其顔色，揣其名稱，指用詩文極力詠寫蜀葵、黄葵。

〔七〕管城子：指毛筆，見韓愈《毛穎傳》。翰墨緣：文章之緣。

〔八〕王世懋，明太倉人，世貞弟。嘉靖進士，官至太常寺少卿。著有《閩部疏》，記閩中動植方物。

〔九〕養竅：古人論藥，有「以酸養骨，以辛養筋，以鹹養脈，以苦養氣，以甘養肉，以滑養竅」之説，見《周禮·天官瘍醫》。葵滑，故其功在養竅。竅，七竅。

〔一〇〕《莊子》、《列子》書多寓言，雖有所寄托，而事均無稽。

〔一一〕貿貿：神志模糊狀。

〔一二〕郭璞，字景純，東晉人，博學善文，注《爾雅》、《山海經》、《穆天子傳》等書。其注《山海經》序曰：「世之所謂異，未知其所以異；世之所謂不異，未知其所以不異。何者？物不自異，待我而後異，異果在我，非物異也。……翫所習見而奇所希聞，此人情之常蔽也。」

〔一三〕《詩·豳風·七月》：「亨葵及菽……食我農夫。」

〔一四〕《南史·周顒傳》：顒清貧寡欲，終日長蔬，雖有妻子，獨處山舍。衛將軍王儉謂顒曰：「卿山中何所食？」顒曰：「赤米白鹽，緑葵紫蓼。」文惠太子問顒菜食何味最勝，顒曰：「春初早韭，秋末晚菘。」

〔一五〕《北史·盧叔彪傳》：魏收來訪，叔彪留飯，良久食至，但有粟飧葵菜，木碗盛之，片脯而已。

〔一六〕亥唐：晉賢人也。平公造之，唐言入，公乃入，言坐乃坐，言食乃食。雖蔬食菜羹，不敢不飽，敬賢者之命也。然僅此而已，不與之職，不與之政。見《孟子·萬章下》。

〔一七〕阮元撰，收入《揅經室三集》。

〔一八〕鮑昭即鮑照，字明遠。《葵賦》當作《園葵賦》，中有「白莖紫蒂，豚耳鴨掌」之句。

〔一九〕此指曹植上魏文帝《求通親親表》。

〔二〇〕《詩·王風》有《葛藟》，説《詩》者謂葛藟猶能庇其本根，故君子以爲比況國君：公族，公室之枝葉也，若去之，則本根無所庇蔭矣。

〔二一〕《士虞禮》云：「鉶芼用苦若薇，有滑，夏用葵，冬用荁，有柶。」

蜀葵

蜀葵，《爾雅》「菺，戎葵」，注：「今蜀葵。」《嘉祐本草》始著録。葉亦可食。滇南四時有花，根堅如木，滇花中「耐久朋」也。〔一〕

雩婁農曰：陳標《詠蜀葵》詩云：「能共牡丹爭幾許，得人輕處祇緣多。」流傳以爲絶妙好詞矣。余以歲暮至滇，百卉具腓，〔二〕一花獨婪，〔三〕雖太陽不及，亦解傾心，劉長卿《墻下葵》詩：「太陽偏不及，非是未傾心。」如火如荼，何多之有！韓魏公詩：「不入當時眼，其如向日心。」〔四〕則人情輕多者，亦未具冷眼耳。〔五〕記兒時在京華，廚人摘花之白者，劑以麪油，灼食之，〔六〕甚美。邇來南北無以入饌者，毋亦衆口難調？

〔一〕《舊唐書·魏玄同傳》：「玄同素與裴炎結交，能保終始，時人呼爲『耐久朋』。」

〔二〕《詩·小雅·四月》：「秋日淒淒，百卉具腓。」腓：草木枯萎。

〔三〕婪：盛。酒巡至末座爲一小高潮，稱「婪尾」。花開至芍藥，爲春末花事最後之盛，故芍藥有「婪尾春」之稱。

〔四〕韓琦，北宋名臣，歷任仁宗、英宗、神宗三朝宰相，封魏國公。此處所録爲其《蜀葵》詩。

〔五〕冷眼：冷靜旁觀。

〔六〕灼：烘烤。

錦葵

錦葵，《爾雅》「荍，蚍衃」，注：「今荆葵也。似葵，紫色。謝氏云：小草，多華少葉，葉又翹起。」陸璣《詩疏》〔一〕：「似蕪菁，華紫緑色，可食，微苦。」按花亦有白色者，逐節舒葩，〔二〕人或謂之「旌節花」。

雩婁農曰：葵有數種，皆登《爾雅》。《詩》「視爾如荍」，至以狀美色，〔三〕此即「梨花帶雨」之元胎也。〔四〕然人心不同，如其面焉，〔五〕玉環飛燕，肥瘠豈能同態？〔六〕《花草譜》謂錢葵止有粉間深紅一色，〔七〕不知滇南有白色者尤雅。萬彙蕃變，不可思議，若據所見以斷物類之有無，其必爲穆王之化人而後可。〔八〕

〔一〕《詩疏》：此爲《毛詩草木鳥獸蟲魚疏》之略稱。

〔二〕舒葩：展開花瓣。

〔三〕句見《陳風·東門之枌》。箋云：「男女交會而相説，曰我視女之顔色，美如芘芣之華。」

〔四〕白居易《長恨歌》："玉容寂寞泪闌干，梨花一枝春帶雨。"元胎：元始胚胎。

〔五〕《左傳》襄公三十一年：子産曰："人心之不同，如其面焉。"

〔六〕蘇軾《孫莘老求墨妙亭詩》："杜陵評書貴瘦硬，此論未公吾不憑。短長肥瘦各有態，玉環飛燕誰敢憎？"趙飛燕，漢成帝皇后，小説言其身輕骨柔，可作盤上舞。唐玄宗貴妃楊氏，小字玉環，小説言其豐於肌。

〔七〕錦葵又名錢葵。

〔八〕《列子·周穆王》："周穆王時，西極之國有化人來，千變萬化，不可窮極，既已變物之形，又且易人之慮。"

菟葵

菟葵，《爾雅》"莃，菟葵"，注："頗似葵而小，葉狀如藜，有毛。汋啖之，〔一〕滑。"唐、宋《本草》皆詳晰。唯鄭樵以爲"天葵"，生於崖石，〔二〕殊謬。天葵不可食，江西、湖南山中有之。菟葵即野葵，比家葵瘦小耳。武昌謂之"棋盤菜"。雲南無種葵菜者，野葵浸淫，覆畦被隴，霜中作花，奚止"動摇春風"！〔三〕山西尤多，試以南方葵種種之，亦肥美，則有菟葵之處即可種葵。豳地早寒，七月烹葵，〔四〕殆不能耐霜雪耳。

雩婁農曰：文人之好奇也！〔五〕菟葵、燕麥，芰夷藴崇之物耳。〔六〕種麥者惡其害麥，燕麥，害麥者也；種葵者惡其害葵，莬葵，害葵者也。凶年採以救饑，亦謂其易生，不至暵乾耳。若石崖之天葵，彼蒙袂輯屨貿貿然者，〔七〕尚能踰壑越澗耶？孟子曰：「道在邇而求諸遠，事在易而求諸難。」〔八〕

〔一〕汋：通「瀹」，水煮。

〔二〕鄭樵《通志·草木略》：「莬葵又名天葵。葉如錢而厚嫩，背微紫，生於崖石，凡丹石之類得此而後能神。」

〔三〕唐劉禹錫作《再遊玄都觀》詩，且言：「始謫十年還京師，道士植桃，其盛如霞。又十四年過之，無復一存，惟見兔葵、燕麥動摇春風耳。」

〔四〕《詩·豳風·七月》：「七月亨葵及菽。」豳：在今陝西西安西北之旬邑縣。

〔五〕文人之好奇，即指劉禹錫「兔葵、燕麥動摇春風」句。但劉禹錫借兔葵、燕麥鄙陋之物以喻庸材之得意，不必當時實有動摇春風之景物也。

〔六〕《左傳》隱公六年：周任有言曰：「爲國家者，見惡如農夫之務去草焉，芟夷藴崇之，絶其本根，勿使能殖，則善者信矣。」藴崇：把鋤下的野草堆積在一起，則漚腐不易再生。

〔七〕《禮記·檀弓下》：「齊大饑，黔敖爲食于路，以待餓者而食之。有餓者蒙袂輯屨貿貿然來。」蒙袂：不欲見人也。輯屨：疲極不能舉屨。貿貿然：頭昏眼花狀。俱爲餓極之態。

〔八〕見《孟子·離婁上》。

莧

莧（xiàn），《本經》上品。《蜀本草》：「莧凡六種：赤莧、白莧、人莧、紫莧、五色莧、馬莧。」《圖經》云「五色莧今亦稀有」，疑即「雁來紅」之屬。人莧，北地通呼，亦謂之「鐵莧」。「白莧、紫茄，以爲常餌」，〔一〕蓋莧以白爲美。《爾雅》：「蕢，赤莧。」《説文》：「蕒，赤蕒也。」今江西土醫書野莧爲「野蕒」，蕢、蕒同部，當可通。《説文》不以蕢爲莧名，而厠蕒於茜，殆以其汁赤如茜也。或謂野莧炒食比家莧更美。南方雨多，菜科速長味薄，野莧但含土膏，無灌溉催促，固當雋永。《列子》「程生馬，馬生人」，〔二〕馬者，馬莧之類；人者，人莧之類。宋方岳《羹莧》詩「見説能醫射工毒，人間此物正騷騷」，可謂詩中《本草》。〔三〕

〔一〕《南史·蔡撙傳》：蔡撙口不言錢，爲吴興太守，不飲郡井，齋前自種白莧、紫茄，以爲常餌。詔褒其清。

〔二〕《列子·天瑞》：「久竹生青寧，青寧生程，程生馬，馬生人。」又見《莊子·至樂》。

〔三〕《集驗方》言莧能治衆蛇螫人，又射工毒中人，取赤莧合莖葉擣，絞汁，飲一升，再服則瘥。射工：此言江南溪中毒蟲。

人莧

人莧，蓋莧之通稱。北地以色青黑而莖硬者當之，一名「鐵莧」。葉極粗澀，不中食，爲刀創要藥。其花有兩片，承一二圓蔕，漸出小莖，結子甚細。江西俗呼「海蚌含珠」，又曰「撮斗」、「撮金珠」，皆肖其形。《顔氏家訓》：「博士皆以參差者是莧菜，呼人莧爲人荇，亦可笑之甚。」宋人説部有以「人莧」二字爲奇者，〔一〕是殆記《兔園》册子者也。〔二〕

〔一〕宋史繩祖《學齋佔畢》卷四云：「余又特愛『人莧』二字甚新，可謂詩料。」吴氏當指此。

〔二〕《兔園册》：或作《兔園策》。《新五代史·劉岳傳》：「宰相馮道世本田家，狀貌質野，朝士多笑其陋。道旦入朝，兵部侍郎任贊與岳在其後，道行數反顧，贊問岳：『道反顧何爲？』岳曰：『遺下《兔園册》爾。』《兔園册》者，鄉校俚儒教田夫牧子之所誦也，故岳舉以誚道。」而《舊五代史》記爲工部侍郎任贊事，「道知之，召贊謂曰：『《兔園册》皆名儒所集，道能諷之。中朝士子止看文場秀句，便爲舉業，皆竊取公卿，何淺狹之甚耶？』贊大愧焉」。又《北夢瑣言》云：「《兔園册》乃徐庾文體，非鄙朴之談，但家藏一本，人多賤之。」

馬齒莧

馬齒莧，《别録》謂之「馬莧」，《蜀本草》始别出。俗呼「長命菜」。今爲治痔要藥。《救荒本草》謂之「五行草」。淮南人家採其肥莖，以針縷之，浸水中，揉去其澀汁，曝乾如銀絲，味極鮮，且可寄遠。杜詩「又如馬齒盛，氣擁葵荏昏」。〔一〕若得此法製之，則「矗刺痕」皆爲「纏齒羊」，〔二〕當不咎「園官送菜把」。〔三〕

雩婁農曰：《易》曰：「莧陸夬夬。」莧，馬齒莧；陸，商陸。陸有毒，能致鬼神。莧感一陰之氣而生，拔而暴諸日不萎，《本草》以爲難死之草。「九五」與「上六」比，爲諸陽之宗，而牽於柔，〔四〕猶商陸與莧毒而難去，故重言「夬夬」，欲其決而又決，勿宴安鴆毒，而使陰類伏而不死也。〔五〕然陰之類終不能絶，「上六」孤乘，一變爲《姤》，而其勢熾矣。唐之五王不除三思，〔六〕宋之司馬不去蔡京，〔七〕小人之難死，人事耶？抑天道耶？老杜於人莧浸淫、馬齒掩蔬，皆以傷君子不遇爲比，〔八〕蓋有本於《易》，非爲觸物而泛及之。

〔一〕見杜甫《園官送菜》詩。原詩小序云：「園官送菜把，本數日闕，矧苦苣、馬齒，掩乎嘉蔬。」埋怨菜園之吏送來蔬菜一把，本來已經多日未送，送來的這把中好菜不多，多的是苦苣、馬齒莧之類惡草。

〔二〕《園官送菜》詩：「永挂麤刺痕。」《清異録》：貧家謂蔬茹爲「纏齒羊」。

〔三〕吴其濬開解道：如果老杜知道把馬齒莧曝乾之法，那麽粗惡的野菜就變成了可口的美蔬，自然就不會埋怨園吏了。

〔四〕《夬》之九五爲「莧陸夬夬，中行无咎」，而上六爲「无號終有凶」，九五爲陽剛，而下與上六陰柔相比聯，是雖陽剛長而陰柔不滅，爲後之遺患。

〔五〕此言除惡務盡。

〔六〕武周末年，則天病重，張柬之、敬暉等五大臣發動政變，殺張昌宗兄弟，迎中宗即位。張柬之勸中宗除滅武氏，不聽。不久，中宗封柬之等爲王，而大權則歸武三思。次年，武三思誣五王以罪，盡殺之。

〔七〕宋神宗死，哲宗即位，年幼，高太后臨朝聽政，用司馬光執政。司馬光盡廢新法，而知開封府蔡京本爲新黨，此時極力迎合司馬光，大受稱賞。蘇軾言蔡京擾民，應治罪，司馬光不聽。次年司馬光去世。及哲宗親政，重用蔡京，朝中正人貶流一空。

〔八〕杜甫《園官送菜》詩序有「傷小人妬害君子，菜不足道也」句。

菥蓂

菥（xī）蓂（mì），《本經》上品。《爾雅》：「菥蓂，大薺。」俗呼「花薺」，味不如薺。《蜀本草》「似薺而細」者是。

苦菜

苦菜，《本經》上品。《釋草小記》〔一〕考述極詳：鋪地生葉，數十爲簇，開黄花甚小，花罷爲絮，所謂荼也。根細有鬚，味極苦。北地野菜中之先茁者，亦采食之。至苣蕒生，而此菜不復入筠籃矣。〔二〕《救荒本草》謂苦苣有花葉、光葉二種，驗之信然，今併圖之。但《嘉祐本草》分苦苣、苦蕒二種。《救荒本草》所云苦苣似即苦蕒，其所圖苦蕒，梢葉如鴉嘴形，俗名「老鸛菜」，自別一種。大抵苦蕒花小而繁，苦苣俗呼「苣蕒」，花稀而大，正同蒲公英花。園圃所種皆苣蕒。《嘉祐本草》之「家苦蕒」，恐以葉之花、光分別，未見人家有種苦蕒者。野菜相似極多，而稱名以地而異。僅見一二種强爲附麗，終無當於古所云爾。

雩婁農曰：余少時以暮春入都門，始茹苦蕒，和以蔗餹，其苦猶强於甘，徒以其性能抑熱，强嚙之，非佳饈也。河以南無食之者，無論江、湖。〔三〕《本草》及小學家辨別良苦，然孰是提挑菜之樧而烹炊萁之釜者乎？〔四〕西北春遲，四月中新荑纖纖，挺露積沙中者，〔五〕如老人短髮，歷歷可數。齠齔男女，坐地以指掘其根芽，就而咀嚼之。葉稍舒，則挈以歸，雜糠覈煮爲飯，或剉以飼雞豕，無寸青尺緑委於踐履者，故無一物不爲之名。〔六〕程徵君瑶圃有言曰：「簡策陳言，其在人口中者，雖經數千百年，有非兵燹所能劫、易姓改物所能變者。」此言誠然。然唯西北語質，其聲音輕重尚可以古韻求之耳。太行、中條以南，〔七〕土沃候暖，萌達句出，〔八〕率不過旬日，即苕發穎豎，〔九〕蒙茸於蓬蒿藜莠中，幾荒蕪而不可治。自非曠土隙壤，無不芟夷殆盡，尚有能盡名其物者乎？余嘗以苦蕒詢之開封人，或以爲「燕兒苗」，然則《救荒本草》所云苦苣者，乃以《本草》之名名之，非俗語如是也。昔有令治獄，獄成，以付吏，吏爲定爰書。〔一〇〕令視之，詫曰：「此非昔所鞫獄辭也。」吏出袖中舊牘以進曰：「凡治獄，必改易其辭如舊牘，始與律比。」〔一一〕令熟思良久，曰：「汝言是也。若並其人名而易之，則與舊案無一字不比矣。」

然則《本草》、小學諸書所謂「某草即古某草」者，無亦有如今之治獄，欲併易其人名以比於舊牘者乎？

〔一〕程瑶田著。本書多處稱「瑶田」爲「瑶圃」。

〔二〕筠籃，竹籃。

〔三〕此指兩江、兩湖諸省。

〔四〕指這些本草家及小學家都没有實地採摘及品嘗的經驗。

〔五〕新荑：新生的嫩芽。

〔六〕由於西北百姓珍惜各種野菜，所以每種野菜都取有名字。

〔七〕此太行指太行山脈之南端。中條山，横亘山西省南部。

〔八〕草木之芽，曲者爲句，直者爲萌。萌達句出，即草木滋生萌芽。

〔九〕草花爲苕，莖穗爲穎。

〔一〇〕爰書：此指判決書。

〔一一〕以罪狀與相應的法律條文相比，然後定罪。但罪狀不能用平時用語，必須改爲法律名詞，方能與法律相比對。

光葉苦蕒

光葉苦蕒（mǎi），與苣蕒絶相類，而根不白，亦無赤脈，開花極繁，與家種者無異。味極苦，賣苣蕒者斷其根羼之，多不能辨。

滇苦菜

滇苦菜，即李時珍所謂胼葉似花蘿蔔菜葉，上葉抱莖似老鸛嘴，每葉分叉，攛挺如穿葉狀，而《别録》以爲生益州，凌冬不死者也。滇人亦呼「苦馬菜」，貧人摘食之，四季皆有。江、湖間亦多，故李時珍以爲即苦菜。與北地苦蕒迥異。中州或謂爲蒲公英，用治毒亦效。蓋性皆苦寒，所主固可同耳。《畿輔通志》：「苦益菜，生溝塹中，可生食，亦可黴乾。」即此。

苣蕒菜

苣(qǔ)蕒菜，北地極多，亦曰「甜苣」。長根肥白微紅，味苦回甘，野蔬中佳品也。以餹與醬拌食，或焯熟茹之。其葉長數寸，鋸齒森森，中露白脈，開花正如蒲公英。《齊民要術》引《詩義疏》「蘧，苦葵，〔一〕青州謂之芑」是也。陸璣《詩疏》云「芑似苦菜，西河鴈門尤美」。曰「似苦菜」，則與苦菜異物。今山西野生者極肥，土人嗜之，元恪之言信有徵矣。〔二〕南方多種以爲蔬，沃土澆溉，形味稍異。《釋草小記》云「葉如劍形而本有歧，莖老時如此」。又有一種野苦蕒亦相類，具别圖。

〔一〕「葵」，《齊民要術》卷三引《詩義疏》作「菜」。按此《詩義疏》實即《毛詩草木鳥獸蟲魚疏》，吴氏誤以爲别有一書，故下文復引陸璣《詩疏》云云，其實正是《齊民要術》所引。

〔二〕元恪，陸璣字。

野苦蕒

野苦蕒，南北多有。葉附莖，有歧如蒴，根苦。北地春時多採食之，小兒提籃以售。《救荒本草》：「苦蕒菜，俗名老鸛菜，生田野中，脚葉似白菜，小葉抪莖而生，梢葉似鴉嘴形，每葉間分叉，攛葶如穿葉狀，梢開黄花。」即此。《釋草小記》「苣蕒葉末略似劍形，近本處有歧出者厚而勁」，乃正相類；但「莖瘦色赭，根極細短」，與苣蕒迥別。《救荒本草》但言「苗葉煠熟，油鹽調食」，不言其根可茹，與苣蕒洵非一種矣。

家苣蕒

家苣蕒，江西種之成畦，高至五六尺，披其葉茹之。《齊民要術》所謂畦種足水，繁茂甜脆勝野生者也。《嘉祐本草》謂「江外、嶺南、吴人無白苣，嘗植野苣以供厨饌」。然則此本野生，特移植肥壯耳，非别一種。但謂爲苦苣味苦，不知其回甘也。近時江右亦有白苣，惟葉瘦，不如北地生菜脆肥，萵苣亦然。江右有一種「柳蕒」，與苣蕒無異，而葉白有紫縷，抽莖長四五尺，莖葉細長如柳，故名。

紫花苦苣

紫花苦苣，山西平隰有之。夏開紫花，餘無異。土人謂黄花爲「甜苣」，語重如「鐵苣」，此爲苦苣。

冬瓜

冬瓜，《本經》上品。一名「白瓜」。削敷癰疽、分散熱毒最良。子可服食。皮治跌撲傷損。葉治消渴，傅瘡。《滇南本草》：「治痰吼氣喘，又解遠方瘴氣、小兒驚風；皮治中風，煨湯服效。」又有「象腿瓜」，長圓有溝，皮白，肉與冬瓜無異，子如南瓜子，味在二瓜之間，有南瓜之甘而無其濁，有冬瓜之嫩而勝其淡，亦佳蔬也。

薯蕷

薯蕷（yù），《本經》上品。即今「山藥」，生懷慶山中者白細堅實，入藥用之。種生者根粗。〔一〕江西、湖南有一種扁闊者，俗呼「脚板薯」，味淡，其子謂之「零餘子」。野生者結莢作三棱，形如風車。雲南有一種根長尺餘，色白而扁，葉圓，《滇本草》謂之「牛尾參」，蓋肖其形。按《物類相感志》謂藷「手植如手，鋤鍪等物植隨本物形狀」，〔二〕似未可信。然種類實繁，《南寧府志》有人薯、牛脚、籬峒、鵝卵各薯，《瓊山縣志》有鹿肝薯、鈴蔓薯，《石城縣志》有公薯、木頭薯，《高要縣志》有雞步薯、胭脂薯，《番禺縣志》有掃帚薯，《漳浦縣志》有熊掌薯、薑薯、竹根薯，大要皆因形色賦名也。文與可有《謝寄希夷陳先生服唐福山藥方》詩，〔三〕唐福在蜀江之東，其詩曰「壯士臂」，曰「仙人掌」，〔四〕則亦牛尾、脚板之類，蓋野生者耳。《文昌雜録》載乾山藥法，風掛、籠烘皆佳。《山家清供》謂以玉延磨篩爲湯餅、索餅，〔五〕取色、香、味爲三絶。《宋史》王文正公旦病甚，〔六〕帝手和藥并薯蕷粥賜之。今仕宦家不復入食單矣。〔七〕唯《雲仙雜記》載「李輔國大畏薯藥，或示之，必眼中火出，毛髮瀝血」。〔八〕其禽獸之腸與人異耶？

〔一〕種生：人工栽培。

〔二〕《物類相感志》：宋僧贊寧撰，原書十八卷，已散佚不全，今傳世者久非原本。此謂藷蕷以手栽植，則其形如手；如用鋤鍬之類栽植，則其形如鋤鍬。

〔三〕文同，字與可，北宋大畫家，以畫竹名世。與蘇軾相善。

〔四〕原詩句云：「有時巖頭倒垂三尺壯士臂，忽然洞口直舉一合仙人掌。」

〔五〕玉延：即薯蕷。《爾雅翼》卷六「藷萸」條：唐代宗諱預，故呼署藥。至宋又諱曙字，故呼爲山藥，一名「山芋」，秦、楚名「玉延」，鄭、越名「土藷」。

〔六〕王旦，北宋真宗時爲宰相十年，知人善任，公忠奉國，爲一代名臣。卒謚文正。

〔七〕食單：食譜，特言富貴人家飲食奢侈。晉武帝時官太尉何曾，性奢豪，厨膳滋味，過於王者，日食萬錢，猶曰無下箸處。《通雅》載何曾有「安平公食單」。

〔八〕李輔國：唐肅宗時權閹，握兵掌政，勢傾天下，宰相李揆至以子姓事之。擠太上皇（玄宗）遷西内，致怏怏死。先與皇后張良娣内外勾結，後爲立嗣君事反目，擅殺張皇后及二王。代宗立，竟以宦豎而爲中書令（宰相）。代宗忌其横，遂漸失勢。死於刺客。

百合

百合，《本經》中品。生山石上者根嫩多汁，瓣小；種生沙地者根大，開大白花。《南都賦》「藷蔗薑䪤」，〔一〕䪤，百合蒜也。近以嵩山產者爲良。江西廣、饒懸崖倒垂，〔二〕玉綻蓮馨，〔三〕根謝土膏，味含雲液，〔四〕療嗽潤肺，洵推此種。夷門植此爲業，〔五〕以肥甘不苦者爲佳。滇南土沃，乃至翦採如薪，供瓶經夏。《本草綱目》引王維詩「冥搜到百合，真使當重肉」，按全詩云：「少陵晚崎嶇，天隨自寂寞」，《輞川集》豈應有此？〔六〕蓋宋王右丞，非摩詰也。〔七〕又云「果堪止淚無」，用《本草》止涕淚之説，肺氣固則五液斂也。

〔一〕《南都賦》，東漢張衡撰，收入《昭明文選》。

〔二〕廣、饒：江西廣信府、饒州府。

〔三〕其花色如玉而香似蓮。

〔四〕因生於懸崖，故其根不受泥土之養，而吞吐雲煙之潤。

〔五〕夷門：戰國時魏都大梁城之東門，後即爲大梁（開封）之别稱。

〔六〕少陵：杜甫。天隨：天隨子，陸龜蒙之號。《輞川集》，王維詩集名。

〔七〕宋人王右丞，名失載。摩詰：王維字。

山丹

山丹，葉狹而長，枝莖微柔，花紅四垂，根如百合而小，少瓣。〔一〕《洛陽花木記》有「紅百合」，即此。或曰「渥丹花」，殷紅有餤。陳傅良詩「山丹吹出青藜火」，〔二〕摹其四照也。朱子詩：「昔遊嶺海間，幾見蠻卉折。素英溥夕露，朱蘤爛晴日。〔三〕歸來今幾年，晤對祗寒碧。因君賦山丹，怳復見顔色。」嶺南花多朱殷，他處如此炫晃者蓋少，前賢掉詠無妄語如此。〔四〕《群芳譜》：「根大者供食，味與百合無異。」

〔一〕瓣：指根莖如蒜之瓣。

〔二〕王子年《拾遺記》卷六：「劉向校書天禄閣，專精覃思。夜有老人着黄衣，植青藜杖……乃吹杖端，爛然大明，因以照向，説開闢以前事。」

〔三〕蘤：花。

〔四〕掉詠：掉舌而吟詠。

卷丹

卷丹，葉大如柳葉，四向，攢枝而上。其顛開紅黃花，斑點星星，四垂向下，花心有檀色長蕊。〔一〕枝葉間生黑子。根如百合。《本草衍義》所述百合形狀即此。京師花圃藝之爲玩，不以入饌。或謂根種一年則梢開一花云。《草花譜》「番山丹」，《花木記》「黄百合」，《群芳譜》「珍珠花，紅有黑點」，皆此花也。滇南謂之「倒垂蓮」，燕薊謂之「虎皮百合」。東坡「錯落瑪瑙詠卷丹則稱。

盤」句，應是詠此。潁濱詩「山丹非佳花」，又云「盈尺爛如綺」，〔二〕山丹不能盈尺，亦嘉卉，以

〔一〕檀色：深黄如檀木之色。

〔二〕蘇轍自號潁濱遺老，其《西軒種山丹》詩有句云：「山丹非佳花，老圃有深意。宿根已得土，絶品皆可寄。明年春陽升，盈尺爛如綺。」

乾薑

乾薑，《本經》中品。生薑，《别録》中品。又有乾生薑，性畏日喜陰，亦有花，與山薑同，而抽莖長尺餘。余於贛南薑區見之。《吕氏春秋》：「和之美者，楊樸之薑。」〔一〕薑、桂之滋，古以爲味而已。《齊民要術》有蜜薑法。梅都官《糟薑詩》「醃芽費糟丘」，〔二〕此法吴中尚之。又有梅薑，《遵生八牋》所謂「五美薑」也。〔三〕李義山詩「蜀薑供煮陸機蓴」，〔四〕今人以水蔬爲茹，必加薑以制其性，其來舊矣。《東坡雜記》「有僧服薑四十年。其法取汁貯器中，澄去其上黄而清者，取其下白而濃者，乾，刮取如麪，謂之薑乳。飵溲爲丸，或末置酒食茶飲中食之。無力治此，和皮嚼爛，温水嚥之。初固稍辣，久則甘美」云。五味皆有偏勝，習慣則甘。今江、湖人茹之、飲之、咀嚼之，非此不能勝濕。「食蓼不知辛」，殆有斯須不能去者。東坡詩「先社薑芽肥勝肉」，〔五〕蜀固多薑，乃甘於肉。東坡又云：「食薑粥甚美，一甌夢足，得不汗出如漿耶？」

陶隱居謂：「久服少智，少志，傷心氣。」《唐本草注》：「《本經》言久服通神明，陶氏謬爲此說。」朱子詩：「蕫云能損心，此謗誰與雪？」〔六〕則蘇氏已雪之於前矣。劉原父戲爲「道非明民，將以愚之」之説，誠堪解頤，〔七〕然孔稱「不徹」，〔八〕裴乃不食，〔九〕人之所嗜，固自不同。《史記》：「千畦薑韭，其人與千户侯等。」蓋爲和、爲蔬、爲果、爲藥，用芽、用老、用乾、用炮、用汁，其爲用甚廣。諺曰：「養牛種薑，子利相當。」此言非謬。李杲謂：〔一〇〕「秋不食薑。走氣瀉肺，故禁之。」《晦翁語録》亦有「秋薑夭人天年」之語。李時珍謂積熱、患目、病痔人多食兼酒，立發；癰瘡人多食則生惡肉。此皆覆鑒，〔一一〕好而知惡者鮮矣。

〔一〕楊樸：地名，在西蜀。

〔二〕梅聖俞《謝劉原父糟薑》。聖俞北宋人，晚年官至都官員外郎。《嘉祐雜志》：「梅聖俞轉都官員外郎，原甫戲之曰：『詩人有何水部，其後有張水部，鄭都官復有梅都官。』」

〔三〕用嫩薑一斤、白梅半斤外，另用甘松、甘草、檀香末，故稱五美。

〔四〕李商隱《贈鄭讜處士》詩：「越桂留烹張翰鱠，蜀薑供煮陸機蓴。」《晉書》：吴滅後，陸機與弟雲俱入洛。嘗詣侍中王濟，濟指羊酪謂機曰：「卿吴中何以敵此？」答云：「千里蓴羹，未下鹽豉。」時人稱爲名對。

〔五〕蘇軾《揚州以土物寄少游》詩。

〔六〕朱熹《次劉秀野蔬食十三詩韻·子薑》。

〔七〕《東坡雜記》：王安石多思而喜鑿。嘗與劉貢父食，輟箸而問曰：「孔子不徹薑食，何也？」貢父曰：「《本草》『生薑多食損智』。道非明民，將以愚之。孔子以道教人者也，故不徹薑食，將以愚之也。」介甫欣然而笑，久之乃悟其戲己也。

〔八〕《論語·鄉黨》：孔子「不撤姜食，不多食」。朱子曰：「薑通神明，去穢惡，故不撤。」

〔九〕《南史·周捨傳》：周捨「占對辯捷，嘗居直廬，語及嗜好，裴子野言從來不嘗食薑。捨應聲曰：『孔稱不徹，裴乃不嘗。』一坐皆悦」。

〔一〇〕李杲：金代名醫，史稱「金元四大家」之一。

〔一一〕覆車之鑒。

葱 正作「蔥」，今從俗。

葱，《本經》中品。有冬葱、漢葱、胡葱、樓葱；野生爲山葱。冬葱即小葱，一曰「慈葱」。漢葱莖硬，一名「木葱」。胡葱根大似蒜。樓葱即「羊角葱」，一名「龍爪葱」。山葱即「茖」，汁爲葱涕。西北樓葱肥白，少辛氣，寸斷烹茹。《内則》注：「渫，蒸葱也。」〔一〕《清異録》：「趙、魏間有盤盞葱，大如拄杖，粗盈尺。」孔奮在姑臧，但食葱菜。〔二〕劉先主歸曹瞞，聞雷失箸；〔三〕曹瞞覘之，方披葱，使厮人爲之，不端正，以杖擊之。〔四〕屈突通莅官勁正，語曰：「甯食三斗葱，不逢屈突通。」〔五〕蓋不比江左芼羹用大官葱，〔六〕但呼曰「和事草」也。〔七〕葱葉無可味，麥飯葱葉，食之窶者，故井丹推去之。〔八〕然其中空，用以通耳鼻諸竅皆有驗。東坡詩：「總角黎家三小童，口吹葱葉送迎翁。」〔九〕小兒游戲，即蘆笙矣。若其治脱陽、金瘡、便閉、卒死諸危症，回陽氣於須臾，盤飧中有靈妙寶丹，非他蔬所敢儕輩也。

〔一〕《内則》：《禮記》篇名。

〔二〕後漢孔奮，守姑臧長，養母至謹，備極膳羞，妻子但食葱菜。

〔三〕《三國志·蜀書·先主傳》：曹操食間與劉備論天下英雄，曰：「今天下英雄，唯使君與操耳。袁紹之徒，不足數也。」劉備驚而失箸。《華陽國志》云：於時正當雷震，備因謂操曰：「一震之威，乃至於此！」

〔四〕王褒《僮約》：「種瓜作瓠，别茄披葱。」披葱即分秧栽葱。《三國志·蜀書·先主傳》注引《吴歷》曰：曹公數遣親近密覘諸將，有賓客酒食者，輒因事害之。備時閉門，將人種蕪菁，曹公使人闚門。「披葱」事當即此之另一説。

〔五〕《新唐書·屈突通傳》：屈突通仕隋爲左武衛將軍，莅官勁正，有犯法者，雖親無所回縱。其弟蓋爲長安令，亦以方嚴顯。時爲語曰：「寧食三斗艾，不見屈突蓋；寧食三斗葱，不逢屈突通。」

〔六〕芼羹：以菜和肉爲羹。陸游《葱》詩：「瓦盆麥飯伴鄰翁，黄菌青蔬放筯空。一事尚非貧賤分，芼羹僭用大官葱。」江左：江南。陸游爲會稽人。芼羹，此指百姓家儉約的菜肴。大官葱：或作「太官葱」，會稽人稱小而美者曰「太官葱」。太官，天子御厨也。

〔七〕《清異録》：葱和美衆味，文言曰「和事草」。

〔八〕《後漢書·逸民傳》：井丹通《五經》，善談論，性清高，未嘗謁人。建武末，沛王等五王皆好賓客，更遣請丹，不能致。信陽侯陰就乃詭説五王，約能致丹，而别使人要劫之。丹不得已，既至，就故爲設麥飯葱葉之食。丹推去之，曰：「以君侯能供甘旨，故來相過，何其薄乎？」更置盛饌，乃食。

〔九〕見《被酒獨行，遍至子雲、威徽、先覺四黎之舍》詩，時東坡在儋耳。黎家：黎族。

山葱

山葱，《爾雅》：「茖，山葱。」《千金方》始〔一〕著録。《救荒本草》謂之「鹿耳葱」，山石原澤皆有之。而澤葱細嫩叢生，故詩人以爲「翠管」。《西河舊事》「葱嶺山高大，上生葱，故曰葱嶺」，《淮南子》「山上有葱，下有銀」，〔二〕此山葱也。生沙地曰「沙葱」，曹唐詩「隴上沙葱葉正齊」是也。〔三〕晉令有「紫葱」，〔四〕《唐書·西域傳》泥婆羅獻「渾提葱」，〔五〕皆葱肆所不具。《西域聞見録》：「不雅斯類野蒜，頭大如雞子，葉似葱而不中空，味辛。甘肅人呼爲『沙葱』，回人嗜之。」其「渾提」類耶？

〔一〕「始」，原本誤作「如」。

〔二〕《淮南子》無此語。《管子·地數》：「山上有赭者其下有鐵，上有鉛者其下有銀。」

〔三〕曹唐：唐末詩人。引句見《病馬五首》。

〔四〕《藝文類聚》卷八十二引《晉令》：「居洛陽内園菜欲課以當者耳，其引長流，灌紫葱，丁各三畝。」

〔五〕泥婆羅國在吐蕃之西。

薤

《爾雅》作「䪥」，《禮記》作「薤」，俗皆從薤。

薤（xiè），《本經》中品。《爾雅》：「䪥，鴻薈。」李時珍以爲即「藠子」，開花如韭而色紫白，其根層層作皮，與蒜異。炒食或醋浸。江西、湖南極多，或云非薤也。老杜詩「衰年關鬲冷，味暖並無憂」，〔一〕蓋栝〔二〕樓薤白湯、半夏薤白湯皆治胸痺。《内則》「膏用薤」，又「切葱若薤，實諸醯以柔之」。〔三〕今湖湘人炒食、醋浸，其亦猶行古之道也。薤美在白。《圖經》以爲性冷，故食之留白，是殆不然。庾元規、温太真同推陶侃爲盟主，元規矯情，談宴噉薤留白，謬云可種。是時侃方慮朝廷猜疑，見元規舉止瑣屑，以爲易與，故相稱嘆，豈真服其有爲政之實耶？〔四〕韓滉盛帳延賓，晚問詰責所費，爲人所輕。舉大事者，安得猥碎？〔五〕薤本相連，拔薤喻抑强宗。〔六〕東坡詩：「細思種薤五十本，大勝取禾三百廛。」《龔遂傳》令人口種百本薤，蓋取屬對耳。〔七〕香山詩「酥暖薤白酒」，或謂以酥炒薤白，投酒中，此味吾所不解。

〔一〕《秋日阮隱居致薤三十束》詩。

〔二〕「栝」，原本誤作「枯」。

〔三〕醯：醋。

〔四〕晉成帝咸和二年，蘇峻反，庾亮（字元規）敗投陶侃，與温嶠（字太真）聯合討蘇峻。事見《世説新語·儉嗇》：陶侃性儉吝，及食噉薤，庾亮故意迎合陶侃，留薤白不食。陶問用此何爲，庾云：「故可種。」於是陶大歎庾「非唯風流，兼有治實」。此處吴氏做了另一種解釋。

〔五〕韓滉爲唐代名臣，歷仕肅、代、德諸朝，在朝以户部侍郎判度支，出鎮則調糧帛以濟朝廷。雖過手金帛無數，而性甚節儉，衣裘至十年一易。詰責所費，似不應謂爲猥碎。

〔六〕薤根纏繞，拔則相連而起。强宗：豪門巨族。《後漢書·龐參傳》：龐參爲漢陽太守。郡人任棠者，有奇節，隱居教授。參到，先候之，棠不與言，但以薤一大本、水一盂置户屏前，自抱孫兒伏於户下。參思其微意，良久曰：「水者，欲吾清也。拔大本薤者，欲吾擊强宗也。抱兒當户，欲吾開門恤孤也。」

〔七〕東坡《次韻段縫見贈》詩，前句用《漢書·龔遂傳》事，傳言種薤百本，東坡改爲五十本，爲與下句相對也。

山薤

山薤，《爾雅》：「葝，山䪥。」《本草拾遺》有「蓼蕎」，李時珍以爲即「山薤」。今湖南山中亦有之。葝山何在，羅願所訶。〔一〕《農書》亦云「天薤」，不多有。〔二〕蓋「白薤負霜」，久非魯、衛之詩，〔三〕雖有穭菜，〔四〕亦與菟葵、燕麥摇動春風耳。湘人呼曰「野蕌頭」，唯其有之，是以識之。《思州府志》：「薤，俗名『蕌頭』。小者名『苦蕌』，大者名『鵝腿蕌』。」山薤或即苦蕌。《救荒本草》謂之「柴韭」，山西亦呼「野韭」。

〔一〕宋羅願《爾雅翼》卷五「葝」條言：《物類相感志》稱《列仙傳》昔有人隱葝山，服亢鼮之葉。或云亢鼮爲天地間六氣之名，非山中之草，如此則「薤則不當復稱亢鼮也，葝山又當安在乎」？

〔二〕王禎《農書·百穀譜》「薤」條：「一種麥原中自生者，俗呼爲『天薤』，即野薤也。葉比家薤較小，味亦辛，即《爾雅》所載『葝，山薤』也。亦可供食，但不多有耳。」

〔三〕晉潘岳《閑居賦》：「緑葵含露，白鼮負霜。」宋謝靈運《山居賦》：「緑葵眷節以懷露，白薤感時而負霜。」魯、衛與周爲兄弟之國，最爲親近。潘、謝詠白薤之時，已然失勢，故以背陰凝霜之薤自況。

〔四〕穭菜：野生之菜。

苦瓠

苦瓠(hù)，《本經》下品。即「壺盧」。有苦、甜二種，甜者爲蔬，苦者爲器。《詩經》「匏有苦葉」，〔一〕味苦者也；「幡幡瓠葉」，〔二〕味甘者也。《滇南本草》：「苦瓠，採葉爲末，盛瓶内。出行渴時，取一分服之，不中水毒。加雄黄，能解啞瘴山嵐之毒。凡中夷人之毒，服此方二三分俱可，不可多用。」按苦瓠能吐人，〔三〕凡瘴毒多以吐解。其甘者，河以北皆茹之。唐柳玭、鄭餘慶皆以常食瓠爲清德，〔四〕陶穀《清異録》乃謂之「淨街槌」，〔五〕真不知菜根味者。但北地種多風燥，烹之暴之，無不宜之。南方種植既稀，久雨，或就籬乾癟。佳者製爲玩具，頗得善價。《山家清供》以岳珂〔六〕勳閥，有詩曰「去毛切莫拗蒸壺」，嘆其知野人風味。余以爲岳詩亦只隸事耳。〔七〕若責南人以食壺爲儉，則當與盛筵中之黄芽白菜、營盤磨姑並駛而爭雄矣。〔八〕元范椁詩序「或言種瓠蔓長，必翦其標乃實。齋前因樹爲架，蔓緣不已，果多虚花」云。凡蓏皆然，不獨瓠也。高季迪詩：「自笑詩人骨，何由似爾肥。」肥白如瓠，誠爲食肉相，〔九〕然如益州張裔如瓠壺外澤内粗，〔一〇〕其與無竅而堅者何異？〔一一〕瓜花多黄，瓠花色白。杜詩「幸結白花了」，自是瓠架。〔一二〕

〔一〕見《邶風》。

〔二〕見《小雅·瓠葉》。

〔三〕吐人：令人嘔吐。

〔四〕《新唐書·柳玭傳》：柳玭嘗述家訓以戒子孫曰：「余舊府高公先君兄弟三人，俱居清列，非速客不二羹胾，夕食，齕蔔、瓠而已，皆保重名於世。」《盧氏雜説》：鄭餘慶召親朋食，呼左右曰諭廚家：「爛蒸去毛，莫拗折項。」諸人以謂必蒸鵝鴨。良久就食，每人前粟米飯一盂，爛蒸葫蘆一枚。公食甚美，諸人强進而罷。

〔五〕《清異録》：「瓠少味無韻，葷素俱不相宜，俗呼淨街槌。」

〔六〕「珂」，原本誤作「柯」。

〔七〕林洪《山家清供》：「岳珂《書食品付庖者》詩云：『動指不須占染鼎，去毛切莫拗蒸壺。』岳勳閲閥也，而知此味，異哉！」按岳珂雖爲岳飛之孫，但贓濫不法，驕侈逾度，故吴氏不信其能知野人風味，譏其僅用鄭餘慶故事作詩而已。

〔八〕《本草綱目》卷二十六云：「南方之菘，畦内過冬，北方者多入窖内。燕京圃人又以馬糞入窖壅培，不見風日，長出苗葉皆嫩黄色，脆美無滓，謂之黄芽菜，豪貴以爲嘉品，蓋亦仿韭黄之法也。」《熱河志》卷九十二《物産》：「口蘑，又曰營盤蘑菰，以屯營之地糞壤肥沃，所産尤鮮美。」

〔九〕《史記·張丞相列傳》言張蒼「坐法當斬，解衣伏質，身長大，肥白如瓠」。

〔一〇〕《三國志·蜀書·張裔傳》：張裔爲益州太守，雍闓曰：「張府君如瓠壺，外雖澤而内實粗。」

〔一一〕《韓非子·外儲説左上》：「齊有居士田仲者，宋人屈穀見之曰：『……今穀有樹瓠之道，堅如石，厚而無竅，獻之。』仲曰：『夫瓠所貴者，謂其可以盛也。今厚而無竅，則不可剖以盛物。而任重如堅石，則不可以剖而以斟。吾無以瓠爲也。』」

〔一二〕見杜甫《除架》詩。架，瓜架也。

水靳

水靳（qín），《本經》下品。陶隱居以爲「合在上品，未解何意，乃在下」。《别録》謂「生南海池澤」。此是常蔬，不識何以云生南海，殆非人所種者耶？芹菹加豆之實，〔一〕而《列子》云「人有美戎菽、甘枲莖、芹萍子者，對鄉豪稱之，鄉豪取而嘗之，蜇於口，慘於腹」。其所謂「芹子」，必非園圃中物矣。按《詩》「觱沸檻泉，言采其芹，」〔二〕蓋古時以爲野蔬。青州有芹泉，榆林有芹葉水。〔三〕老杜詩多言芹，青泥、烏觜，亦自生之蔌耳。〔四〕《二老堂詩話》：「蜀人縷鳩爲膾，配以芹菜。或爲詩云：『本欲將芹〔五〕補，那知弄巧成。』」〔六〕言雖謔而可諷。

雩婁農曰：羊鼻公嗜醋芹，此常饈耳，《龍城録》三杯食盡之説，近狎侮矣。〔七〕太宗敬文貞甚至，不應有此。「臣執作從事，獨僻此收斂物」，文貞豈以口腹之故而爲嗇夫喋喋者？〔八〕昌歜、羊棗，聖賢不以爲病。〔九〕若於飲食之間而覘朝臣所短，則漢景賜食而不設箸，〔一〇〕孫皓〔一一〕燕飲，澆灌取足，〔一二〕豈盛德事哉？昔人謂《龍城録》爲僞書，其言猶信。〔一三〕

〔一〕《周禮・天官冢宰》：「醢人掌四豆之實。……加豆之實：芹菹、兔醢、深蒲……」

〔二〕見《小雅・采菽》。

〔三〕青州在山東北部，榆林在陝西北部。

〔四〕杜甫《崔氏東山草堂》詩：「盤剥白鴉谷口栗，飯煮青泥坊底芹。」青泥坊，地名。《暇日小園散病，將種秋菜，督勒耕牛，兼書觸目》詩：「飛來兩白鶴，暮啄泥中芹。」蔌：蔬菜。

〔五〕「芹」，原本誤作「勤」。

〔六〕原句「本欲將勤補，那知弄巧成」，用歇後語俱爲「拙」字。此用「芹」諧音。

〔七〕《龍城録》：魏徵退朝，太宗笑謂侍臣曰：「此羊鼻公不知遺何好而能動其情？」侍臣曰：「魏徵好嗜醋芹，每食之，欣然稱快。」明旦，召賜食，有醋芹三杯。公見之，欣喜翼然，食未竟而芹已盡。太宗笑曰：「卿謂無所好，今朕見之矣。」公拜謝曰：「君無爲，故無所好。臣執作從事，獨僻此收斂物。」太宗默而感之。公退，太宗仰睨而三歎之。按魏徵謚文貞。

〔八〕《漢書·張釋之傳》：文帝登虎圈，問上林尉禽獸簿，虎圈嗇夫從旁代尉對上所問，對應無窮。文帝詔釋之拜嗇夫爲上林令。釋之前曰：「陛下以絳侯周勃何如人也？」上曰：「長者。」……釋之曰：「此兩人言事曾不能出口，豈效此嗇夫喋喋利口捷給哉！」

〔九〕周文王嗜昌歜菹。曾晳嗜羊棗。

〔一〇〕《史記·絳侯世家》：景帝召條侯周亞夫，賜食。獨置大胾，無切肉，又不置櫡。條侯心不平。上起，條侯因趨出。景帝以目送之，曰：「此怏怏者非少主臣也！」

〔一一〕「皓」，原本誤作「歆」。

〔一二〕《三國志·吴書·韋曜傳》：吴主孫皓每饗宴，坐席無論能飲否，率以七升爲限，雖不悉入口，皆澆灌取盡。

〔一三〕《龍城録》署唐柳宗元撰，實爲宋人王銍僞作。

堇〔一〕

蘄，同芹；堇（jǐn），音謹。《爾雅》「芹，楚葵」，注：「今水中芹菜。」而《唐本草》别出「堇菜」，云：「野生，非人所種。葉似蕺菜，花紫色。」李時珍以爲即「旱芹」。按《爾雅》「齧，苦堇」，注：「今堇葵也。葉似柳，子如米，汋食之，滑。」與蘄菜殊不類，近時亦無蒸芹而食之者。唯《疏》〔二〕引《唐本草》「堇菜」釋之，余疑《本草》「堇」别一種。惟諸家皆以爲「水蘄」，當有所據。又按《詩》「堇荼如飴」，《傳》：「堇菜也。」《疏》〔三〕以爲「烏頭」。烏頭毒草，豈可釋菜？《内則》堇、荁同列，未必異物。《士虞禮》「冬用荁，夏用葵」，〔四〕然則堇其葵之類耶？《爾雅》芹與苦堇兩釋，究不可定爲一種。烏頭之堇音覲，與堇葵亦異讀。

〔一〕原本無圖。
〔二〕邢昺《爾雅疏》無此文，或是《爾雅翼》之誤。
〔三〕此《疏》指《毛詩·大雅·綿》「周原膴膴，堇荼如飴」之孔穎達疏。
〔四〕《士虞禮》原文爲「夏用葵，冬用荁」。

紫芹

紫芹，《宋圖經》始著録。莖紫葉肥，根白長，香甜。河南多種之。

馬芹

馬芹，《唐本草》始著録。多生廢圃中，高大易長，南人不敢食之。滇南水濱，高與人齊，通呼「水芹」。《滇本草》謂主治發汗，與麻黄同功。一小兒發熱月餘，得一方：水芹菜、大麥芽、車前子，水煎服，效。

鹿藿

鹿藿，《本經》下品。《爾雅》「蔨，鹿藿，其實莥」，注：「今鹿豆。」葉似大豆，根黄而香，蔓延生。又曰「䒠豆」。《救荒本草》圖説詳晰。湖南山坡多有之，俗呼「餓馬黄」，以根黄而馬喜齕也。俚醫用以殺蟲。李時珍以《野菜譜》野菉豆爲䔲豆，殊不類。

薺

薺，《别録》上品。《爾雅》：「蒫，薺實。」湖南候暖，冬初生苗，已供匕筯。〔一〕春初即結實。其花能消小兒乳積，投之乳中，旋化爲水。肉食者可以蕩滌腸胃，俗亦謂之「淨腸草」，故燒灰治紅白痢有效。陸放翁詩目有《食薺糝甚美，蓋蜀人所謂東坡羹也》。今燕京歲首亦作之，呼爲「翡翠羹」，牛乳抨酥，洵無此色味。放翁又有《食薺》詩云：「挑根擇葉無虚日，直到開花如雪時。」真知食菜者矣。《清異録》：「俗號薺爲『百歲羹』，言至貧亦可具，雖百歲可常享。」然金李獻能詩「曉雪没寒薺，無物充朝飢」，則苦寒之地有求之不得者。《珍珠船》：「池陽上巳日，以薺花點油，祝而灑之，謂之油花卜。」《物類相感志》：「三月三日收薺菜花，置燈檠上，則蚊蟲飛蛾不敢近。」伶仃小草有益食用如此。

雩婁農曰：孟東野云「食薺腸亦苦」，放翁亦云「傳誇真欲嫌荼苦，自笑何時得瓠肥」，咬斷菜根者，得不令人疑其勉而爲瘠耶？〔一〕冰壺先生沉醉大嚼，適然之妙，非必醒酒鮓也。〔三〕高力士「氣味不改」一語，〔四〕王右丞、鄭司户恐未能道。〔五〕薺爲靡草，阨於夏，〔六〕南方不可居些。「金生而生，水王而王，木茂而茂。」「歲欲甘，甘草先生」，薺成而告甘焉。〔七〕乾端坤倪，牙於小草，故君子曰「慎微」。

〔一〕匕筯：羹匙和筷子。供匕筯即供食用。

〔二〕《山堂肆考》卷一百二十三引《青谿類藁》：宋汪信民嘗言：「咬得菜根斷，則百事可做。」

〔三〕江少虞《事實類苑》卷十五：蘇易簡對宋太宗云：「臣憶一夕寒甚，擁爐燒火，乘興痛飲大醉。四鼓始醒，咽吻燥渴。時中庭月明，殘雪中覆一虀盎，披衣掬雪，以兩手滿引數缶，咀虀數莖，燦若金脆。臣此時自謂上界仙厨，鸞脯鳳腊，殆恐不及。屢欲作《冰壺先生傳》記其事，因循未暇也。」《南史·虞悰傳》：悰家富於財而善爲滋味。武帝就悰求諸飲食方，悰秘不出。上醉後體不快，乃獻醒酒鯖鮓一方而已。

〔四〕《舊唐書·高力士傳》：高力士爲李輔國所構，配流黔中道。至巫州，地多薺而不食，因感傷而詠之曰：「兩京作芹賣，五谿無人採。夷夏雖不同，氣味終不改。」

〔五〕安禄山破西京，王維、鄭虔陷於賊。賊平，王維貶官，鄭虔貶台州司户參軍。

〔六〕《爾雅翼》卷四「薺」條：「枝葉細靡，通謂之靡。」《月令》：「孟夏之月，靡草死。」

〔七〕《淮南子·墜形訓》：「薺冬生，中夏死。」注言：「薺，水也。水王而生，土王而死。」《師曠占》：「歲欲豐，甘草先生。甘草，薺也。」與此處所引均有所不同。

菘

菘，《别録》上品。相承以爲即「白菜」。北地産者肥大，昔人謂北地種菘變爲蔓菁，〔一〕殊不然。考《嶺表録異》「嶺南種蔓菁，即變爲芥」，今北地種芥多肥大，亦似變爲蔓菁也。按菘菜種類有「蓮花白」、「箭幹鈴」、「杵杓白」各種，惟「黄芽白」則肥美無敵，王世懋謂爲蔬中神品，不虚也。北無菘菜，前人已爲洗謗。南方之種，多從燕薊攜歸。《閩書》謂張燕公自函京攜種歸曲江種之，閩中呼爲「張相公菘」。〔二〕以余所至，如湖廣之襄陽、施南、辰州、沅州，〔三〕皆産之，可與黄芽爲厮輿。〔四〕湖南之長沙縣有數區地宜種，則燕薊之雲礽也。〔五〕聞廣東雷州亦佳，然羊城初筵，〔六〕皆海舶冬致。東吴、兩浙、江右糧艘歸帆，不脛而走。味勝於肉，亦非無食肉相者所能頓頓捫腹也。〔七〕滇南四時不絶，亦少渣滓。似此菜根，良有滋味，惟怪古人歌詠不及。范石湖《田園雜興》詩：「撥雪挑來塌地菘，味如蜜藕更肥濃。」此尚是黑葉白菜之類，〔八〕若北地大雪，菜皆僵凍，瓊漿玉液，頓成枯栟矣。又菘以心實爲貴，其覆地者，〔九〕北人謂之「窮漢菜」，亦曰「帽纓子」，誠賤之也。《清異録》：「江右多菘菜，粥笋者惡之，〔一〇〕罟曰『心子菜』。」蓋笋虚中而菘實中也。《雒南縣志》：「有圓根者，療饑濟荒，與蔓菁同功。」今北地連根煮食，味亦甘，微作辛氣。李時珍謂「根堅小，不可食」，亦少所見。

〔一〕《唐本草注》：「菘菜不生北土，有人將子北種，初一年半爲蕪菁，二年菘種都絶。」

〔二〕函京：指長安。曹植《贈丁儀王粲》詩曰：「從軍度函谷，驅馬過西京。」按燕公爲張説，張説與曲江無關，應是張九齡之誤。九齡，韶州（今廣東韶關）曲江人。《閩書》原文即爲張九齡，而「張相公菘」作「張相菘」。

〔三〕施南：在今湖北西南。辰州：今湖南懷化市沅陵縣。沅州：今湖南芷江。

〔四〕厮輿：僕役。湖廣所産諸種品味較差，只堪爲黄芽白之奴僕。

〔五〕雲礽：遠孫輩。

〔六〕羊城：今廣州别稱。初筵：新登宴席，即嘗鮮。

〔七〕無食肉相者：指窮書生。黄庭堅《戲呈孔毅父》詩：「管城子無食肉相，孔方兄有絶交書。」

〔八〕黑葉白菜：即後條之「烏金白」，産於南方者。

〔九〕覆地者：指菜葉鬆散，披離於地。

〔一〇〕粥：即「鬻」字。

烏金白

烏金白，即菘菜之黑葉者。湖南産者葉圓少皺，色青黑，有光，味稍遜。其「箭桿白」與他處同。

葵花白菜

葵花白菜，生山西。大葉青藍如劈藍。四面披離，中心葉白如黄芽白菜，層層緊抱如覆椀，肥脆可愛。汾、沁之間，菜之美者，爲齏爲羹，無不宜之。《山西志》無紀者。日食菜根，乃缺蔬譜，俗訛爲「回子白菜」。

芥

芥，《别録》上品。有青芥、紫芥、白芥，又有南芥、旋芥、花芥、石芥。南土多芥，種類殊夥。宋《開寳本草》别出白芥，今入藥多用之。又《上海縣志》：矮小者曰「黄農芥」，更有細莖扁心名「銀絲芥」，亦名「佛手芥」。《長洲縣志》有「雞脚芥」。湖南有「排菜」，蓋即「銀絲芥」。然老圃所常藝者兩種耳：其科大根小曰「辣菜」，根大葉瘦曰「芥圪荅」，亦曰「大頭菜」。南方芥爲常膳，而王世懋乃以燕京「春不老」爲最。蓋南芥辛多甘少，北芥甘多辛少；南菘色青，北菘色白；南芥色淡緑，北芥色深碧，此其異也。江西芥尤肥大，煮以爲羹，味清滑，不似晦翁《南芥》詩「輟餐時擁鼻」也。〔一〕寧都州冬時生薹如萵苣筍，甚腴，土人珍之，曰「菜腦」。南昌則二月中有之，寒暖氣遲早耳。滇中一歲數食之。東坡詩：「芥藍如菌蕈，脆美牙齒響。」〔二〕余謂其味美於回，勝於良蕈一爽無餘。石芥、紫芥皆未得入饌。錢起《石芥》詩「山芥緑初嘗」，吳寬《紫芥》詩「此種乃野生」，又云「氣味既不辛，卻與芥同行」，蓋非圃畦，〔三〕亦芥之別宗耳。

〔一〕朱熹號晦庵，又稱晦翁。

〔二〕《雨後行菜圃》詩。「齒」字今本作「頰」。

〔三〕畦，原本誤作「鮭」，據文意改。圃畦：指菜園所產。

花芥

芥之別，《本草》諸書詳矣，然不及其根。王世懋《蔬疏》：「芥之有根者，想即蔓菁，京師大而脆，爲蔬中佳味。攜子歸種之。移植他所，輒不如初。」如所言，則江以南芥無大根，宜諸書不詳而《蔬疏》誤以爲蔓菁也。蔓菁根圓，味甘而大，芥根味辛而小，形微長，北地呼爲「芥砣磘」，醬漬者爲「大頭菜」，醃而封之，辛辣刺鼻，謂之「閉甕菜」。往往誤買蔓菁，則味甘而無趣。《嶺南異物志》：「南土芥高者五六尺，子如雞卵，爲鹹菹埋地中，〔一〕有三十年者。」疑以其根爲子。《遵義府志》：「大頭菜，各邑俱產，滇中尤多。花葉卵根，辛爽可人，醬醃與京華相埒。」《淄川縣志》：「圃種者根葉肥大，俱可食。昔人屢著芥辣法，而未知根之辣妙於子莖。」日用飲

食，非必忽焉不察，殆地宜之囿人矣。〔二〕

〔一〕鹹葅：醃菜。

〔二〕地土物産之宜與不宜，對人的識見有所限制。

苜蓿

苜（mù）蓿（xu），《别録》上品。西北種之畦中，宿根肥雪，緑葉早春，與麥齊浪，被隴如雲，「懷風」之名，信非虚矣。〔一〕夏時紫萼穎豎，映日争輝。《西京雜記》謂「花有光采」，不經目驗，殆未能作斯語。《釋草小記》藝根審實，叙述無遺，斥李説之誤，褒群芳之核，可謂的矣。〔二〕但李説黄花者，亦自是南方一種野苜蓿，未必即水木樨耳，亦别圖之。滇南苜蓿穭生，圃園亦以供蔬，味如豆藿，訛其名爲「龍鬚」。

雩婁農曰：按《史記·大宛列傳》祇云「馬嗜苜蓿」，《述異記》始謂張騫使西域，得苜蓿菜。晉華廙苜蓿園，阡陌甚整，其亦以媚盤飧耶？〔三〕山西農家摘茹其稚，亦非常饈。大利在肥牧耳，〔四〕土人謂芻秣壯於棧豆。谷量牛馬者，〔五〕其牧必有道矣。《元史》世祖初令，各〔六〕社防饑年，種苜蓿，未審其爲騋牝、爲黔黎也。〔七〕陶隱居云：「南人不甚食之，以其無味。」唐薛令之「苜蓿闌干」詩，清况宛然，〔八〕《山家清供》謂「羹茹皆可，風味不惡」。膏粱芻豢，〔九〕濟以野蔌，正如敗鼓鞾底，〔一〇〕皆可烹餁，豈其本味哉？階前新緑，雨後繁葩，忽誦「宛

馬總肥秦苜蓿」句，〔一一〕令人有撻伐之志。〔一二〕

〔一〕《西京雜記》：樂遊苑中自生玫瑰樹，樹下多苜蓿，一名「懷風」，或謂「光風」。風在其間蕭蕭然，日照其花有光彩，故名苜蓿爲「懷風」。

〔二〕李時珍《本草綱目》卷二十七言苜蓿：「年年自生，刈苗作蔬，一年可三刈。二月生苗，一科數十莖，莖頗似灰藋。一枝三葉，葉似決明葉而小如指頂，綠色碧豔。入夏及秋開細黄花，結小莢，圓扁，旋轉有刺。數莢累累，老則黑色，内有米如穄米，可爲飯，亦可釀酒。」程瑶田認爲李時珍誤以黄花之木樨爲紫花之苜蓿。

〔三〕華廙：晉人。《晉書》本傳言「帝登陵雲臺，望見廙苜蓿園阡陌甚整」。媢盤飧：取媢於食盤，即供食用。

〔四〕肥牧：爲畜牧之草秣。

〔五〕《史記·貨殖列傳》言大畜牧主烏氏倮，與戎王交易，至用谷量馬牛。

〔六〕各，原本誤作「冬」，據《元史·食貨志一》改。

〔七〕種苜蓿防饑年，不知是爲了防馬匹之饑，還是防百姓之饑。

〔八〕薛令之爲東宫侍讀。時宫僚簡淡，以詩自悼云：「朝日上團團，照見先生盤。盤中何所有，苜蓿長闌干。飯澀匙難滑，羹稀筯易寬。只可謀朝夕，何由保歲寒。」

〔九〕芻豢：供食用的家畜。

〔一〇〕破鼓之皮，皮靴之底。

〔一一〕見杜甫《贈田九判官梁丘》詩。

〔一二〕撻伐：征討。馬肥利於用兵。杜詩中有「河隴降王款聖朝」句，紀天寶間哥舒翰敗吐蕃，復河源九曲事。

野苜蓿

野苜蓿，俱如家苜蓿，而葉尖瘦，花黄三瓣，乾則紫黑。唯拖秧鋪地，不能植立，移種亦然。《群芳譜》云「紫花」，《本草綱目》云「黄花」，皆各就所見爲説。《釋草小記》斥李説，以爲黄花是水木犀。按水木犀，園圃所植，婦稚皆知，李氏不應孤陋如此。或程徵君偶爲人以水木犀相誑耳。

野苜蓿又一種。

野苜蓿，生江西廢圃中，長蔓拖地，一枝三葉，葉圓有缺，莖際開小黄花，無摘食者。李時珍謂「苜蓿黄花」者當即此，非西北之苜蓿也。宜爲《釋草小記》所訶。

蕪菁

蕪菁，《别録》上品。即蔓菁。昔人謂葑、須芥、薞、蕪、蕘、蕪菁、蔓菁七名一物，蜀人謂之「諸葛菜」。今辰、沅有「馬王菜」，亦即此。袁滋《雲南記》：「嶲州界緣山野間有菜，大葉而粗莖，其根若大蘿蔔。土人蒸煮其根葉而食之，可以療飢，名之爲『諸葛菜』。云武侯南征，用此菜蒔於山中，以濟軍食，亦猶廣都縣山櫟木謂之『諸葛木』也。」袁氏殆未知其爲蔓菁耶？《周禮》「菁菹」，〔一〕鄭司農以爲「韭菹」，康成破謂「蔓菁」，〔二〕二説皆通。若包匭菁茅，蠻方貢菜，則荔支、龍眼不爲疲尉堠矣，〔三〕恐亦非物土之宜。先主在曹，閉門種蕪菁；〔四〕陸遜聞韓扁爲敵所獲，方催人種葑豆，〔五〕軍行齎種，蓋亦兵家之常。孟信爲趙平守，素木盤盛蕪菁葅，清德可風，亦西土之美。〔六〕放翁詩：「往日蕪菁不到吴，如今幽圃手親鋤。」楊誠齋詩：「早覺蔓菁撲鼻香。」南方舊已有種者。蕪菁、蘿蔔，《别録》同條，陶隱居亦有分曉，後人乃以葉根强别。《兼明書》不知其誤，而博引以實之，何未一詢老圃？〔七〕

雩婁農曰：吾觀《麗江府志》而知食蔓菁之法。武侯之遺，不僅爲行軍利也，世以此爲蔬耳。而《志》云：「夏種冬收，户户曬乾囤積，務足一歲之糧，菽餅稗粥外，饔飧必需，惟廣積之家，用以代料飼馬。」麗江西陲苦寒，春盡無青草，土人至以燕麥爲乾餱，大麥作饅首，煮蔓菁湯咽之，小麥非享客不敢用，稻惟沿江産，其與貉俗異者幾希！〔八〕蔓菁耐寒，割而復生，又爲復生菜，然則蔓菁之用於維西也大矣。余留滯江、湖，久不覩蕪菁風味，自黔入滇，見之圃中，因爲《諸葛菜賦》以「蔓菁六利，諸葛種之」爲韻，〔九〕其詞曰：

魏闕霄三，〔一〇〕滇山仞萬。駕余馬兮將煩，〔一一〕加余餐兮孰勸。時則稷霰天霏，葭霜夕噴。敗蒲枯葦，林渡冰澌；蔓草荒榛，楂城風健。惆悵煨芋之爐，〔一二〕棖觸折秔之飯。〔一三〕穴有凍雀之號，塊無野人之獻。〔一四〕顧見園菁，向陽舒蔓。寒畦擢穎，膏壤萸榮。玉槔猶潤，金耜纔耕。耐冬不萎，踏雪復生。試共采衛原之菲，〔一五〕何殊貢荆匭之菁？辨葑葖之同異，〔一六〕味蘴芥之生烹。〔一七〕偉此伶仃之小草，猶留宇宙之大名。〔一八〕憶昔武侯，時逢逐鹿，居南陽而就顧者三，〔一九〕表北征而未解者六。〔二〇〕方其志變中原，先以威戡南服。〔二一〕地入不毛，〔二二〕士持半菽。〔二三〕怨春日兮祁蘩，〔二四〕牧秋原兮苜蓿。碧雞滇海，〔二五〕誰備裹荷？〔二六〕白飯浮圖，〔二七〕難分寶粥。虞同斜谷之乏糧，〔二八〕計效湟中之屯穀。〔二九〕披草萊於索嶺、盤江，〔三〇〕携蔬種於蠶叢、魚復。〔三一〕小駐儲胥，〔三二〕預謀旨蓄。〔三三〕興古新封，〔三四〕句町舊地。〔三五〕瓜戍雲屯，〔三六〕芭田星萃。〔三七〕麾羽扇以經營，拄杖笻而布置。竹落布而紆青，〔三八〕柳營開而含翠。〔三九〕人閑賓叟，蹔作園官；〔四〇〕峰接烏蒙，頓成葱肆。〔四一〕况乃薇蕨易生，亦復菅蒯可棄。〔四二〕豈比咼種之千金，〔四三〕信爲軍儲之六利。〔四四〕方其龍川春早，犂水風徐，〔四五〕士輕藤甲，日暖毳廬。三尺鹿盧之劍，〔四六〕一肩鴉嘴之鋤。隴上蘆笙，齊來挑菜；帳中銅斗，小煮摘蔬。〔四七〕苞香緑濕，葉嫩紅舒，芬超五弋，馨越七葅。〔四八〕爰調和以蒟醬，應儕輩夫桃諸。〔四九〕若乃萬柵森寒，千屯曠闊，風卷旄頭，葉飛木末。冰堅黑水，尚有凍荄；雪壓蒼山，猶存枯枿。剷玉根兮芳肥，提筠籃兮襭捋。〔五〇〕踏金馬以遄歸，喜木牛之初達。〔五一〕數聲鑾鼓，士飽馬騰；萬竈寒烟，香升翠潑。不數豌巢，〔五二〕無論菘、葛。迄於今白國皆饒，〔五三〕朱提徧種。〔五四〕染釵股而同餐，〔五五〕薦木槃而常供。〔五六〕非堯韭之祥珍，〔五七〕豈姬菖之鄭重？〔五八〕寒庖則羹憶老蘇，〔五九〕方物則圖傳小宋。〔六〇〕長卿之嘉話猶傳，〔六一〕昌黎之感詩可誦。〔六二〕疇則懷日食之一升，〔六三〕而緬天威於七縱。〔六四〕試思當時，雲棧出師，文書夜掃，壘壁晨移，刈比成周之麥，〔六五〕踐同魯國之葵。〔六六〕臨渭愴屯田之役，〔六七〕闕門想種菜之疑。中興不再，舊陣空遺；〔六八〕浮雲變古，〔六九〕野蔌如斯。遥悵望兮無盡，輒流連而賦之。

〔一〕見《天官冢宰》「醢人」。

〔二〕鄭玄破開「菁菹」二字，單解「菁」爲蔓菁。

〔三〕「包匭菁茅」，見《尚書·禹貢》。包匭：進貢所用之匣。菁爲醃製的菁菹，茅爲祭祀縮酒所用之草，此皆荆州所貢，故稱蠻方。此句的意思是：菁是菁菹，而不是蔓菁，如是蔓菁，就成了從楚國蠻荒之地向中原進貢新鮮蔬菜。果真如此，那麼後世的進貢龍眼、荔枝，也就算不上疲憊驛馬、驚動天下了。尉堠：傳遞貢物的官吏和驛站。《東漢會要》：東漢時，「南海獻龍眼、荔支，十里一置，五里一候」。

〔四〕見本卷「葱」條注〔四〕。

〔五〕事見《三國志·吴書·陸遜傳》。韓扁爲陸遜親信，上表吴主途中爲魏軍所擒。魏軍盡知吴主行蹤，而陸遜鎮定自若，方催人種葑豆，與諸將弈棋射戲如常。

〔六〕《北史·孟信傳》：孟信爲趙平太守。山中老人曾以豘酒餽之，信和顔接引，殷勤勞問，乃自出酒，以鐵鐺温之，素木盤盛蕪菁而已。

〔七〕蔓菁、蘿蔔本爲二物，而《兼明書》卷五「蔓菁」條云：「近讀《齊民要術》，乃知蔓菁是蘿菔苗，即醫方所用蔓菁子皆蘿菔子也。蘿菔、蔓菁爲一物，無所疑也。」

〔八〕貉：北方少數民族。

〔九〕《爾雅翼》卷六「葑」條：「諸葛亮所止，令軍士獨種蔓菁者，取其纔出甲可生啖，一也；葉舒可煮食，二也；久居則隨以滋長，三也；棄不令惜，四也；回則易尋而採之，五也；冬有根可斸而食，六也。三蜀、江陵之人，今呼爲『諸葛菜』。」

〔一〇〕魏闕指朝廷。霄：雲霄。言遠離朝廷如隔九霄。

〔一一〕煩：煩苦。

〔一二〕《甘澤謡》：衡岳寺有僧號懶殘，李泌往見，正撥火煨芋啖之。取其半授泌曰：「勿多言，領取十年宰相。」

〔一三〕《三國志·魏書·王朗傳》注引《魏略》：曹操嘲王朗昔在會稽，曾食折秔米飯。折秔：即折下稻穗，連穀也不去就倉促爲飯。

〔一四〕《左傳》僖公二十三年：重耳出奔，「乞食於野人。野人與之塊。公子怒，欲鞭之。子犯曰：『天賜也。』稽首受而載之」。

〔一五〕《詩・邶風・谷風》：「采葑采菲。」此衛人之詩也。

〔一六〕《爾雅・釋草》：「須，葑蓯。」《谷風》之「葑」爲蔓菁。於是有辨葑蓯與葑之同異者。詳見明毛晉《陸氏詩疏廣要》。

〔一七〕蘴：即葑，蔓菁。芥亦蔓菁。葑、須、蕪菁、蔓菁、蕵蕪、蕘、芥，七者一物。

〔一八〕杜甫《詠懷古迹五首》：「諸葛大名垂宇宙。」

〔一九〕諸葛亮《出師表》：「先帝不以臣卑鄙，猥自枉屈，三顧臣於草廬之中，諮臣以當世之事。」

〔二〇〕諸葛亮《後出師表》，其中有「臣之未解」者六。

〔二一〕南服：南方化外之地。

〔二二〕《後出師表》：「五月渡瀘，深入不毛。」

〔二三〕半菽：此指軍隊口糧僅够一半。

〔二四〕《詩・小雅・出車》：「春日遲遲，卉木萋萋。倉庚喈喈，采蘩祁祁。」蘩：白蒿也。

〔二五〕漢越巂郡有碧雞、金馬之神。後即以金馬碧雞爲雲南代稱。

〔二六〕無人裹荷飯食相迎。

〔二七〕白飯：白飯王。滇有白國，其先有西海阿育王，奉佛惡殺，不茹葷腥，日食白飯，人稱爲白飯王。浮圖：佛寺。

〔二八〕諸葛亮伐魏，於斜谷乏糧，以木牛流馬運之，事在南征之後。

〔二九〕西漢趙充國征羌，屯田於湟中。

〔三〇〕關索嶺、盤江均在雲南。

〔三一〕蠶叢、魚鳧均爲蜀地古帝王，此處代指蜀地。「魚復」或作「魚鳧」。

〔三二〕儲胥：此指修建城栅。

〔三三〕旨蓄：儲備食物。

〔三四〕諸葛亮南征，平四郡，分建寧、牂牁爲興古郡。

〔三五〕雲南在三代時爲句町國。

〔三六〕《左傳》莊公八年：「齊侯使連稱、管至父戍葵丘。瓜時而往，曰：『及瓜而代。』」後即以瓜戍指軍隊戍守。此處是説戍守的軍隊如雲屯聚。

〔三七〕芑田：種植粱粟之田。

〔三八〕竹落：竹子建的聚落。

〔三九〕西漢周亞夫駐軍細柳，軍容嚴整，人稱「細柳營」。

〔四〇〕賨爲雲南等地的少數民族。此言用當地的老人看管菜園。

〔四一〕烏蒙山在雲南。葱肆：此指菜市。

〔四二〕《逸詩》：「雖有絲麻，無棄菅蒯。」

〔四三〕傳説萵苣之種自咼國傳來。

〔四四〕言蔓菁之種雖不珍貴，但對軍隊食儲却有六大好處。

〔四五〕龍川即龍川江。犂水疑指梨花江。

〔四六〕古樂府《陌上桑》：「腰中鹿盧劍，可直千萬餘。」

〔四七〕銅斗：即刁斗，行軍時白天煮飯，夜以擊更。

〔四八〕「弋」字疑誤。《周禮・天官冢宰》：「醢人掌共五齊、七菹。」七菹謂韭、菁、茆、葵、芹、箈、筍。

〔四九〕桃諸：即桃菹，晾乾的桃實。

〔五〇〕襭：撩起衣襟塞到腰帶上，用以兜採集的果實。

〔五一〕諸葛亮用木牛流馬運送軍實。

〔五二〕不數：不亞於。豌巢即巢菜，見卷二「豌豆」條注。

〔五三〕雲南蒙化府，唐以前爲白國。

〔五四〕朱提：雲南地名，産銀。

〔五五〕《荆楚歲時記》注：仲冬之月，采擷蕪菁、葵等雜菜乾之，並爲鹹菹，作金釵色，美稱「金釵股」。

〔五六〕孟信事，見前注。

〔五七〕堯韭：菖蒲也。傳説堯時有天星降精，於庭爲韭，感百陰爲菖蒲。

〔五八〕姬指周文王，文王嗜昌歜菹。

〔五九〕蘇軾《送筍芍藥與公擇二首》有句：「我家拙廚膳，彘肉芼蕪菁。送與江南客，燒煮配香粳。」

〔六〇〕宋祁字景文，與兄宋庠稱大小宋。祁爲成都府尹，著有《益州方物志略》。

〔六一〕唐韋絢撰《劉賓客嘉話録》，多記劉禹錫日常論談。「蔓菁六利」即劉禹錫對韋絢所談。

〔六二〕韓愈《感春》詩：「黄黄蕪菁花，桃李事已退。」

〔六三〕《三國志・蜀書・諸葛亮傳》注引《魏氏春秋》曰：亮使至，司馬懿問其寢食及其事之煩簡。使對曰：「諸葛公夙興夜寐，罰二十以上，皆親擥焉。所噉食不至數升。」

〔六四〕七擒七縱孟獲事。

〔六五〕《左傳》隱公三年：「四月，鄭祭足帥師取温之麥。秋，又取成周之禾。」

〔六六〕《列女傳》：魯漆室之女曰：「昔有客繫馬園中，馬逸踐葵，使予終歲不飽葵。」

〔六七〕諸葛亮與司馬懿相持於渭南。亮患糧不繼，分兵屯田，耕者雜於渭濱居民之間。

〔六八〕杜甫《八陣圖》詩：「功蓋三分國，名成八陣圖。江流石不轉，遺恨失吞吴。」

〔六九〕杜甫《登樓》詩：「錦江春色來天地，玉壘浮雲變古今。」

韭

韭，《别録》中品。《本草拾遺》謂之「草鍾乳」，醃韭汁治吐血極效。北地冬時培作韭黄，味美，〔一〕即漢時温養之類。〔二〕陶隱居以其「辛臭，爲養生所忌」。而諸醫以爲温而宜人，有「草鍾乳」、「起陽草」諸名。治噎膈及胃口死血作痛用韭汁，治漏精用韭子，根葉之用尤多，亦蔬中良藥也。一種屢翦。古諺云「日中不翦韭」，〔三〕而夜雨留賓，遂爲詩人膾炙。〔四〕然則翦忌日而喜雨，其物性宜耶？昔人謂韭黄豪貴所珍，東坡詩「漸覺東風料峭寒，青蒿黄韭試春盤」，〔五〕蒿生而韭黄非窖藏之時矣。〔六〕放翁詩「雨足韭頭白」，〔七〕蓋紀實也。韭花逞味，實謂珍饈，〔八〕鼎雉禁臠，得之尤妙。〔九〕石崇冬月得韭蓱齏，亦何足異？〔一〇〕但薊門春盤，〔一一〕亦多以麥苗雜之。庾郎食鮭「二十七種」，〔一二〕李令公一食十八種，〔一三〕一以貧而誇，一以富而恡。《三國典〔一四〕略》謂北齊後宮冬月皆食韭芽，〔一五〕然則「韭芽帶土蕨如拳」，〔一六〕癯儒用篕，比玉食矣。「朝事之豆，其實韭菹」，〔一七〕司農訓菁菹亦爲韭菹，一物再薦，〔一八〕見韭、祭韭，《小正》特書，〔一九〕豈果有取於性温而種能久耶？「政道得則陰物變爲陽」，〔二〇〕若葱變爲韭，後秦、周、隋皆有之矣，果何道而致此？張耒詩注：「俗言『八月韭，佛開口』。」〔二一〕味肥而忘其葷，甚美甚惡，孰則辨之？

〔一〕王禎《農書》卷八「韭」條：「至冬，移韭根藏於地屋蔭中，培以馬糞，煖而即長，高可尺許，不見風日，其葉黄嫩，謂之韭黄，比常韭易利數倍，北方甚珍之。」

〔二〕温養：此指温室培育。

〔三〕《爾雅翼》卷四「葵」條：「語曰：觸露不掐葵，日中不翦韭。」

〔四〕東漢郭林宗，有友人夜冒雨至，剪韭作炊餅食之。杜甫《贈衛八處士》詩：「夜雨剪春韭，新炊間黃粱。」

〔五〕見《過范縣訪德孫》詩。

〔六〕蒿生於春，而韭黃育於冬月。

〔七〕陸游《縱筆》詩：「雪晴蓼甲紅，雨足韭頭白。雖無萬錢具，野飯可留客。」

〔八〕楊凝式《韭花帖》：「當一葉報秋之初，實韭花逞味之始。助其肥羜，實謂珍羞。」

〔九〕鼎雉禁臠：指帝王之宴。鼎雉，《書·高宗肜日》孔《疏》：「高宗既祭成湯，肜祭之日，於是有雊鳴之雉在於鼎耳。」禁臠：晉元帝初鎮建業，公私窘罄，每得一豚，以爲珍膳，項上一臠尤美，輒以薦帝，群下未嘗敢食，時呼爲「禁臠」。

〔一〇〕石崇事見卷一「大豆」條注〔五〕。

〔一一〕薊門：此指北京。立春日，薦春餅生菜，號春盤。

〔一二〕《南齊書·庾杲之傳》：庾杲之清貧，食唯有韮葅、瀹韮、生韮雜菜。或戲之曰：「誰謂庾郎貧？食鮭常有二十七種。」言「三九」也。

〔一三〕《洛陽伽藍記》卷三：李崇爲尚書令，儀同三司，富傾天下而性吝，惡衣粗食，食常無肉，止有韭茹、韭菹。崇家客李元祐語人曰：「李令公一食十八種。」人問其故，元祐曰：「二九一十八。」聞者大笑，世以此爲譏。

〔一四〕「典」，原本誤作「世」，據上下文改。

〔一五〕《三國典略》：北齊太上後宫無限，衣皆珠玉，一女歲費萬金，寒月盡食韭芽。

〔一六〕蘇軾《春菜》詩：「蔓菁宿根已生葉，韭芽戴土拳如蕨。」戴土之韭芽爲最鮮。

〔一七〕見《周禮·天官冢宰》：「醢人掌四豆之實。朝事之豆，其實韭菹、醓醢、昌本、麋臡，菁菹……。」

〔一八〕司農：指東漢經學家鄭衆，又稱「前鄭」。朝事之豆中既有韭菹，又有菁菹，如依前鄭之説，是一物而再薦。

〔一九〕《夏小正》正月有「見韭」、「祭韭」之文。

〔二〇〕《隋書·王劭傳》：時左衛園中葱皆變爲韭。王劭附會爲祥瑞，上表云：「《稽覽圖》又云：『治道得，則陰物變爲陽物。』鄭玄注云：『葱變爲韭亦是。』」

〔二一〕見張耒《秋蔬》詩注。耒爲蘇門四學士之一。

山韭

山韭，《爾雅》：「藿，山韭。」《千金方》始著録。今山中多有之。《救荒本草》有「背韭」，似韭而寬，根如葱；又有「柴韭」，亦可食。《韓詩》「六月食鬱及藿」，〔一〕《爾雅翼》本其説，以爲山韭可以食賤老，但其形似燈心，不甚似韭。輝縣九山、咸陽野韭澤、鄉寧縣硃砂山、句容仙韭山、定遠縣韭山、安化縣韭菜崙、重慶府邑梅司韭山，皆以産韭得名。《志》謂比家韭長大，而咸陽澤坦鹵不生五穀，惟野韭自生於蓬蒿莎草中，則又徧及原澤，而非宗生高岡。《北征録》〔二〕：「北邊雲臺戍地多野韭、沙葱，人採食之。」許有壬詩：「西風吹野韭，花發滿沙陀。氣較葷蔬媚，功於肉食多。濃香跨薑桂，餘味及瓜茄。我欲收其實，歸山種澗阿。」蓋皆此物。玩許詩，乃勝於家韭也。滇南山韭亦似燈心草，《滇本草》「一名『長生草』，味甘，能養血健脾，壯筋骨，添氣力，根汁治跌損，同赤石脂搗，擦刀斧傷，爲金瘡聖藥」，與《奉親養老書》「藿菜羹治老人脾弱」同功而加詳。唯山草似韭者尚多，或可食不可食。孝文韭、諸葛韭，雖因人命名，然形味不具，非若野葱、野蒜，處處攟摭助匕箸也。《北户録》「水韭生池塘中」，引《字林》「薟，水中野韭」。與《説文》「韱，山韭」音同，宜可通。

〔一〕《豳風·七月》。《毛詩》此句作「六月食鬱及薁」。

〔二〕明金幼孜撰。永樂間幼孜從成祖出塞北征時所記。

蘘荷

蘘荷，《别録》中品。古以爲蔬，《宋圖經》引據極晰，他説亦多紀其種植之法。惟《本草綱目》退入「隰草」，而「蔬譜」不復品列矣。《滇本草》圖其形，貴州諸志皆載之，此蔬固猶在老圃也。余前至江西建昌，〔一〕土醫有所謂「八仙賀壽草」者，即疑其爲蘘荷。以示滇學使家編修荔裳，〔二〕編修曰：「此正是矣。吾鄉植之南墻下，抽莖開花青白色，如荷而小，未舒時摘而醬漬之，細瓣層層，如剥蕉也。」余疑頓釋。他時再莅而啖之，種而蕃之，使數百年堙没之嘉蔬，一且伴食鼎俎，非一快哉？編修名存義，泰興人。

雩婁農曰：夫物顯晦固有時，乃有晦之而愈顯、顯而愈晦者，何也？蘘荷，嘉草也。其葉如荷，故名以荷；其功除蠱，故名以嘉。依陰藏冬，〔三〕列於蔬焉。詞人詠之，《本草》圖之，無異説也。近世《山居録》、《野菜譜》亦俱詳矣。楊升菴偶未之見，遂據「蘘荷一名甘露」，而以芭蕉之結甘露者當之。《本草綱目》、《農政全書》轉相附會，而《滇志》乃謂「芭蕉根可爲菹，惜無試者」。夫芭蕉，世無不知者，以芭蕉易爲蘘荷，能使人不名芭蕉而名蘘荷乎？蘘荷，農圃皆知之，以蘘荷爲即芭蕉，能使人種蘘荷如種芭蕉乎？芭蕉根不堪噉，脱以爲茹，螫於口而刺於腹，不幾如蔡謨食蟛蜞，幾爲《勤學》死乎？〔四〕按《貴州志》有「洋荷花」，未開時取苞醋漬以食，《湖南志》有「陽藿」，《廣西志》有「洋百合」，謂即蘘荷。江西建昌土音呼如「仙賀」，皆方言聲音輕重耳，俗醫乃書作「八仙賀壽草」，誠堪解頤，然絶不以《本草》有芭蕉之説而强目爲蕉也。獨恠耳食之徒，捫鍾揣籥，〔五〕且矜芭蕉、甘露之同名，以爲能獨識蘘荷，於是蘘荷之名雖顯，而蘘荷之實益晦。且馬之貴者似鹿，有以鹿爲馬者，馬果即鹿耶？雉之文者似鳳，有以雉爲鳳者，雉果即鳳耶？唐時諛墓之文，言孝則曾、閔，〔六〕言忠則稷、卨，〔七〕言經術則鄭、服，〔八〕言文詞則賈、馬。〔九〕讀其文者，有以爲即曾、閔、稷、卨、鄭、服、賈、馬耶？有善謔者云：於深山中見古衣冠人，詢之，曰：「吾某邑某也，官於朝無奇績，亦無愧事，殁葬於某原。越數年，有豐碑突起於墓道，視之爲吾姓名，而碑所紀皆古賢人事，非吾也。過者每捫之而頌古賢人，嘖嘖不絶口，吾懼囂，故逃之。」今蕉之葉可以書，皮可以織，露可以飲而止餲，於世非無益者，乃忽有對芭蕉而頌其葉似荷，功治蠱，咀其露，掘其根，以爲旨蓄禦冬，〔一〇〕蕉若有知，不以爲晦其所長而顯其所短耶？嗚呼！郗庶其之奔，不書盜而實盜首；〔一一〕曹孟德之死，乃書漢而實漢賊。事不崇實，蓋之而彌彰，彰之而轉没，一人之口，烏能使天下皆爲悠悠之毀譽哉？

〔一〕建昌府，治所在今江西南城，轄南城、瀘溪、新城、南豐、廣昌五縣。

〔二〕吴存義，號荔裳，道光二十二年由翰林院編修出任雲南學使，吴其濬亦於是年任雲南巡撫。

〔三〕《爾雅翼》卷七「蘘荷」條：「蘘荷宜在林木陰下種之，故古人云蘘荷依陰。」藏冬：收藏過冬。

〔四〕《晉書·蔡謨傳》：「謨初渡江，見彭蜞，大喜曰：『蟹有八足，加以二螯。』令烹之。既食，吐下委頓，方知非蟹。後詣謝尚而説之，尚曰：『卿讀《爾雅》不熟，幾爲《勸學》死。』」《西溪叢語》謂「勸學」乃「勸學」之誤，因《荀子·勸學篇》有「蟹六跪而二螯」之語也。

〔五〕蘇軾《日喻》：生而盲者不識日，「或告之曰日之狀如銅槃。扣槃而得其聲。他日聞鐘，以爲日也。或告之曰日之光如燭。捫燭而得其形。他日揣籥，以爲日也」。

〔六〕孔子弟子曾參、閔子騫俱以孝名。

〔七〕帝舜之臣稷及契皆忠於所事。卨：即契。

〔八〕鄭玄、服虔爲東漢著名經師。

〔九〕賈誼、司馬相如文章著名於西漢。

〔一〇〕旨：甘旨。旨蓄：蓄食糧以過寒冬。《詩·邶風·谷風》：「我有旨蓄，亦以禦冬。」

〔一一〕《左傳》襄公二十一年：「邾庶其以漆、閭丘來奔。季武子以公姑姊妻之，皆有賜于其從者。」邾國之庶其以漆、閭丘二邑投奔魯國。魯執政季武子把襄公之姑姊嫁給庶其，並賞賜其隨從者。此後魯國多盗，季武子欲治盗，臧武仲以爲不能治，曰：「子召外盗而大禮焉，何以止吾盗？」

蒜

蒜，《別録》下品。葫，《別録》下品。小蒜爲蒜，大蒜爲葫，諸家説同。唯李時珍以瓣少者爲小蒜，瓣多者爲大蒜；其野生小蒜别爲山蒜。范石湖在蜀爲蒜所薰，致形譏嘲，〔一〕若北地則頓頓佯食，同於不徹，〔二〕行炙而不得鹽蒜，其能斆張融摇指半日而口不言耶？〔三〕祈寒暑暍，〔四〕得之者以爲滹沱粥、清涼散。〔五〕《避暑録話》：一僕暑月馳馬，仆地欲絶，王相教用大蒜及道上熱土各一握，研爛，以新汲水一琖和，取汁，抉齒灌之，即甦。今官道勞人，囊盛而趨，活人殆無算也。曾見負戴者蹲而大嚼，不止晉帝盡兩盂燥蒜矣，〔六〕然目不赤而腹不螌，異於袁子所覩。〔七〕食冶葛而粥硫黄，性固有偏。五月五日食卵及蒜，哀牢以東，〔八〕風俗同之。《小正》「納卵蒜」之訓，〔九〕奕禩遵行，順民情也。損性伐命，服食所忌。然裴晉公有言：「雞猪魚蒜，遇着即食，何况餘子！」〔一〇〕閔仲叔含菽飲水，周黨遺以生蒜，受而不食。〔一一〕李恂爲兗州刺史，所種小麥、胡蒜，悉付從事而不留。〔一二〕清介之士，不取一介如此。

雩婁農曰：《離騷》「索胡繩之纚纚」，王逸注：「香草言紉，索胡繩令澤好，以善自約束。」洪慶善云：「胡繩，謂草有莖葉可作繩索者。」〔一三〕皆望文生義而不能名其物。吴仁傑《草木疏》〔一四〕以胡爲葷菜，本陶隱居「今人謂大蒜爲葫」也；以繩爲繩毒，本《廣雅》「蛇床一名繩毒」也。蛇床氣味微芬，宜近香澤；葫氣至穢。「一薰一蕕，十年有臭」，〔一五〕無乃移鮑魚之肆以近芝蘭之室乎？草木名「胡」者多矣，固不可盡以「葫」當之。而胡繩一物，古無確詁，以爲虺床，尚各從其類耳。

〔一〕范成大有詩，題云「巴蜀人好食生蒜，臭不可近。……今來蜀道，又爲食蒜者所薰」。

〔二〕徹，疑爲「撤」字之誤。《論語·鄉黨》：「不撤薑食。」注：「撤，去也。齋禁薰物，薑辛而不臭，故不去。」此處以「不撤」代指薑。

〔三〕《南史·張融傳》：「豫章王大會賓僚。融食炙，始行畢，行炙人便去。融欲求鹽蒜，口終不言，方搖食指，半日乃息。」

〔四〕祈寒：極寒。暑暍：中暑。

〔五〕滹沱粥，見卷一「大豆」條注〔四〕。

〔六〕《晉書·惠帝紀》：匈奴劉淵反，帝奔洛陽。「所在買飯以供。……宫人有持升餘秔米飯及燥蒜、鹽豉以進帝，帝噉之。……次獲嘉，市粗米飯，盛以瓦盆，帝噉兩盂」。是兩盂者爲粗米飯，非燥蒜也。

〔七〕《袁子正書》：「袁子曰：吾嘗與陳子息於鄴東門之外，見一父老方坐而食，其子受之蒜，食必有餘，欲棄則惜，欲持去則暑，遂盡食，於是火辛螫其腸胃，兩目盡赤。」

〔八〕哀牢山，在雲南中部。

〔九〕《大戴禮·夏小正》：「十二月，納卵蒜。」納：納於君。卵蒜：蒜實如卵者。

〔一〇〕《因話録》卷二：裴度不信術數，不好服食，每語人曰：「雞猪魚蒜，逢著則喫。生老病死，時至則行。」

〔一一〕見《後漢書·閔仲叔傳》。

〔一二〕見《東觀漢記》。

〔一三〕見宋洪興祖《楚辭補注》。

〔一四〕即《離騷草木疏》。

〔一五〕見《左傳》僖公四年。

山蒜

山蒜，《爾雅》：「蒚，山蒜。」《本草拾遺》始著録。《救荒本草》：「澤蒜，又曰小蒜。」黄帝登蒿山得蒜，其説近創。然京口之山，以蒜得名，〔一〕則軒轅所歷，無妨以蒿名矣。在山曰山，在澤曰澤。〔二〕今原隰極繁，顆大如指，甘脆多漿，洵非圃中物可伍。自來醫者以此爲小蒜，宜爲李時珍所斥。

〔一〕京口即今鎮江。古有蒜山，宋元時已經淪入長江。

〔二〕生於山名山蒜，生於澤名澤蒜。

植物名實圖考卷之四　蔬類

菾菜

菾（tián）菜，《别録》中品。即「莙薘菜」，湖南謂之「甜菜」。有紅莖者不中噉，人種以爲玩。按：莙薘，《嘉祐本草》始著録。李時珍以菾、甜聲近，遂併爲一物，然與諸説葉似升麻及蒴藋皆不類，姑仍其説。菜味甜而不正，品最劣。易種易肥，老圃之惰孏者植之，與《唐本注》「蒸炰食之，大香美」殊異。〔一〕又夏月與菜作粥食，解熱，近時亦無以爲粥者。《滇本草》：「治中膈冷，痰存於胸中，不可多食。」滇多珍蔬，固宜見擯。

雩婁農曰：人之嗜甘，同也。甘而苦者雋，甘而酸者爽，甘而辛者疏，甘而鹹者津。一於甘若琴瑟之專壹，誰能聽之？然甘而清，甘而腴，猶有嗜者，嗜之久則齒蠹與胃蚘蠒生焉。穀之飛亦爲蠱，甘而無所制也。至甘而濁且邪，則士大夫、農圃皆賤之，菾菜是也。人之以甘悦人者多矣，而有悦有不悦，豈獨非同嗜乎？毋亦如菾之濁且邪爲人所賤耶？諛人者，好諛者必能辨之。

〔一〕炰：煮。

芋

芋，《別録》中品。芋種甚夥，大小殊形。湖南有開花者，一瓣一蕊，長三四寸，色黄。野芋毒人，山間亦多。嶺南、滇、蜀芋名尤衆。《南寧府志》：宜燥地者曰大芋，宜濕地者曰麪芋。有旱芋、狗爪芋、水芋、璞芋、韶芋。《蒙自縣志》有棕芋、白芋、麻芋。〔一〕《會同縣志》有冬芋、水黎紅、口彈子、薑芋、大頭風芋，〔二〕《瓊山縣志》有雞母芋、東芋，〔三〕《石城縣志》有青竹芋、黄芋、番芋，〔四〕《瑞安縣志》有兒芋、麪芋，蓋未可悉數。《滇海虞衡志》以爲滇芋巨甲天下，殆未確。《札璞》謂「滇芋熟早味美，莖可作羹」。〔五〕蘇玉局《玉糝羹》詩有「香如龍涎，味如牛乳」之誇，〔六〕而山谷詠薯蕷有「略無風味笑蹲鴟」之貶，〔七〕放翁則曰「莫笑蹲鴟少風味，〔八〕賴渠撑拄過凶年」。枵腸轉雷，玉延、黄獨，〔九〕托以爲命，亦安所擇？然只是詠蹲鴟耳。若三吴芋奶，〔一〇〕滑嫩如乳，調以蔗飴，入喉自下，亦何甘讓居玉延下耶？又《農政全書》謂芋汁洗膩衣潔白如玉。《東坡雜記》云：「蜀人接花果，皆用芋膠。」〔一一〕其餘波尚供民用如此。枯葉煨芋，〔一二〕自是山人辟穀宿糧。若《雲仙雜記》燒絶品炭，以龍腦裹煨芋魁，《山家清供》大耐糕，以大芋去皮心，焯以白梅、甘草，填以松子、欖仁，豈復有霜晚風味？唐馮光進校《文選》，解「蹲鴟」云：「即是著毛蘿蔔。」〔一三〕肉食之人，何由識農圃中物，奚唯面牆！〔一四〕

雩婁農曰：滇之芋，有根紅而花者，其狀與海芋、南星同類也。斷其花之莖，剥而煠之，烹以五味，比芥藍焉。根螫不可食。夫蹲鴟濟世，厥功實偉。章貢之間，瀟湘之曲，其爲芋田多矣，不覩其荂，間有之，詫爲異，〔一五〕怯者或懼其爲鴆。滇人飽其魁而羹之，而煨之，而屑之，又獨得有花者而餐之，儷於萱與藿，草木之在滇者抑何皁耶！萬物生於東，成於西，滇居西南，歲多閶闔風。〔一六〕物在秋而遒，精華聚而升，故木者易華，草者易榮，晝煦以和，夜揫以肅，〔一七〕發之收之，勿俾其洩，早花而遲實，物勞而不僨。然滇之地有伏而莢，有臘而苞，〔一八〕景朝多陰，景夕多風，〔一九〕直其偏也，惟大理以東北致役乎坤。〔二〇〕

〔一〕蒙自：今雲南蒙自。

〔二〕會同：今湖南會同，屬懷化市。

〔三〕瓊山：在今海南海口市。

〔四〕石城：在今江西贛州。

〔五〕《札璞》：清學者桂馥撰。今書名有作「札樸」者。

〔六〕蘇東坡曾爲玉局觀提舉，故稱蘇玉局。其詩原題爲《過子忽出新意，以山芋作玉糝羹，色香味皆奇絶。天上酥陀則不可知，人間决無此味也》，詩曰：「香似龍涎仍釅白，味如牛乳更全清。莫將北海金虀鱠，輕比東坡玉糝羹。」

〔七〕黄庭堅《和七兄山蕷湯》詩：「能解飢寒勝湯餅，略無風味笑蹲鴟。」

〔八〕陸游《芋》詩,「莫笑」作「莫誚」。

〔九〕玉延即薯蕷,見卷三「薯蕷」條注〔五〕。黄獨:又名土芋、土卵、土豆。

〔一〇〕即「芋艿」。

〔一一〕嫁接花果,用芋膠封其刀口接縫。

〔一二〕陸游《閉户》詩云:「地爐枯葉夜煨芋,竹筧寒泉晨灌蔬。」

〔一三〕蹲鴟:大芋,以其形似名之。宋曾慥《談賓録》:唐開元中,蕭嵩奏請注《文選》,東宫衛佐馮光進解「蹲鴟」云:「今之芋子,即是著毛蘿蔔。」

〔一四〕《尚書·周官》:「不學牆面,莅事惟煩。」孔穎達《疏》:「人而不學,如面向牆無所覩見,以此臨事,則惟煩亂不能治理。」

〔一五〕莠:草木之花。此句謂所種芋無花,偶爾有開花的,見者輒驚詫以爲怪異。

〔一六〕《淮南子·天文訓》有「八風」,按八方分,其西方者爲閶闔風。

〔一七〕揫:收斂、聚集。

〔一八〕有伏天而生芽者,有臘月而結苞者。

〔一九〕景:日影也。《周禮·地官司徒》言以土圭測日影:「日南則景短,多暑;日北則景長,多寒;日東則景夕,多風;日西則景朝,多陰。」

〔二〇〕《易·説卦》:「帝出乎震,齊乎巽,相見乎離,致役乎坤。」又云:「坤也者,地也,萬物皆致養焉,故曰致役乎坤。」

落葵

落葵，《别録》下品。《爾雅》「終葵，繁露」，注：「承露也。」大莖小葉，華紫黄色，即「臙脂豆」也。湖南有白莖緑葉者，謂之「木耳菜」，尤滑。

繁縷

繁縷，《别録》下品。《爾雅》「蔜，薞蔞」，注：「今繁縷也。或曰雞腸草。」《唐本》相承無異。李時珍以爲「鵝兒腸」，非「鷄腸」。今陰濕地極多。

雩婁農曰：余初至滇，見有粥鵝腸菜於市者，甚怪之，以爲此江湘間盈砌彌坑，結縷糾蔓，薙夷不能盡者。及屢行園，〔一〕不獲一見，命園丁蒔之畦中，亦不甚蕃，始知滇以尠而售也。〔二〕李時珍以爲「易於滋長，故曰滋草」，殆不然矣。滇城郭外皆田疇，無雜草木，而山花之可簪可瓶，野草之可蘗可浴，根核果蓏之可茹可玩者，玀玀皆持以入市，〔三〕故不出户庭而四時之物陳於几案。

〔一〕行園：巡視園圃。

〔二〕尠：稀少。

〔三〕彝族舊稱玀玀。

雞腸草

雞腸草，《別録》下品。李時珍辨别鵝腸、雞腸二物甚晰。但雞腸俗名亦多，今以《救荒本草》雞腸菜圖之。

蕺菜

蕺(jí)菜，《別録》下品。即「魚腥草」。開花如海棠，色白，中有長緑心突出。以其葉覆魚，可不速餒。[一] 湖南夏時煎水爲飲以解暑。《爾雅》「蘵，黄蒢」，注：「草似酸漿，華小而白，中心黄。江東以作葅。」《通志》以爲即蕺。蕺、蘵音近，其狀亦相類。《吴越春秋》：「越王嘗糞，惡之，遂病口臭。范蠡令左右食岑草以亂其氣。」注：「岑草，蕺也。凶年飢民劚其根食之。」《齊民要術》有蕺葅法。今無食者，醫方亦鮮用，唯江湘土醫蒔爲外科要藥。《遵義府志》「側耳根」，即蕺菜，荒年民掘食其根。《本草》：味辛。《山陰縣志》：味苦。損陽消髓，聊緩溝壑瘠耳。[二]

[一] 餒：腐爛。

[二] 凶年饑民食此，對身體損傷很大，只是用來延緩生命，晚一些做溝壑中的餓莩而已。

蕓薹菜

蕓(yún)薹(tái)菜，《唐本草》始著録。即「油菜」。冬種冬生，葉薹供茹，子爲油，莖肥田，農圃所亟菜。〔一〕爲五葷之一，〔二〕非唯道家所忌，士大夫亦賤之。然有「油辣菜」、「油青菜」二種。辣菜味濁而肥，莖有紫皮，多涎，微苦，武昌尤喜種之，每食易厭。油青菜同菘菜，冬種生薹，味清而腴，逾於萵筍，佐菌毛羹，滑美無倫，以厠葱韭，可謂蒙垢。〔三〕李時珍以爲，羌隴氐胡，其地苦寒，冬月種此，故謂之「寒菜」。今北地凍圃如滌，有此素蔬，老傖不羶酪矣。〔四〕近時沿淮南北水旱之祲，冬輒耬種於田，民雖菜色，道免饑饉。穭生亦時有之。若其積雪初消，和風潛扇，萬頃黃金，動連山澤，覺「桃花淨盡菜花開」語爲倒置。〔五〕古人詩如范石湖「菘心青嫩芥薹肥」，〔六〕楊誠齋「菘薹正自有風味」，〔七〕皆指芥菜，得非以其葷而不置齒牙間乎？

〔一〕爲菜農愛種之菜。

〔二〕道家以韭、薤、蒜、蕓薹、胡荽爲五葷。

〔三〕把它列於葱韭之儔，實爲對它的玷污。

〔四〕老傖：本爲南人對北人的蔑稱，但在此處則是戲稱了。

〔五〕劉禹錫《再遊玄都觀》詩。倒置：此地菜花開於桃花之前，則劉禹錫之詩把順序顛倒了。

〔六〕范成大《四時田園雜興》詩。

〔七〕楊萬里七古無題。

櫰香

櫰（huái）香，《唐本草》始著録。圃中亦種之，土呼「香絲菜」。

瓠子

《唐本草注》：「瓠味皆甘，時有苦者。面似越瓜，長者尺餘，頭尾相似，與甜瓠瓠體性相類。但味甘冷，通利水道，止渴消熱，無毒，多食令人吐。」按瓠子，方書多不載，而《唐本草》所謂「似越瓜，頭尾相似」，則即今瓠子，非匏瓠也。《滇本草》：「瓠子又名『龍蛋瓜』，又名『天瓜』。味甘寒，治小兒初生周身無皮，用瓠子燒灰，調菜油擦之，甚效。又治左癱右痪，燒灰用酒服之。亦治痰火、腿足疼痛，烤熱包之，即愈。又治諸瘡、膿血流潰、楊梅結毒、横擔、魚口，用蕎麪包好，入火燒焦，去麪爲末，服之最效。作藥，服之不宜多，恐腹痛、心寒、嘔吐。葉治瘋癲、發狂。根治痘瘡。倒壓子煨湯服，治啞瘴。夷人治棒瘡、跌打損傷，擦之甚效。用生薑同服，治咽喉腫痛甚效。」按所治症甚夥，而自來《本草》遺之，足以補闕。

萊菔

萊菔（fú），《爾雅》「葖，蘆葩」，注：「葩宜爲菔。」《唐本草》始著録。種類甚夥，汁、子皆入藥。《滇海虞衡志》：「滇産紅蘿蔔頗奇，通體玲瓏如胭脂，最可愛玩。至其内外通紅，片開如紅玉板，以水浸之，水即深紅。粵東市上亦賣此片，然猶以蘇木水發之，兹則本汁自然之紅水也。羅次〔一〕人刨而乾之以爲絲，拌糟不用紅麴，而其紅過之。」《寧州志》〔二〕：「蘿蔔紅者名『透心紅』，移去他郡則變。」亦即此。食法生熟皆宜。東坡詩「中有蘆菔根，尚含曉露清」，〔三〕以蔓菁同爲羹，固可鬭勝酥酪，至搥根爛煮，研米爲糝，寬胸助胃，不必以味勝矣。寇萊公同地黄並餌，髭鬚早白，〔四〕物性相制，驗之不爽。近人服何首烏者食之，亦能白髮，蓋引消散之品入血分也。消食醒酒，紀載備述。小説謂一老醫病嗽，飲村民煮蘿蔔乾水稍止，即以此治一官久嗽，尋愈，亦蘿蔔子治喘嗽之效。而味甘平，於久嗽氣虚尤宜。《緗素雜記》以萊菔爲菘，《甕牖閒評》斥之，是矣。然譏東坡山丹如瑪瑙盤，〔五〕沈括鈴鈴草爲蘭爲非，〔六〕亦不自知其誤也。

雩婁農曰：蘿蔔，天下皆有佳品，而獨宜於燕薊。冬飆撼壁，圍爐永夜，煤燄燭窗，口鼻臭黑。忽聞門外有賣水蘿蔔賽如梨者，無論貧富耄稚，奔走購之，唯恐其過街越巷也。瓊瑶一片，嚼如冰雪，齒鳴未已，衆熱俱平。當此時，曷異醍醐灌頂！都門市諺有「冷官熱做，熱官冷做」之語。余謂畏寒而火，火盛思寒，一時之間，氣候不同，而調劑適宜，則冷而熱，熱而冷，如環無端，亦唯自解其妙而已。

〔一〕羅次：在今雲南禄豐。

〔二〕寧州：在今雲南華寧縣。

〔三〕《狄韶州煮蔓菁蘆菔羹》詩。

〔四〕宋寇準，封萊國公。方以智《物理小識》卷九：「生萊菔與地黄相反，熟則無害。」

〔五〕宋袁文《甕牖閒評》卷七：「蘇東坡詩云：『堂前種山丹，錯落馬腦盤。堂後種秋菊，碎金收辟寒。』菊比碎金固然，不知山丹何以比馬腦盤耶？今世所謂山丹者，其狀宛類鹿葱，但差小耳。此乃和其弟子由詩，疑東坡蜀人，不識山丹，誤認爲罌粟耳。」

〔六〕《甕牖閒評》卷七：沈存中「於蕙乃云『今俗謂之鈴鈴香』，亦非也。蕙别是一種花，……豈是鈴鈴香也？」則此處之「蘭」應是「蕙」字之誤。

蕨

蕨，《本草拾遺》始著録。《爾雅》「蕨，虌」，又「綦，月爾」，注：「即紫綦也，似蕨可食。」蓋紫、緑二種。又水蕨生水中，北地謂之「龍鬚菜」。《山堂肆考》：范文正公奉使安撫江淮，還，進貧民所食「烏味草」，呈乞宣示六宫戚里，用抑奢侈。《安徽志》以爲即蕨。今江、湖、滇、黔山民，皆研其根爲餌。《遵義府志》：「一種甜蕨，根如竹節，掘洗擣爛，曰『蕨凝』。和水掬汁，以椶皮濾滓，隔宿成膏，曰『蕨粉』。摶粉爲餅，曰『蕨巴』。灑粉釜中，微火起之，曰『蕨線』，煮之如水引。一種苦蕨，亦可食。又有『猫蕨』，初生有白膜裹之，不可食。水邊生者曰『荳蕨』。」余舟行潕水，〔一〕有大聲出於硤中，就視之，則居人以木桶就溪杵蕨，如所謂「春堂」者。〔二〕明羅永恭詩：「南村北村日卓午，萬户喧囂不停杵。初疑五丁驅金牛，又似催花撾羯鼓。」非目覩者不解其所謂。又云「堆盤炊熟紫瑪瑙，入口嚼碎明琉璃」，則爲溝壑之瘠增氣色矣。陳藏器云「多食弱人脚」，朱子《次惠蕨》詩「枯筇有餘力」，意亦謂此。而或者釋蕨爲蹷，且云負荷者不肯食。以余所見，黔中之攀附任重、頂踵相接者，無不甘之如飴。宋方岳詩「偃王妙處原無骨，鉤弋生來已作拳」，〔三〕刻畫至矣。楊誠齋詩則曰「食蕨食臂莫食拳」。滇蜀山民，腊而鬻之，長幾有咫。而孤竹之墟所産尤肥。〔四〕以蕨、絶音同，更曰「吉祥」，伏臘燕享，轉以佳名登翠釜，不復憶夷、齊食之而夭矣。〔五〕至其灰可以燒瓷，粉可以漿絲，民間習用而紀載闕如。

〔一〕潕水在今河南。

〔二〕唐劉恂《嶺表録異》卷上：「廣南有舂堂，以渾木刳爲槽，一槽兩邊約十杵，男女間立，以舂稻糧。敲磕槽舷，皆有遍拍。槽聲若鼓，聞于數里。」

〔三〕方岳《采蕨》詩。傳説西周時徐偃王有筋無骨。鉤弋：漢武帝寵姬，傳説初生時手拳不解。

〔四〕古孤竹國，在今河北盧龍。

〔五〕夷齊：伯夷、叔齊，古孤竹君之二子。義不食周粟，隱於首陽山，采薇而食，遂餓死於首陽山。是采薇而非采蕨，然薇蕨多連稱，《草蟲》之詩，采薇而兼采蕨矣；又餓死首陽，亦非孤竹。此句係游戲文字，不過由孤竹而聯想至夷、齊，顛倒其辭，不必細究。

薇

薇，《爾雅》：「薇，垂水。」陸璣《詩疏》：「蔓生，似豌豆。」項安世〔一〕以爲即野豌豆之不實者。《本草拾遺》始著録。《禮》：「鉶芼，羊苄，豕薇。」〔二〕漢時官園種之，以供宗廟祭祀。而《字説》以爲「微者之食」，〔三〕何其謬耶！古今南北飲食不同，地黄葉，唯懷慶人得食之，亦將謂在下者之食耶？「薇，垂水」注云：「生於水邊。」考據家以登山采薇，薇自名「垂水」，不可云水草。今河畔棄壖，蔓生尤肥，莖弱不能自立，在山而附，在澤而垂，奚有異也？杜詩「今日南湖采蕨薇」。〔四〕蕨有山、水二種，薇亦然矣。《説文》薇似藿菜之微者，〔五〕形義俱足。陳藏器以爲葉似萍，亦與豌豆葉相類。而釋者或曰「迷蕨」，或曰「金櫻芽」，或曰「白薇」，宜爲前人所詰。此菜亦有結實、不結實二種。結實者豆可充饑，不結實者莖、葉可茹，余得之牧豎云。

〔一〕項安世，南宋初人。

〔二〕《儀禮·公食大夫禮》：「鉶芼，牛藿，羊苦，豕薇，皆有滑。」《今文》「苦」爲「苄」。

〔三〕王安石撰《字説》，多師心自造，憑空附會。

〔四〕杜甫《解悶》詩原句作「今日南湖采薇蕨」。

〔五〕《説文解字》原文爲「薇，菜也，似藿，從艸微聲」。

野豌豆

野豌豆，生園圃中，田隴陂澤尤肥。結角長半寸許，豆可爲粉。與薇一類而分大小。《野菜譜》謂之「野菉豆」。

翹摇

翹摇，《爾雅》「柱夫，摇車」，注：「蔓生，細葉紫華，可食。今俗呼『翹摇車』。」《本草拾遺》始著録。吴中謂之「野蠶豆」。江西種以肥田，謂之「紅花菜」，賣其子以升計。湖北亦呼曰「翹翹花」。淮南北、吴下鄉人尚以爲蔬。士大夫蓋不知，東坡欲致其子於黄，殆未見田隴間春風翹摇者耶？〔一〕然其詩曰「豆莢圓且小，槐芽細而豐」，又曰「此物獨嫵媚」，枝葉花態，詩中畫矣。放翁詩「此行忽似蟆津路，自候風爐煮小巢」，亦以蜀中嗜之，非吴中無是物也。〔二〕湘南節署隙地徧生，紫萼緑莖，天然錦罽。〔三〕滇中田野有之，俗呼「鐵馬豆」。《滇本草》：「治寒熱來往肝勞，與古法治熱瘧、活血、明目同症。」又有黄花者，名「黄花山馬豆」。滇中草花多非一色，唯形狀不差耳。《詩》曰「卭有旨苕」，〔四〕苕，一名「苕饒」，即「翹摇」之本音。苕而曰「旨」，〔五〕則古人嗜之矣。《野菜譜》有「板蕎蕎」，亦當作「翹翹」。

〔一〕時東坡在黄州，作《元修菜》詩，有序云：「菜之美者，有吾鄉之巢。故人巢元修嗜之，余亦嗜之。元修云：『使孔北海見，當復云吾家菜耶？』因謂之元修菜。余去鄉十有五年，思而不可得。元修適自蜀來，見余於黄。乃作是詩，使歸致其子，而種之東坡之下云。」吴氏以爲，黄州本有此菜，特東坡未至田隴間一見也。

〔二〕陸游《巢菜》詩序云：「蜀蔬有兩巢，大巢，豌豆之不實者，小巢生稻畦中，東坡所賦元修菜是也。吴中絶多，名漂摇草，一名野蠶豆，但人不知取食耳。予小舟過梅市得之，始以作羹，風味宛如在醴泉蓄頤時也。」

〔三〕錦罽：即織錦。

〔四〕見《陳風·防有鵲巢》。

〔五〕旨有美味之意。

甘藍

甘藍，《本草拾遺》始著録，云是「西土藍」。《農政全書》：「北人謂之擘藍。」按此即今北地「撇藍」，根大有十數斤者，生食醬食，不宜烹飪也。《山西志》謂之「玉蔓菁」，縷以爲絲，皓若爛銀，浸之井華，〔一〕劑以醯醢，脆美爽喉；一入沸湯，辛輭不任咀嚼矣。葉以爲虀，曰「酸黄菜」，尤美。《滇本草》沿作「苤藍」：「治脾虚火盛、中膈存痰、腹内冷痛、夜多小便，又治大痳、瘋癩等症，服之立效。生食止渴，煨食治大腸下血。燒灰爲末，治腦漏、鼻疳，吹鼻治中風不語。葉貼瘡皮，治淋症最效。」

雩婁農曰：蔓菁、蘿蔔，二物也，醫者或誤一之。甘藍盛於西北，俗書「擘」、「撇」，乃無正字，醫者以爲「大葉冬藍」，可謂按圖索驥矣。余移種湘中，久不拆芽，視之腐矣。畏濕喜燥，其性然也。滇南終歲可得，夏秋尤美。此物根生土上，復有直根如插橛。花繁葉碩，與風摇動，若懸擢然，〔二〕初覩者或以爲奇。余生長於北，終日食之而不識其狀。西南萬里，藝之小圃，朝夕晤對。彼足不至西北者，雖欲「一物不知，以爲深恥」，〔三〕將如之何？〔四〕

〔一〕井華：清晨新汲之井水。

〔二〕「擢」，疑是「櫂」字之誤。懸櫂：懸空的船棹。

〔三〕唐劉知幾《史通·雜説中》引古人語云：「一物不知，君子所恥。」

〔四〕「將」，原本誤作「蔣」。

萵苣

萵（wō）苣（jù），《食療本草》始著録。《墨客揮犀》謂「自咼國來，故名」。有紫花、黄花兩種。醃其薹食之，謂之「萵笋」，亦呼爲「薹乾」。李時珍謂苦苣、萵苣、白苣俱不可煮食，通可曰「生菜」。然苦苣生食固已，萵苣葉薹，爚之羞之，五味皆宜。唯白苣則北人以葉包飯食之，脆甘無儕，且耐大嚼，故以「生菜」屬之。而萵苣之美則在薹，鹽脯禦冬，響牙齏也。〔一〕老杜《種萵苣》詩序：「堂下理小畦，種一兩席許萵苣。向二旬矣，而苣不拆甲，〔二〕獨野莧青青。傷時君子，或晚得微禄，轗軻不進。」野莧滋蔓，是誠然矣。苣不拆甲，毋乃種不以法？淺根孤露，栽培未至，雖易生之物，植者希矣。菠薐過朔乃生，〔三〕園荽經雨乃茁。凡物有用於人，皆有本性，用之而拂之，其轆軻又誰咎耶？〔四〕萵苣一名「千金菜」。《清波雜志》云：紹興中，車駕巡建康新豐鎮，頓物皆備，〔五〕忽索生菜兩籃。前頓傳報，生菜遂爲珍品。物有時而貴千金，其適然矣。〔六〕

〔一〕響牙齏：嚼起來很脆的腌菜。

〔二〕「坼甲」，原序各本均作「甲坼」。另「坼」字，原本作「拆」，據原序改。即「甲坼」，種子殼裂開發芽。

〔三〕朔：初一。《種樹書》：菠薐過月朔乃生。今月初一初二種，與二十七八日間種者，皆過來月初一乃生。

〔四〕拂：違逆。用物而違逆物之本性，遭遇坎坷，那又責怪誰呢？

〔五〕頓：停頓。此指皇帝臨時駐蹕之處。

〔六〕適然：偶然機遇。

白苣

白苣，《嘉祐本草》始著録。與萵苣同而色白。剥其葉生食之，故俗呼「生菜」，亦曰「千層剥」。

蒔蘿

蒔（shí）蘿（luó），《開寶本草》始著録。即「小回香」。子以爲和治腎氣，方多用之。

東風菜

東風菜，《開寶本草》始著録。嶺南多有之，與菘菜相類。

越瓜

越瓜，《開寶本草》始著録。即「菜瓜」。形長，有直紋，惟汴中産者圓。《詩》「是剥是菹」，〔一〕注：「瓜成，剥削淹漬爲菹，而獻皇祖。」《齊民要術》瓜菹法詳矣。汴梁作「包瓜」，以薑及杏仁、核桃等包而醬漬之。亦有豐歉。士大夫家習製之，則「剥菹獻祖」之遺風也。《倦游雜録》：韓龍圖贄，山東人。鄉里食味，好以醬漬瓜啗，謂之「瓜齏」。韓爲河北都漕，廨宇在大名府，諸軍營多鬻此物。韓嘗，曰：「某營佳，某次之。」有人曰：「歐陽永叔撰《花譜》，〔二〕蔡君謨著《荔支譜》，〔三〕今須請韓龍圖撰《瓜齏譜》矣。」余謂韓誠不敢與歐、蔡伍，若作《瓜齏譜》，則逾二公甚遠。

〔一〕《小雅·信南山》：「是剥是菹，獻之皇祖。」

〔二〕歐陽修有《牡丹譜》。其年少時爲河南從事，目擊洛陽牡丹之盛，遂作此。

〔三〕蔡襄著《荔枝譜》，品第荔枝三十餘種。

茄

茄，《開寶本草》始著録。《本草拾遺》：「一名落蘇，有紫、白、黄、青各種，長圓大小亦異。」

《嶺表録異》：「茄樹其實如瓜。」〔一〕余親見之。茄蒂根燒灰治皸瘃，〔二〕莖灰入火藥用。茄種既繁，鼎俎惟宜。《遵生八牋》有糖蒸、醋糟、淡乾、鵪鶉各法，〔三〕然未盡也。水茄甘者可以爲果。山谷有《謝銀茄》詩云：「君家水茄白銀色，絶勝埧裏紫彭亨。」白固勝於紫，然唐以前但云「崑崙紫瓜」，〔四〕白茄曰「渤海」、曰「番茄」，蓋後出也。段成式云：「茄乃蓮莖之名。今呼茄菜，其音若伽，未知所自。」〔五〕小説有「草」下作「佳」、作「召」、作「音」之譌。《白獺髓》：趙希倉倅紹興，令庖人造燥子茄，欲書判食單，問廳吏「茄」字。吏曰：「草頭下着加。」遂援筆書「草」下「家」字，都人目曰「燥子蒙」。

〔一〕《廣群芳譜》卷十七引《嶺表録異》言「其實如瓜」，今本《嶺表録異》則無此句。

〔二〕皸瘃：手足凍皸生瘡。

〔三〕《遵生八牋》卷十二有食香瓜茄、糟瓜茄、糖醋茄、鵪鶉茄，與此稍異。

〔四〕《大業拾遺録》：隋煬帝改茄子名「崑崙紫瓜」。

〔五〕見《酉陽雜俎》卷十九「草編」。

胡荽

胡荽（suī），《嘉祐本草》始著録。《南唐書》謂種胡荽者作穢語則茂。〔一〕今多呼「蒝荽」。《東軒筆録》：吕惠卿語王安石：「園荽能去面䵟。」〔二〕蓋皆有所本。

〔一〕宋曾慥《類説》：李退夫爲事矯怪。一日種胡荽，俗傳須主人口誦猥語則茂。退夫撒種密誦曰：「夫婦之道，人倫之性。」不絶於口。

〔二〕䵟：面有黑氣。《東軒筆録》：「吕惠卿嘗語王荆公曰：『公面有䵟，用園荽洗之當去。』荆公曰：『吾面黑耳，非䵟也。』吕曰：『園荽亦能去黑。』荆公笑曰：『天生黑於予，園荽其如予何！』」

茼蒿

茼蒿，《嘉祐本草》始著録。開花如菊，俗呼「菊花菜」。汪機不識茼蒿，殆未窺園，李時珍斥之固當。〔一〕但茼蒿究無蓬蒿之名，蓬、茼音近，義不能通。《千金方》以茼蒿入「菜類」。蓬蒿野生，細如水藻，可茹而非園蔬。若大蓬蒿，則即白蒿，與此别種。此菜葉如青蒿輩，氣亦相近。而黄花散金，自春徂暑，老圃容華，增其縟麗，可爲晚節先導。

〔一〕汪機：明代名醫，著有《本草會編》，於「茼蒿」下云：「《本草》不著形狀，後人莫識。」李時珍斥之：「今人常食者，而汪機乃不能識，輒敢擅自修纂，誠可笑慨。」窺園：親往園中驗視。

邪蒿

邪蒿，《嘉祐本草》始著録。葉紋即邪，味亦非正，人鮮食之。紋斜遂以「邪」名，味辛亦多艾氣。北齊邢峙授經東宫，命厨宰去邪蒿，曰：「此菜有不正之名，非殿下所宜食。」〔一〕養正之功，固在慎微。

〔一〕見《北齊書·儒林傳》。

羅勒

羅勒，《嘉祐本草》始著録。即「蘭香」也。術家以羊角、馬蹄燒灰撒濕地，即生羅勒云。《救荒本草》「香菜，伊洛間種之」，即此。《甕牖閒評》不識羅勒，乃斥《事物紀原》因石勒諱改名蘭香爲非，且援鄭穆夢蘭爲證，是直以蘭香爲蘭草矣。〔一〕金銀、白及，〔二〕泚筆便誤，多識下問，固當不妄雌黄。

〔一〕此處「鄭穆夢蘭」事有誤。按《甕牖閒評》卷七云：「《事物紀原》載蘭香本名羅勒，後避石勒諱，改曰蘭香，至今以爲然。然春秋時鄭文公有賤妾燕姞，夢天使與己蘭，且曰：『以蘭有國香，人服媚之。』如是，故生穆公而名之曰蘭。《事物紀原》何以謂先名羅勒耶？」

〔二〕《劉賓客嘉話録》：韓愈之子昶，嘗爲集賢校理，史傳有「金根車」，昶以爲誤，悉改爲「金銀車」。《宋史·儒林傳》：田敏「雖篤于經學，亦好爲穿鑿，所校《九經》，頗以獨見自任，如改《尚書·盤庚》『若網在綱』爲『若綱在綱』，重言『綱』字。又《爾雅》『椴，木槿』注曰『日及』，改爲『白及』。如此之類甚衆」。

菠薐

菠薐（léng），《嘉祐本草》始著録。《嘉話録》：「種自頗陵國移來，訛爲菠薐。」味滑，利五臟。此菜色味皆佳。廣舶珊瑚，〔一〕以色如菠菜莖者爲貴，則亦可名「珊瑚菜」矣。南中四時不絶，以早春初冬時嫩美。東坡詩：「北方苦寒今未已，雪底菠薐如鐵甲。豈知吾蜀富冬蔬，霜葉露芽寒更茁。」大抵江以南皆富冬蔬，而北地之窖生者色尤碧、味尤脃也。惟此菜忽有澀者，乃不能下咽，豈瘠土不材耶？北地三四月間，菜把高如人，肥壯無筋，焯而腊之，〔二〕入湯鮮緑可愛，目之曰「萬年青」。聞黑龍江菠薐厚勁如箭鏃，則洵如「鐵甲」矣。

〔一〕廣舶：廣州與海外交易的商船。

〔二〕焯熟後晾成乾菜。

灰藋

灰藋（diào），《嘉祐本草》始著録。即「灰條菜」。其紅心者爲「藜」。一種圓葉者名「和尚頭」，味遜。《爾雅》：「釐，蔓華。」説者云「釐」即「萊」。陸璣《詩疏》：「萊，即藜也，其子可爲飯。」《救荒本草》謂之「舜芒穀」。藜藿之羹，昔賢所甘，唐宋詩人猶形歌詠，而後人或以爲「落帚」，《蓬窗續録》乃以爲「苜蓿」，何其陋也！《詢芻録》：「古稱藜即灰莧，老可爲杖，蓋藜杖也。」余鄉居時，摘而焯爲蔬，味微鹹，特未蒸以爲羹耳。其莖秋時伐爲杖，輕而有致，髹以漆，則堅耐久，杖鄉者曳扶至便，〔一〕比户奉之，非難識也。北地採其子以備荒。菸中有所謂「蘭花子」者，皆是物充之。王世懋《蔬疏》「藜蒿多生江岸」，得不誤爲「蔞」耶？明饒介詩序：「藜科旅生庭中，白露日割而爲帚，謂是日取藜無蟻，諺云。」〔二〕藜，未聞可帚，亦恐誤爲「落帚」也。二草絶不相蒙。雷斅云「白青色是妓女莖」，〔三〕不知何故以爲一類。富貴之家，不噉粗食，窗前草芟夷勿使能植，何由得見？「敝襟不掩肘，藜羹常乏斟」耶？〔四〕《滇本草》：「灰滌銀粉菜，作菜食令人不噎隔反胃，煎服治火眼疼痛，洗眼去風熱。」可補諸《本草》。《爾雅》「拜，蔏藋」，注：「亦似藜。」疏引《莊子》「藜藋柱宇」。〔五〕蓋紅者爲藜，白者爲藋。

按：《爾雅》郭注：「王蔧似藜。」《説文繫傳》：「今落帚或謂落藜，初生可食，藜之類也。」二物皆生穢地，科茂如樹，葉俱可茹，故曰同類，其實枝葉自迥別。《救荒本草》有「水落藜」，亦是灰藋，非落帚也。又《繫傳》：「藋，釐草也。」徐鍇謂即「灰藋」。《爾雅》「拜，蔏藋」，郭注：「亦似藜。」《説文》舉其一類，郭注別其二種，本自明顯。徐氏不以「釐」釋「藜」，《爾雅正義》以萊、釐、藜爲一物，而釋蔏藋仍以有紅線者爲灰藋，不採《嘉祐本草》「白藋入藥、紅藜堪杖」之説，皆偏舉而未融貫也。

〔一〕《禮記・王制》：「五十杖於家，六十杖於鄉，七十杖於國，八十杖於朝。」

〔二〕饒介此詩題即此「序」，「是」字前原本漏一「謂」字，據《珊瑚木難》卷八補。

〔三〕《本草綱目》引雷斅《炮炙論》作「妓女莖」，《證類本草》卷二十四引則作「忌女莖」。

〔四〕見陶淵明《詠貧士》詩。

〔五〕《爾雅》邢昺《疏》作「藜藋柱宇」，今《莊子·徐無鬼》本文作「藜藋柱乎」。

蕹菜

蕹(wèng)菜，詳《南方草木狀》。《嘉祐本草》始著録。花葉與旋花無異，惟根不甚長，解治葛毒。湖南誤食水莽草，亦以此解之。江右、湖南種之，不減閩、粵。余疑與「葍葍苗」爲一物，南方種爲蔬，北地則野生麥田中，徒供腯豕耳。其心空中，嶺南夏秋間疑有蛭藏於内，多不敢食。種法如番薯，掐蔓插之即活，一畦足供八口之食。味滑如葵，在嶺南則爲嘉蔬。王世懋云：「南京有之，移植不生。」易生物亦有不遷地者，何異匹夫不可奪志？

雩婁農曰：余壯時以盛夏使嶺南，瘴暑如焚，〔一〕日啜冷齏。抵贛，驟茹蕹菜，未細咀而已下咽矣。每食必設，乃與五穀日益親。蓋其性滑能養竅，中空能疏滯，寒能抑熱。近時阿芙蓉毒天下，〔二〕有倡爲「蕹菜膏」者，云可以已癮。余疑鴉片膏中必雜以冶葛，故生呑者毒烈立斃，吸其煙則灼薰積於肺腑，毒發稍緩，如服硫黄然。蕹者，冶葛之所畏也，因其畏而治之，如人面瘡之畏貝母、心腹蟲之畏藍與地黄歟？否則藉其寒滑，以爲利導，而熄無根之火耳。然必受害淺者或可以已，不然者，吾以爲杯水車薪之喻。

〔一〕瘴暑：酷暑。

〔二〕阿芙蓉即鴉片。

胡瓜

胡瓜，《嘉祐本草》始著録。即「黄瓜」。杜寶《拾遺録》云：「隋避諱改黄瓜也。」陳藏器謂石勒諱「胡」改名，説少異。瓜可食時色正緑，至老結實，則色黄如金，鼎俎中不復見矣。有刺者曰「刺瓜」。《齊民要術》無藏胡瓜法，蓋不任糟醬。《遵生八牋》蒜瓜法：「醃瓜，以大蒜瓣搗爛，與瓜拌勾，酒醋浸。」北地多如此，近則與辣子同浸，無蒜氣而耐藏。其秋時結者，曝乾，與萵筍薹同法作蔬，極甘脃。

資州生瓜菜

《宋圖經》：生瓜菜，生資州平田陰畦間。味甘微寒，無毒，治走疰，攻頭、面、四肢及陽毒、傷寒、壯熱、頭痛、心神煩躁，利胸膈。俗用擣自然汁飲之，及生擣貼腫毒。苗長三四寸，作叢生。葉青圓似白莧菜。春生莖葉，夏開紫白花，結黑細實。其味作生瓜氣，故以爲名。花、實無用。

草石蠶

草石蠶，《本草會編》始著録。即「甘露子」。莖、花與水蘇同，而根如連珠。北地多種之以爲蔬。按：《拾遺》雖有「草石蠶」之名，而謂根有毛節，葉如卷柏，生山石上，此即俗呼「返魂草」，已入「石草」，非甘露也。惟《本草會編》所述地蠶形狀，正是《救荒本草》甘露兒，袛可供茹，若除風破血，恐無此功用。姑仍《綱目》舊標而辨正之。

雩婁農曰：地蠶味腴，處處食之，而《本草》不載，其無當於君臣佐使耶？〔一〕楊升菴以芭蕉之甘露爲蘘荷，後人復因甘露之名以地蠶爲蘘荷。但古今不聞以芭蕉爲蔬者，或者附會以爲其根可茹，而無人試之可信否耶？甘露兒未必即蘘荷，然以補蘘荷之缺，奚不可者？屠本畯《玉環菜》詩云：「甘露草生何闌珊，堪綴步摇照玉環。」則玉環即此菜矣。明人不識蘘荷，而屠本畯云「白者白裹，赤者赤穰」，此何物耶？其味辛，蓋薑類。

〔一〕君臣佐使：按中醫配方，諸藥有君臣佐使，以宣攝合和。有一君、二臣、三佐、五使之説。

白花菜

白花菜，《食物本草》收之。圃中亦有種者，味近臭，惟宜腌食。亦有黄花者，白瓣黄鬚，臭有致，而氣味乃不得相近。圃人種而自食，不知其味若何，久而不聞其臭，彼固日在鮑魚之肆也。存此以見窮民惡食，未必即以臭爲香。

黄瓜菜

黄瓜菜，《食物本草》始著録。似苦蕒而花甚細。《救荒本草》「黄鵪菜」即此。此草與薺苣齊生，而味肥俱不如。彼爲膏粱，此爲草芥矣。翦以飼鶩，蓋鷄鶩不與爭也。

植物名實圖考卷之五　蔬類

野胡蘿蔔

《救荒本草》：「野胡蘿蔔生荒野中，苗葉似家胡蘿蔔俱細小。葉間攛生莖叉，梢頭開小白花。衆花攢開，如傘蓋狀，比蛇床子花頭又大，結子比蛇床子亦大。其根比家胡蘿蔔尤細小，味甘。採根洗淨，去皮生食亦可。」按：此草處處有之。湖南俚醫呼爲「鶴蝨」，與「天名精」同名，亦肖其花，白如鶴子，細如蝨耳。

地瓜兒苗

地瓜兒苗，詳《救荒本草》。方莖，葉似薄荷，微長，根如甘露兒更長，味甘。江西田野中亦有之。

野園荽

《救荒本草》：「野園荽，生祥符縣西北田野中。〔一〕苗高一尺餘。苗、葉、結實皆似家胡荽，但細小瘦窄。味甜，微辛香。採嫩苗葉煠熟，油鹽調食。」按：野園荽，南方廢圃砌陰極多，似野胡蘿蔔而科瘦根小。春時開花結子，五六月即枯。野胡蘿蔔多生田野，至秋深尚有之。

〔一〕祥符：今河南省開封市祥符區。

遏藍菜

《救荒本草》：「遏藍菜，生田野中下濕地。苗初搨地生，葉似初生菠菜葉而小，其頭頗圓。葉間攛葶分叉，叉上結莢兒，似榆錢狀而小。其葉味辛香，微酸，性微温。採葉煠熟，水浸取酸辣味，復用水淘淨作齏，油鹽調食。」按：此草，湖南山坡春時有之，俗呼「犁頭草」，象其形。有爲蚊蝱嗌者，嚼葉敷之止癢。

星宿菜

《救荒本草》：「星宿菜，生田野中，作小科苗。生葉似石竹子葉而細小，又似米布袋葉微長。梢上開五瓣小尖白花。苗葉味甜，採苗葉煠熟，油鹽調食。」按：此草，江西俚醫呼爲「單條草」，以洗外腎紅腫。

苦瓜

苦瓜，《救荒本草》謂之「錦荔枝」，一曰「癩葡萄」。南方有長數尺者。瓤紅如血，味甜，食之多衄血。徐元扈云：「閩、粤嗜之。」余所至江右、兩湖、雲南，皆爲圃架時蔬，京師亦賣於肆，豈南烹北徙耶？〔一〕肥甘之中，揖以苦薏，〔二〕俗呼解暑之羞。苦口藥石，固當友「諫果」而兄

「破睡侯」矣。〔三〕貧者藜藿不糝，五味失和，〔四〕非有茹蘗之操，〔五〕何以堪此？《滇本草》：「治一切丹火毒氣、金瘡結毒。遍身芝麻疔、大疔，疼不可忍者，取葉曬乾爲末，每服三錢，無灰酒下，神效。又治楊梅瘡。取瓜花煅爲末，治胃氣疼，滾湯下；治目痛，燈草湯下。」皆昔人所未及。

〔一〕南方之食物遷移於北方。

〔二〕揞：摻雜。薏：蓮子之心，味苦。

〔三〕宋周密《齊東野語》卷十四以野筍、橄欖爲「諫果」，因其先苦而後甘，如諫者之言也。又茶雖苦，而有滌煩破睡之功，故戲稱「破睡侯」。

〔四〕糝：米粒。藜藿中摻以米，方能五味調和，而貧者無米可摻，故五味失和。

〔五〕茹蘗：即茹苦。

地梢瓜

《救荒本草》：「地梢瓜，生田野中。苗高尺許，作地攤科。生葉似獨帚葉而細窄，光硬又似沙蓬葉亦硬。週圍攢莖而生莖葉，開小白花。結角長大如蓮子，兩頭尖艄，狀又似鴉嘴形，名『地梢瓜』，〔一〕味甘。其角嫩時，摘取煠食。角若皮硬，剥取角中嫩穰生食。」按：山西廢圃中極多，花如木犀，長柄下垂，清香出叢，瓜花皆駢，亦具異狀。瓜有白汁，老則子作絮，正如蘿蘼，直隸人謂之「老鸛瓢」。按《詩義疏》：「蘿藦，幽州人謂之雀瓢。」《唐本草》「女青」注：「此草即雀瓢也。生平澤，葉似蘿藦，兩相對。子似瓢形，大如棗許，故名雀瓢。根似白微，莖葉並臭。」又云：「蘿藦葉似女青，故亦名雀瓢。」據此，則北語「老鸛瓢」即「雀瓢」矣。蘇恭謂子似瓢形，頗肖，而葉則迥異蘿藦。或謂生肥地葉亦肥，似旋花葉。草木相似極多，究未知蘇説雀瓢又有別否。大抵二種，子皆如針線，固應一類。《詩義疏》謂之「雀瓢」，蓋統言之。李時珍未見此草，輒以蘇説根實形狀爲誤，可謂孟浪。而李氏所謂「與蘿藦相似，子如豆」者，乃「臭皮藤」，南方至多，北地無是物也。惟女青有「雀瓢」之名，而諸説紛紛無定解，故不即以入女青。此草花香，而莖葉皆有白汁，氣近臭，亦可謂「薰蕕同器」矣。

〔一〕此言角實亦名「地梢瓜」。

水蘇子

《救荒本草》：「水蘇子，生下濕地。莖淡紫色，對生莖叉，葉亦對生。其葉似地瓜葉而窄，邊有花鋸齒，三叉尖葉下，兩傍又有小叉。葉梢開花黃色。其葉微辛。採苗葉煠熟，油鹽調食。」

水落藜

《救荒本草》：「水落藜，生水邊，所在處處有之。莖高尺餘，莖色微紅，葉似野灰菜葉而瘦小。味微苦澁，性涼。採苗葉煠熟，换水浸淘洗淨，油鹽調食，曬乾煠食尤好。」

山蘿蔔

《救荒本草》：「山蘿蔔，生山谷間，田野中亦有之。苗高五七寸，四散分生莖葉。其葉似菊葉而闊大，微有艾香。每莖五七排生，如一大葉。梢間開紫花，根似野胡蘿蔔根而帶黪白色，味苦。採根煠熟，水浸淘去苦味，油鹽調食。」

水蘿蔔

《救荒本草》：「水蘿蔔，生田野中下濕地。苗初搨地生。葉似薺菜形而厚大，鋸齒尖花，葉又似水芥葉，亦厚大。後分莖叉，梢間開淡黄花，結小角兒。根如白菜根而大，味甘辣。採根及葉煠熟，油鹽調食，生亦可食。」

石芥

《救荒本草》：「石芥，生輝縣鴉子口山谷中。苗高一二尺，葉似地棠菜葉而闊短。每三葉或五葉攢生一處，開淡黄花，結黑子。苗葉味苦微辣。採嫩葉煠熟，换水浸去苦味，油鹽調食。」

山苦蕒

《救荒本草》：「山苦蕒，生新鄭縣山野中。〔一〕苗高二尺餘，莖似萵苣葶而節稠。其葉甚花，有三五尖，似花苦苣。其葉甚大，開淡棠褐花，表微紅，味苦。採嫩苗葉煠熟，水淘去苦味，油鹽調食。」

〔一〕新鄭：在今河南鄭州南。

山白菜

《救荒本草》：「山白菜，生輝縣山野中。苗葉頗似家白菜，而葉莖細長。其葉尖艄有鋸齒叉，又似莙蓬菜葉，而尖瘦，亦小。味甜微苦。採苗葉煠熟，水淘淨，油鹽調食。」

山宜菜

《救荒本草》：「山宜菜，又名『山苦菜』，生新鄭縣山野中。苗初塌地生，葉似薄荷葉而大。葉根兩傍有叉，背白，又似青莢兒菜葉，亦大。味苦。採苗葉煠熟，油鹽調食。」

綿絲菜

《救荒本草》：「綿絲菜，生輝縣山野中。高一二尺，葉似兔兒尾葉，但短小；又似柳葉菜葉，亦比短小。梢頭攢生小蓇葖，開黪白花。其葉味甜。採嫩苗葉煠熟，水浸淘淨，油鹽調食。」

鴉葱

《救荒本草》：「鴉葱，生田野中。枝葉尖長，搨地而生。葉似初生蜀秫葉而小，又似初生大藍葉，細窄而尖。其葉邊皆曲皺。葉中攛葶，吐結小蓇葖，後出白英。味微辛。採苗葉煠熟，油鹽調食。」

山葱

《救荒本草》：「山葱，一名『隔葱』，又名『鹿耳葱』，生輝縣太行山山野中。葉似玉簪葉微團。葉中攛葶似蒜葶，甚長而澀。梢頭結帯葖似葱帯葖，微開白花，結子黑色。苗味辣。採苗葉煠熟，油鹽調食，生醃食亦可。」

節節菜

《救荒本草》：「節節菜，生荒野下濕地。科苗甚小，葉似鰱蓬，又更細小而稀疎。其莖多節堅硬。葉間開粉紫花，味甜。採嫩苗揀擇淨煠熟，水浸淘過，油鹽調食。」

老鴉蒜

《救荒本草》：「老鴉蒜，生水邊下濕地中。其葉直生，出土四垂。葉狀似蒲而短，背起劍脊。其根形如蒜瓣，味甜。採根煠熟，水浸淘淨，油鹽調食。」按：《本草綱目》以此爲「石蒜」，根形殊不類。

山萵苣

《救荒本草》：「山萵苣，生輝縣山野間。苗葉搨地生。葉似萵苣葉而小，又似苦苣葉而卻寬大。葉脚花叉頗少，葉頭微尖，邊有細鋸齒。葉間攛葶，開淡黄花。苗葉味微苦。採苗葉煠熟，水浸淘去苦味，油鹽調食，生揉亦可食。」

水蒿苣

《救荒本草》：「水蒿苣，一名『水菠菜』，水邊多生。苗高一尺許。葉似麥藍葉而有細鋸齒，兩葉對叉，又生兩枝。梢間開青白花，結小青蓇葖如小椒粒大。其葉味微苦，性寒。採苗葉煠熟，水淘淨，油鹽調食。」

野蔓菁

《救荒本草》：「野蔓菁，生輝縣栲栳圈山谷中。苗葉似家蔓菁葉而薄小。其葉頭尖艄。葉脚花叉甚多，葉間花出枝叉上，開黄花，結小角，其子黑色。根似白菜根頗大。苗葉根味微苦。採苗葉煠熟，水浸淘淨，油鹽調食。或採根，换水煮去苦味，食之亦可。」

水蔓菁

《救荒本草》：「水蔓菁，一名『地膚子』。生中牟縣南沙堈中。〔一〕苗高一二尺，葉彷彿似地瓜兒葉，卻甚短小，捲邊窊面；又似雞兒腸葉，頗尖艄。梢頭出穗，開淡藕絲褐花。葉味甜。採苗煠熟，油鹽調食。」

〔一〕中牟：在河南鄭州東。

山蔓菁

《救荒本草》：「山蔓菁，生鈞州山野中。〔一〕苗高一二尺，莖葉皆蒿苣色。葉似桔梗葉，頗長蛸而不對生，又似山小菜葉，微窄。根形類沙參，如手指麄，其皮灰色，中間白色。味甜。採根煮熟，生食亦可。」

〔一〕鈞州：今河南禹州，在鄭州南。

山芹菜

《救荒本草》：「山芹菜，生輝縣山野間。苗高一尺餘，葉似野蜀葵葉，稍大，而有五叉；又似地牡丹葉，亦大。葉中攛生莖叉，梢結刺毬，如鼠粘子刺毬而小。開花黲白色。葉味甘。採苗葉煠熟，水浸淘淨，油鹽調食。」

銀條菜

《救荒本草》：「銀條菜，所在人家園圃多種。苗葉皆似萵苣長細，色頗青白。攛葶高二尺許，開四瓣淡黃花。結蒴似蕎麥蒴而圓，〔一〕中有小子如油子大，淡黃色。其葉味微甘，性凉。採苗葉煠熟，水浸淘淨，油鹽調食，生揉亦可。」

〔一〕蒴：蒴實，形如房室，内盛種籽。

珍珠菜

《救荒本草》：「珍珠菜，生密縣山野中，苗高二尺許。莖似蒿稈，微帶紅色。其葉狀似柳葉而極細小，又似地梢瓜葉。頭出穗，狀類鼠尾草。穗開白花，結子小如菉豆粒，黃褐色。葉味苦澀。採葉煠熟，換水浸去澀味，淘淨，油鹽調食。」按：《黄山志》：「真珠菜，藤本蔓生，暮春發芽。每芽端綴一二蘂，圓白如珠。葉脃緑如茶。連蘂葉腊之，香甘鮮滑，他蔬讓美焉。」與此異種。

涼蒿菜

《救荒本草》：「涼蒿菜，又名甘菊芽，生密縣山野中。葉似菊花葉而長細尖艄，又多花叉，開黄花。其葉味甘。採葉煠熟，換水浸淘淨，油鹽調食。」

雞腸菜

《救荒本草》：「雞腸菜，生南陽府馬鞍山荒野中。〔一〕苗高二尺許，莖方色紫。其葉對生，葉似菱葉樣而無花叉，又似小灰菜葉形樣微匾。開粉紅花，結碗子蒴兒。葉味甜。採苗葉煠熟，水淘淨，油鹽調食。」

〔一〕明南陽府，府治在今河南南陽市。

鷰兒菜

《救荒本草》：「鷰（yàn）兒菜，生密縣山澗中。苗葉搨地生。葉似匙頭樣頗長，又似耳朵菜而葉稍小，微澀；又似山萵苣葉，亦小，頗硬，而頭微團。味苦。採苗葉煠熟，換水浸淘淨，油鹽調食。」

歪頭菜

《救荒本草》：「歪頭菜，出新鄭縣山野中。細莖就地叢生。葉似豇豆葉而狹長，背微白，兩葉並生一處。開紅紫花，結角比豌豆角短小匾瘦。葉味甜。採葉煠熟，油鹽調食。」

蝛子花菜

《救荒本草》：「蝛子花菜，又名『蛇蚤花』，一名『野菠菜』，生田野中。苗初搨地生。葉似初生菠菜葉而瘦細。葉間攛生莖叉，高一尺餘。莖有線楞，梢間開小白花。其葉味苦。採嫩葉煠熟，水淘淨，油鹽調食。」

耬斗菜

《救荒本草》：「耬（lóu）斗菜，生輝縣太行山山野中。小科苗就地叢生，苗高一尺許，莖梗細弱。葉似牡丹葉而小，其頭頗圓。味甜。採葉煠熟，水浸淘淨，油鹽調食。」

毛女兒菜

《救荒本草》：「毛女兒菜，生南陽府馬鞍山中。苗高一尺許，葉似綿系菜葉而微尖，又似兔兒尾葉而小。莖葉皆有白毛，梢間開淡黃花，如大黍粒，數十顆攢成一穗。味甘酸。採苗葉煠熟，水浸淘淨，油鹽調食，或拌米麪蒸食亦可。」

甌菜

《救荒本草》：「甌（ōu）菜，生輝縣山野中。就地作小科苗生莖叉。葉似山莧菜葉而有鋸齒，又似山小菜葉，其鋸齒比之卻小。味甜。採嫩苗葉煠熟，水浸淘淨，油鹽調食。」

杓兒菜

《救荒本草》：「杓(shāo)兒菜，生密縣山野中。苗高一二尺。葉類狗掉尾葉而窄，頗長，黑綠色，微有毛澀；又似耐驚菜葉而小，軟薄，梢葉更小。開碎瓣淡黄白花。其葉味苦。採葉煠熟，水浸去苦味，淘洗淨，油鹽調食。」

變豆菜

《救荒本草》：「變豆菜，生輝縣太行山山野中。其苗葉初作地攤科生。葉似地牡丹葉，極大，五花叉，鋸齒尖，其後葉中分生莖叉。梢葉頗小，上開白花。其葉味甘。採葉煠熟，作成黄色，換水淘淨，油鹽調食。」

獐牙菜

《救荒本草》：「獐牙菜，生水邊。苗初塌地生。葉似龍鬚菜葉而長窄。菜頭頗團而不尖。其葉嫩薄。又似牛尾菜葉，亦長窄。其根如牙根而嫩，皮色黑灰。味甜。掘根洗淨煮熟，油鹽調食。」

水辣菜

《救荒本草》：「水辣菜，生水邊下濕地中。莖高一尺餘。莖圓，葉似鷄兒腸葉，頭微齊短；又似馬蘭頭葉，亦更齊短。其葉拃莖生，梢間出穗如黄蒿穗。其葉味辣。採嫩苗葉煠熟，换水淘去辣氣，油鹽調食，生亦可食。」按：此草江西、湖南河瀕亦有之，作蒿氣，與《唐本草注》「齊頭蒿」相類，殆即一草。詳「牡蒿」下。

獨行菜

《救荒本草》：「獨行菜，又名『麥稭菜』，生田野中，科苗高一尺許。葉似水棘針葉，微短小；又似水蘇子葉，亦短小狹窄作瓦隴樣。梢出細葶，開小黲白花，結小青蓇葖，小如菉豆粒。葉味甜。採嫩苗葉煠熟，换水淘淨，油鹽調食。」

葛公菜

《救荒本草》：「葛公菜，生密縣韶華山山谷間。苗高二三尺。莖方，窊面四楞，對分莖叉，葉方對生。葉似蘇子葉而小，又似荏子葉而大。梢間開粉紅花，結子如小米粒而茶褐色。其葉味甜微苦。採嫩葉煠熟，水浸去苦味，换水淘淨，油鹽調食。」

委陵菜

《救荒本草》：「委陵菜，一名翻白菜，生田野中。苗初塌地生，後分莖叉。莖節稠密，上有白毛，葉彷彿類柏葉而極闊大，邊如鋸齒形，面青背白；又似雞腿兒葉而却窄；又類鹿蕨葉，亦窄。莖葉梢間開五瓣黄花。其葉味苦微辣。採苗葉煠熟，水浸淘淨，油鹽調食。」

女婁菜

《救荒本草》：「女婁菜，生密縣韶華山山谷中。苗高一二尺。莖叉相對分生。葉似旋覆花葉，頗短，色微深緑，㧜莖對生。梢間出青蓇葖，開花微吐白蘂，結實青子，如枸杞微小。其葉味苦。採嫩苗葉煠熟，换水浸去苦味，淘淨，油鹽調食。」

麥藍菜

《救荒本草》：「麥藍菜，生田野中。莖葉俱深蒿苣色。葉似大藍梢葉而小，頗尖，其葉抱莖對生，每一葉間攛生一叉。莖叉梢頭開小肉紅花，結蒴有子，似小桃紅子。苗葉味微苦。採嫩苗葉煠熟，水浸淘淨，油鹽調食。」

匙頭菜

《救荒本草》：「匙頭菜，生密縣山野中。作小科苗。其莖面窊背圓。葉似圓匙頭樣，有如杏葉大，邊微鋸齒。開淡紅花，結子黄褐色。其葉味甜。採葉煠熟，水浸淘淨，油鹽調食。」

舌頭菜

《救荒本草》：「舌頭菜，生密縣山野中。苗葉塌地生。葉似山白菜葉而小，頭頗團，葉面不皺，比小白菜葉亦厚，狀類猪舌形，故以爲名。味苦。採葉熟水浸去苦味，换水淘淨，油鹽調食。」

柳葉菜

《救荒本草》：「柳葉菜，生鄭州賈峪山山野中。苗高二尺餘，淡黄色。葉似柳葉而厚短，有澀毛。梢間開四瓣深紅花，結細長角兒。其葉味甜。採苗葉煠熟，油鹽調食。」

山甜菜

《救荒本草》：「山甜菜，生密縣韶華山山谷中。苗高二三尺，莖青白色。葉似初生綿花葉而窄，花叉頗淺。其莖葉間開五瓣淡紫花，結子如枸杞子，生則青，熟則紅。葉味苦。採葉煠熟，换水浸淘去苦味，油鹽調食。」

粉條兒菜

《救荒本草》：「粉條兒菜，生田野中。其葉初生就地叢生，長則四散分垂。葉似萱草葉而瘦細微短。葉間攛葶，開淡黄花。葉甜。採葉煠熟，淘洗淨，油鹽調食。」

辣辣菜

《救荒本草》：「辣辣菜，生荒野，今處處有之。苗高五七寸，初生尖葉，後分枝莖，上出長葉。開細青白花，結小匾蒴，其子似米蒿子，黄色。味辣。採嫩苗煠熟，水浸淘淨，油鹽調食。」

青莢兒菜

《救荒本草》：「青莢兒菜，生輝縣太行山山野中。苗高二尺許，對生莖叉，葉亦對生。其葉面青背白，鋸齒三叉葉。脚葉花叉頗大，狀似荏子葉而狹長尖艄。莖葉梢間開五瓣小黄花，衆花攢開，形如穗狀。其葉味微苦。採苗葉煠熟，换水浸淘去苦味，油鹽調食。」

八角菜

《救荒本草》：「八角菜，生輝縣太行山山野中。苗高一尺許，苗莖甚細。其葉狀類牡丹葉而大。味甜。採嫩苗葉煠熟，水浸淘淨，油鹽調食。」

地棠菜

《救荒本草》：「地棠菜，生鄭州南沙堈中。苗高一二尺。葉似地棠花葉甚大，又似初生芥菜葉，微狹而尖。味甜。採嫩苗葉煠熟，油鹽調食。」

雨點兒菜

《救荒本草》：「雨點兒菜，生田野中。就地叢生，其莖脚紫梢青。葉如細柳葉而窄小，抪莖而生；又似石竹子葉而頗硬。梢間開小尖五瓣白花，結角比蘿蔔角又大。其葉味甘。採葉煠熟，水浸淘過，淘洗令淨，油鹽調食。」

白屈菜

《救荒本草》：「白屈菜，生田野中。苗高一二尺，初作叢生。莖葉皆青白色，莖有毛刺，梢頭分叉，上開四瓣黄花。葉頗似山芥菜葉，而花叉極大；又似漏蘆葉而色淡。味苦微辣。採葉和淨土煮熟，撈出，連土浸一宿，换水淘洗淨，油鹽調食。」

蚵蚾菜

《救荒本草》：「蚵（kē）蚾（bǒ）菜，生密縣山野中。苗高二三尺許。葉似連翹葉微長，又似金銀花葉而尖，紋皺卻少，邊有小鋸齒。開粉紫花，黄心。葉味甜。採嫩苗葉煠熟，水浸淨，油鹽調食。」

山梗菜

《救荒本草》：「山梗菜，生鄭州賈峪山山野中。苗高二尺許。莖淡紫色。葉似桃葉而短小，又似柳葉菜葉亦小。梢間開淡紫花。其葉味甜。採嫩葉煠熟，淘洗淨，油鹽調食。」

山小菜

《救荒本草》：「山小菜，生密縣山野中。科苗高二尺餘，就地叢生。葉似酸漿子葉而窄小，面有細紋脉，邊有鋸齒，色深緑；又似桔梗葉頗長艄。味苦。採葉煠熟，水浸淘去苦味，油鹽調食。」

貛耳菜

《救荒本草》：「貛（huān）耳菜，生中牟平野中。苗長尺餘，莖多枝叉。其莖上有細線楞。葉似竹葉而短小，亦軟；又似萹蓄葉，却頗闊大而又尖。莖葉俱有微毛。開小黲白花，結細灰青子。苗葉味甘。採嫩苗葉煠熟，水浸淘淨，油鹽調食。」

回回蒜

《救荒本草》：「回回蒜，一名『水胡椒』，又名『蠍虎草』，生水邊下濕地。苗高一尺許。葉似野艾蒿而硬，又甚花叉；又似前胡葉頗大，亦多花叉。苗莖梢頭開五瓣黄花，結穗如初生桑椹子而小；又似初生蒼耳實，亦小，色青，味極辛辣。其葉味甜。採葉煠熟，換水浸淘淨，油鹽調食。子可擣爛調菜用。」

地槐菜

《救荒本草》：「地槐菜，一名『小蟲兒麥』，生荒野中。苗高四五寸。葉似石竹子葉，極細短。開小黄白花，結小黑子。其葉味甜。採葉煠熟，水浸淘淨，油鹽調食。」

泥胡菜

《救荒本草》：「泥胡菜，生田野中。苗高一二尺，莖梗繁多。葉似水芥菜葉頗大，花叉甚深；又似風花菜葉，却比短小。葉中攛葶，分生莖叉。梢間開淡紫花，似刺薊花。苗葉味辣。採嫩苗葉煠熟，水洗淘淨，油鹽調食。」

山蓊菜

《救荒本草》：「山蓊（yú）菜，生密縣山野中。苗初塌地生。其葉之莖，背圓面窊。葉似初出冬蜀葵葉，梢五花叉，鋸齒邊；又似蔚臭苗葉而硬厚頗大。後攛葶叉，葶深紫色，梢葉頗小。味微辣。採苗葉煠熟，換水浸淘淨，油鹽調食。」

費菜

《救荒本草》：「費菜，生輝縣太行山車箱衝山野間。苗高尺許，似火餤草葉而小，頭頗齊，上有鋸齒。其葉㨾莖而生。葉梢上開五瓣小尖淡黄花，結五瓣紅小花蒴兒。苗葉味酸。採嫩苗葉煠熟，换水淘去酸味，油鹽調食。」

紫雲菜

《救荒本草》：「紫雲菜，生密縣傅家衝山野中。苗高一二尺，莖方紫色，對節生叉。葉似山小菜葉，頗長，㨾梗對生。葉頂及葉間開淡紫花。其葉味微苦。採嫩苗葉煠熟，水浸淘去苦味，油鹽調食。」

牛尾菜

《救荒本草》：「牛尾菜，生輝縣鴉子口山野間。苗高二三尺。葉似龍鬚菜葉，葉間分生叉枝，及出一細絲蔓；又似金剛刺葉而小，紋脉皆竪。莖葉梢間開白花，結子黑色。其葉味甘。採嫩葉煠熟，水浸淘淨，油鹽調食。」

植物名實圖考卷之六　蔬類

甘藷

甘藷(shǔ)，詳《南方草木狀》。即番藷。《本草綱目》始收入「菜部」。近時種植極繁，山人以爲糧，偶有以爲蔬者。南安十月中有開花者，形如旋花。又《遵義府志》有一種野生者，俗名「茅狗薯」，有製以亂山藥者，饑年人掘取作餈。按：甘藷，《南方草物狀》謂出武平、交阯、興古、九真，其爲中華産也久矣。《閩書》乃謂出西洋吕宋，中國人截取其蔓入閩，何耶？《海澄縣志》載余應桂爲令，嗜番薯，或啖不去皮，因有番薯之稱。今紅、白二種，味俱甘美。湖南洞庭湖壖尤盛，流民掘其遺種，冬無饑饉。徐光啓《甘藷疏》，諄諄仁人之言，惜未及見是物之踰汶踰淮也。〔一〕

雩婁農曰：南北剛柔燥濕，民生其間者異宜。然數百年必遷移雜糅，而後有傑者出焉。漢焚老上之庭，而金日磾奕葉珥貂於長安，〔二〕晉之東遷，而王、謝盛於江左，〔三〕豈以非是不能變其剛柔而蕃其族類乎？中華之穀蔬草木，不可勝食、不可勝用矣。苜蓿、葡萄，天馬偕來；〔四〕胡麻、胡瓜，相傳攜於鑿空之使。〔五〕近時木棉、番藷，航海逾嶺，而江，而淮，而河，而齊、秦、燕、趙，冬日之陽，夏日之陰，不召自來，何其速也！夫食人衣人，造物何不自生於中土，必待越鯷壑、〔六〕探虎穴而後以生以息？豈從來者艱，而人始知寶貴耶？抑中土實有之，而培植取用不如四裔之精詳耶？《易》之爲書，八卦相錯，然則東西南朔之氣，必參伍錯綜，通變極數，而後大生廣生、无方无體歟？〔七〕

〔一〕徐光啓《甘藷疏》詳言甘藷之種法、藏種法，並力言甘藷有十三勝，北方宜種藷，「此種傳流，決可令天下無餓人」。汶水在山東。

〔二〕漢文帝時，匈奴老上單于始爲漢患。至文帝後二年，漢與匈奴和親，和親四年老上單于死。漢擊走匈奴，使其遠遁，是武帝時事。此處僅以「老上」代指匈奴單于。金日磾本匈奴休屠王太子。武帝元狩中，日磾以父不降見殺没入官，輸黄門養馬。後以功封侯，累世貴顯，爲漢世豪族。

〔三〕西晉亡，瑯琊王司馬睿稱帝江左，而王、謝南遷諸族以此而興盛。

〔四〕漢武帝征大宛爲得天馬，而苜蓿、葡萄則隨天馬而來中國。

〔五〕鑿空即開通，張騫開通西域，史稱「張騫鑿空」。一些西域植物由此傳入中國。而胡麻由騫攜來，僅是傳説。

〔六〕《漢書·地理志》：「會稽海外有東鯷人，分爲二十餘國，以歲時來獻見。」《初學記》卷六「鯷壑」

條引作「東鯷壑」，言爲海東有滄溟巨壑也。

〔七〕《易·繫辭》：「夫乾，其靜也專，其動也直，是以大生焉。夫坤，其靜也翕，其動也辟，是以廣生焉。」又：「神無方而《易》無體。」

𦼮菜

𦼮（hàn）菜，《本草綱目》收之。俗呼「辣米子」，田野多有，人無種者，蓋野菜也。《江西志》以朱子供蔬，遂矜爲奇品，〔一〕云生源頭至潔之地，不常有，亦耳食之論。吾鄉人摘而醃之爲菹，殊清辛耐嚼。伶仃小草，其與薺殆辛、甘各據其勝。然薺不擇地而生，此草惟生曠野，喜清而惡濁，蓋有之矣。

〔一〕宋林洪《山家清供》：朱熹以𦼮莖供嚴子陵灘石上。

胡蘿蔔

胡蘿蔔，《本草綱目》始收入「菜部」。南方秋冬方食，北地則終年供茹。或云元時始入中國。元之東也，先得滇，〔一〕故滇之此蔬尤富而巨。色有紅、黄二種，然其味與邪蒿爲近，嗜大尾羊者必合而烹之，其亦元之食憲章歟？〔二〕

〔一〕蒙古軍滅宋之前，攻四川，受阻於合川，南下入滇，滅大理國。

〔二〕《清異録》：唐丞相鄒平公段文昌精饌事，自編食經五十章，時稱「鄒平公食憲章」。

南瓜

南瓜，《本草綱目》始收入「菜部」。疑即《農書》「陰瓜」，〔一〕處處種之，能發百病。北省志書列東、西、南、北四瓜，「東」蓋「冬瓜」之訛，北瓜有水、麪二種，形色各異，南産始無是也。〔二〕又有「番瓜」，類南瓜，皮黑無稜。《曹縣志》云：「近多種此，宜禁之。」瓜何至有禁？番物入中國多矣，有益於民則植之，毋亦白兔御史求旁舍瓜不得而騰言乎？〔三〕

〔一〕王禎《農書·百穀譜》：「嘗見浙間一種，謂之陰瓜，宜於陰地種之。」

〔二〕「始」，疑當作「殆」。

〔三〕「兔」，原本誤作「免」。《舊唐書·酷吏傳上》：武則天時有御史王弘義，「常於鄉里傍舍求瓜，主吝之。弘義乃狀言瓜園中有白兔，縣官命人捕逐，斯須園苗盡矣。內史李昭德曰：『昔聞蒼鷹獄吏，今見白兔御史』」。據改。

絲瓜

絲瓜，《本草綱目》始收入「菜部」。處處種之。其瓤有絡，俗呼爲瓤，以代拭巾。〔一〕《綱目》備載諸方頗驗。此瓜無甚味而不宜人。鄉人易種而耐久，以隙地種之。江、湖間有長至五六尺者。宋杜北山詩：〔二〕「數日雨晴秋草長，絲瓜延上瓦墻生。」老圃秋藤，宛然在目。趙梅隱詩云：「黃花褪束緑身長，百結絲包困曉霜。虚瘦得來成一捻，剛偎人面染脂香。」玩末句，殆以其可爲拭巾耶？《老學菴筆記》：「絲瓜滌研，磨洗餘漬皆盡而不損研。」〔三〕則菅蒯之餘，乃登大雅之席！

〔一〕此指搓澡之巾。

〔二〕杜汝能，字叔謙，北山爲其號。

〔三〕研：即石硯。

攬絲瓜

攬絲瓜，生直隸。花葉俱如南瓜。瓜長尺餘。色黃，瓤亦淡黄。自然成絲，宛如刀切，以箸攬取，油鹽調食，味似撇藍。性喜寒，攜種至南，秋深方實，不中食矣。

套瓜

套瓜，生雲南。蔓延都似金瓜，而瓜作兩層，如大瓜含小瓜。味淡不中噉，種以爲玩。山西亦有，不入蔬品。

水壺盧

水壺盧，山西、直隸皆有之。大體類南瓜而葉多花杈，花則無異。瓜有青、花、白數種。早種速成，肉縷多汁。而農圃不廣植，蓋烹以豢腴，〔一〕則得味外味，而煮以蔬鹽，則如水濟水。〔二〕膏粱者爽口之鯖，乃菜色者淨腸之草也。〔三〕

〔二〕豢腴：魚肉珍味。

〔三〕愈加淡而無味。

〔三〕鯖：魚膾。此指美味。水壺盧對於厭食膏粱的富貴人，是一品爽口的美味，但對食不果腹的窮人來説，只能把腸子刮得更乾淨了。

排菜

排菜，産長沙，芥屬也。花葉細長，細莖叢茁，數十莖爲族。〔一〕春抽葶如扁雞冠，闊幾二寸。葶上細莖，與花雜放。花如芥菜花，頭重莖彎如屈鈎。生不中噉，土人瀹以爲齏酸，頗醒脾，賣菜者皆焯以入市。黄色如金，羹臛油灼，蓋每食必設也。《上海縣志》：「芥有細莖扁心，名『銀絲芥』。」或即是此菜。味以酸辛爲上，芥之品盛於南，嗜辛者多也，不辛則鬱積而使之酸，乃津津有味。沈石田戲爲《疏介夫傳》，有曰：「平生口刺刺抉人是非，不少假借，被其中者或至流淚、出涕、發汗。」〔二〕每食芥輒憶其語，爲之噴飯。夫出涕發汗而人猶嗜之，毋亦肺腑中有所甚樂、欲已而不能者？彼一味於甘而不知他味者，必其胸間有物據焉，如小兒嗜土炭矣。〔三〕

〔一〕族：通「簇」。

〔二〕沈周，號石田，明代大畫家。《疏介夫傳》以芥擬人，云：「介夫姓疏名介，介有薑桂之性，愈老愈辣。」全文具《廣群芳譜》卷十四。

〔三〕小兒有好嚼土塊炭顆者。

霍州油菜

霍州油菜，〔一〕二月生苗，葉如蠶豆葉而細柔，一枝三葉。莖緑肥如小指，作穗尤肥密。開花如刀豆花，色黄，結角，榨其子爲油。其莖與蕓薹同，味微苦。春遲草淺，此蔬早薦，〔二〕旅館案酒，〔三〕滿齒清腴。霍山以北不見此菜矣。〔四〕

〔一〕霍州：今山西霍州市。

〔二〕早薦：薦新，嘗新。

〔三〕案酒：作下酒菜。

〔四〕霍山：又名霍太山，在山西霍州境内。

芥藍

芥藍，嶺南及寧都多種之，一作「芥蘭」。《南越筆記》謂其葉有鉛，不宜多食。按：此是烹食。其葉亦擘取之。肥厚冬生，土人嗜之。其根細小，與北地擻藍迥别。自來紀述家多併爲一種，蓋北人知擻藍不見芥藍，閩、廣知芥藍不見擻藍，但取呼名相類耳。《嶺南雜記》：「芥蘭，甘辛如芥，葉藍色，鍊之能出鉛。又名『隔藍』。僧云六祖未出家時爲獵戶，〔一〕不茹葷血，以此菜與野味同鍋，隔開煮熟食之，故名。」《閩書》：「芥藍菜，葉如藍而厚，青碧色，蜀中萬年青極相類。但此一年一種，萬年青累歲不易，味稍苦耳。」則蜀中亦産，不止閩、粤。《廣東志》：「諺曰：『多食馬藍，少食芥藍。』」則不惟形狀與撇藍異，性亦迥異。

〔一〕六祖：禪宗六祖慧能。

木耳菜

木耳菜，産南安，一名「血皮菜」。紫莖，葉面緑，背亦紫。長葉如莧而多疏齒。土人嗜之，味滑如落葵。亦治婦科血病，酒煎服有效云。十八灘篙工皆贛人，〔一〕既喜茹其土之所産，又以價賤，買而齏之，曝之。箬篷餘緑，〔二〕菜把堆紅，樹零山瘦，霜隕灘清，滿如載丹葉而出秋林也。余戲謂贛人赤米、血菜、紅蘿蔔、紫甘藷，蔞葉賁灰，醉潮登頰，一飯之間，何止二紅？〔三〕

〔一〕十八灘：在江西贛州贛江上，行舟極險。

〔二〕箬篷：用竹箬編成的船篷。

〔三〕宋周去非《嶺外代答》卷六「食檳榔」條言：南人嚼檳榔，以水調蜆灰一銖許於蔞葉上，裹檳榔咀嚼，先吐赤水一口，而後啖其餘汁，少焉面臉潮紅，故詩人有「醉檳榔」之句。

野木耳菜

野木耳，生南安。斑莖，葉如菊而無杈歧。花如蒲公英，長蒂短瓣，不甚開放。花老成絮。

土人食之，亦野菜也。

諸葛菜

諸葛菜，北地極多，湖南間有之。初生葉如小葵，抽葶生葉如油菜莖上葉，微寬，有圓齒，亦抱莖生。春初開四瓣紫花，頗嬌，亦有白花者。耐霜喜寒，京師二月已舒葶矣。瀹食甚滑。細根，非蔓青一名「諸葛菜」也。按：《爾雅》「菲，蒠菜」，郭注：「菲草，生下濕地，似蕪菁，華紫赤色，可食。」陸璣《詩疏》：「菲，似葍，莖麤葉厚而長，有毛。三月中蒸鬻爲茹，滑美，可作羹。幽州人謂之『芴』，今河内人謂之『宿菜』。」按其形狀，正是此菜。北地至多，皆生廢圃中，無種植者。因宿根而生，故呼「宿菜」，不知何時誤呼「諸葛」也。江西有一種藤菜，與此相類，而葉似蘿蔔。然二菜皆無大根，非蔓菁比。《爾雅》又有「菲芴」，郭注以爲「土瓜」，固同名而異物矣。

辣椒

辣椒處處有之，江西、湖南、黔、蜀種以爲蔬。其種尖圓大小不一，有「柿子」、「筆管」、「朝天」諸名。《蔬譜》、《本草》皆未晰，惟《花鏡》有「番椒」，即此。《遵義府志》：「番椒，通呼『海椒』，一名『辣角』，每味不離。長者曰『牛角』，仰者曰『纂椒』，味尤辣。柿椒或紅或黃，中盆玩，味之辣至此極矣。或研爲末，每味必偕。或亦鹽醋浸爲蔬，甚至熬爲油、熯諸火而噉之者，〔一〕其胸膈寒滯乃至是哉？」古人之食，必得其醬，所以調其偏而使之平，故有食醫掌之。後世但取其味膏腴，炰炙既爲富貴膏肓，〔二〕貧者茹生菜，山居者或淡食，而産蔗之區乃以飴爲鹹。雖所積不同，而其留著胸中格格不能下則一也。薑桂之性，尚可治其小患，至脾胃抑塞，攻之不可，則必以烈山焚澤去其頑梗而求通焉，〔三〕番椒之謂矣。

〔一〕煿：烘烤。

〔二〕意謂講究飲食成爲富貴人生病的要害。

〔三〕烈山焚澤：以火焚燒山澤中的植物。

豆葉菜

豆葉菜，廬山、衡山皆有之。葉莖如大豆，亦有毛。寺僧以爲蔬，矜言佛祖留此以養緇徒云。宋犖《西陂類稿》：「盤山拙公以野蔬見寄，蔬名『杏葉』、『豆葉』。豆葉惟盤山與匡廬有之。」《盛京志》：「杏葉菜，葉似杏，山蔬之可食者。」按《一統志》：「江西南昌羅漢菜，如豆苗，因靈觀尊者自西山持至，故名。湖廣蘄州二角山亦有之。舊傳有異僧所種，若雜葷物，便無味。」疑即此豆葉菜也。蓋大山中皆有之，特無拈出者，多不識耳。廬山有豆葉坪，實産此菜。余過廬山，遣力往取之，〔一〕道中不得烹飪，覘其形不知其味，可謂食肉不食馬肝。〔二〕《盤山志》：「豆苗菜，叢生似豆苗。山家采食之，極鮮美。」

〔一〕力：脚力。

〔二〕馬肝有劇毒。《漢書·儒林傳》：「食肉毋食馬肝，未爲不知味也。」

稻槎菜

稻槎（chá）菜，生稻田中，以穫稻而生，〔一〕故名。似蒲公英葉，又似花芥菜葉。鋪地繁密，春時抽小葶，開花如蒲公英而小，無蘂。鄉人茹之。

雩婁農曰：江、湖間多野蔬，而地卑濕，藴孽生蛆，〔二〕又虺蜴所徑竇，〔三〕故挑菜者有戒心焉。稻槎菜生於稻之腐餘，其性當與穀精草比，吾鄉人喜食之。《救荒本草》所列皆山野中物，採録亦弗及。每憶其黄花緑莖，繡塍鋪隴，覺千村打稻之聲猶在耳畔。

〔一〕生於割稻之後的田地。

〔二〕藴孽：草木叢集則風氣不通，而易生蟲。

〔三〕毒蟲所經孔道。

油頭菜

油頭菜，贛州有之。似大頭菜而扁。葉如蘿蔔，土人以根爲蔬，生食甘脆，亦以飣盤。〔一〕此即蔓青種類，葉亦有芥味。贛州山地堅瘦，故所産根不能肥大。寧都州呼爲「柿餅蘿蔔」，形味俱肖。

雩婁農曰：贛處萬山中，石田沙隴。商賈行坐以通閩粤，〔二〕生齒日益繁，百穀成，不能足一歲之儲，山之民有不粒食者矣。果如橘柚，皆不堪與南城、南豐爲臺隸。〔三〕如油頭菜者，亦登上客之筵，風亦僿矣。〔四〕顧其地〔五〕饒松、杉、桐、茶、烏臼、甘蔗，嶺南之鹺與牢盆，〔六〕擅薪油鹽餹之利，五嶺之間一都會也。又聞其山多奇卉靈藥。余屢至，皆以深冬山燒田菜，〔七〕搜採少所得，至今耿耿。

〔一〕將果蔬放到盤中。

〔二〕商賈行坐：即行商坐賈，通指經商。

〔三〕所産水果如橘柚，其品質低劣，連給南城、南豐所産的作奴僕都不配。

〔四〕僿：鄙野，不開化。

〔五〕「地」，原本誤作「他」，據文意改。

〔六〕牢盆爲煮鹽器具。此指贛州爲産鹽之地。

〔七〕冬燒田以除野草爲肥，即所謂「火種」也。

綿絲菜

綿絲菜，廣信、長沙極多。〔一〕一名「黄花菜」。初生葉如馬蹄，有深齒，宛似小葵。抽葶生葉，即多尖杈，開小黄花如寒菊。冬初發葶，至夏始枯。貧者取其嫩葉茹之，亦可去熱。

〔一〕江西廣信府，轄上饒、玉山、弋陽、貴溪、鉛山等縣。

山百合

山百合，生雲南山中。根葉俱如百合。花黄緑，有黑縷，又有深緑者，尤可愛。

紅百合

紅百合，生雲南山中，大致如卷丹。葉短花肥，瓣色淡紅，内有紫點，緑心黄蘂中出一長鬚，圓突如乳，比卷丹爲雅。

緑百合

緑百合，雲南有之。花色碧緑，紫斑繡錯。香極濃，根微苦。

高河菜

高河菜，生大理點蒼山。〔一〕《滇黔紀遊》云：「七八月生，紅莖碧葉，味辛如芥。」桂馥《札璞》：「蒼山有草類芹，紫莖，辛香可食，呼爲高和菜，沿南詔舊名。」〔二〕《古今圖書集成》引舊志云：「若高聲則雲霧驟起，風雨卒至，蓋高河乃龍湫也。」余遣人致其腊者，〔三〕審其葉多花叉，參差互生，微似菊葉而無柄，味亦不辛，卻有清香。漬之水，水爲之緑。以爲齏，在菘、芥之上，以烹肉，絶似北地乾菠菜而加清雋，誠野蔬中佳品也。但蒼山高峻，傳聞皆以爲不易得，而此菜製如家蔬，或以鶩更雞耶？〔四〕抑有老圃移而滋之於圃耶？顧其色味皆佳，每咀嚼之，輒曰：「縱未得真高河菜，得此嘉蔬，亦足豪於嗑斷數十甕黄酸齏者。」〔五〕《琅鹽井志》有「嬾菜」，七八月治地布種，不須灌溉，至冬可茹，狀微相類，而老莖柴瘠，幾同齕藁矣。〔六〕吾鄉凡菜不經移種者皆曰「嬾婆菜」，以不經培蒔，則生機速而易老，科本密而多腊，故老圃賤之。而琅井之菜獨以嬾得名，然則人之以嬾成其高者，得無如高河菜之孤據清絶，令人仰其卧雪吸雲而不易致，而琅井之蔬，不假剔抉，乃全其天真也耶？翟湯對庾亮曰：「使君自敬其枯木朽株。」〔七〕然則對斯菜也，亦當推食起敬。〔八〕

〔一〕即「洱海蒼山」之蒼山，在雲南大理城西。

〔二〕「蒼山」，《札樸》作「點蒼山」。「高和」，似當作「高河」。高河在大理西二百餘里。

〔三〕腊：風乾。此則近似於今之植物標本。

〔四〕以野鶩取代家雞。宋朱長文《墨池編》卷四：東晉庾翼，其書法少時與王羲之齊名，羲之後進，庾猶不忿，在荆州與都下書云：「小兒輩乃賤家雞，愛野鶩，皆學逸少書，須吾還，當比之。」

〔五〕黄酸齏：即醃酸菜。過去讀書人常用來自嘲未發迹前的艱苦生涯。蘇東坡《滑稽帖》：「王狀元未第時，醉墮汴河，爲水神扶出，曰：『公有三百千料錢，若死於此，何處消破？』明年遂登第。士有久不第者，亦效之，陽醉落河，河神亦扶出。士大喜曰：『吾料錢幾何？』神曰：『吾不知也，但三百甕黄齏無處消破耳。』」

〔六〕藁：乾草。

〔七〕翟湯：東晉尋陽隱士。篤行純素，仁讓廉潔，不屑世事。司徒王導辟，不就。隱於縣界南山。庾亮在江州，聞翟湯之風，束帶躡屐詣焉。湯見亮，備主客之禮甚恭。亮怪曰：「君道高世表，僕敢忘其恭耶？」湯曰：「使君忽敬其枯木朽株耳。」亮服其言語。見宋馬永易《實賓録》。

〔八〕推：推己及人之推。推食：推己之食以讓人。

金剛尖

金剛尖，生雲南山中。獨莖多細枝，一枝五葉，似獨帚而更尖長。山人摘以爲蔬，昆明採其嫩葉，芼以爲羹，清爽微苦，饒有風味，呼爲「良旺頭」。

芝麻菜

芝麻菜，生雲南。如初生菘菜，抽莖開四瓣黄花，有黑縷。高尺許，生食味如白苣而微埴氣。〔一〕《滇本草》：「性微寒，治中風、暑熱之證。」

〔一〕埴氣：土腥氣。

陽芋

陽芋，黔、滇有之。緑莖青葉，葉大小、疎密、長圓形狀不一。根多白鬚，下結圓實。壓其莖，則根實繁如番薯，莖長則柔弱如蔓，蓋即黄獨也。療饑救荒，貧民之儲。秋時根肥連綴，味似芋而甘，似薯而淡，羹臛煨灼，無不宜之。葉味如豌豆苗，按酒侑食，清滑雋永。開花紫筩五角，間以青紋，中擎紅的，〔一〕緑蘂一縷，亦復楚楚。山西種之爲田，俗呼「山藥蛋」，尤碩大。花色白，聞終南山氓種植尤繁，富者歲收數百石云。

〔一〕紅的：紅點。

蕨藄

蕨藄（qí），如蕨而肥矮，有枝無杈，梢葉如粟，色緑。按《爾雅》「藄，月爾」，注：「即紫藄也，似蕨可食。」或即此。疑有緑、紫二種。江右蕨經野燒再發，名「蕨基」，與此異。

紫薑

紫薑花，生雲南，夏時開淡紫花。

陽藿

陽藿，湖南、雲南皆有之。《黔志》作「陽荷」，葉如薑而肥，根如薑而瘦。夏時根傍發苞如筍籜，色紫，籜拆，〔一〕有纖笋十餘枝。笋中開花，微似蘭花，色深紫，三瓣一大二小。其跗有嫩籜，〔二〕反卷如淡黃花瓣。湘中摘其笋並花，與薑芽同醃食之，味亦辛。《辰谿志》載里諺曰「八月陽藿拌紫薑」，以爲珍味。長沙人但呼爲「薑花」，亦曰「薑笋」。《廣西志》：「洋百合，形如百合，色紫，與薑同器則色亦紫。」又曰：「洋百合即蘘荷。」未識與此種同異。桂馥《札璞》：「野薑花生葉傍，色紫。」即此，特以爲即「狗脊」，殊不可解。余過黔，索陽荷，里人以此進，且云：「此外無所謂陽荷者。」然則長沙以此爲蘘花者道其實，而辰谿、黔中則相承以爲陽藿、陽荷，荷、藿一聲輕重耳。考《説文》「蘘荷，一名『葍租』」，《子虛賦》作「猼且」，《漢書》作「巴且」，王逸作「蓴菹」，顔師古云：「根傍生笋，可以爲菹。」《古今注》：「蘘荷似葍苴而白，葍苴色紫，花生根中，花未敗時可食，久置則爛。」今湘中亦呼此爲「蘘笋」，而按其形狀，正與《古今注》「葍苴」相肖，則此菜其即葍苴矣。顧《説文》以葍苴爲即「蘘荷」，而黔呼「陽荷」，湘中呼「陽藿」，皆爲「蘘荷」轉音，似葍苴、蘘荷爲一物。惟《古今注》謂蘘荷似葍苴色白，則一類而異。然則吴中所謂蘘荷者，其即《古今注》之「蘘荷」歟？其莖葉殊不相似，要皆人家圃中所蒔，與《急就篇》「冬日藏」之語相合。〔三〕二種皆分别圖之，必有一當於蘘荷者，不似芭蕉、甘露非可鹽藏冬儲也。

雩婁農曰：《南越筆記》謂粤中草多似蕉與竹，故有「衣蕉食蕉，衣竹食竹」之諺。余以爲介於蕉與竹之間，蘘是也。似蘘，以蘘名、不以蘘名者不可勝計。然三者皆喜煖而惡燥，喜陰而惡寒，而蘘則以不見日而生。夫物得陽則舒，得陰則鬱。蘘鬱於陰而爲辛烈，其於人也，上至天庭，下及湧泉，〔四〕發揚排擊，無所不靡。然則人之鬱鬱而不得遂者，其發揚排擊豈不如草木哉？和風甘雨，舒物之鬱者也；震雷嚴霜，絶物之鬱者也。故爲治者準天之道，無使隱僻之民有所鬱焉，〔五〕則無形之患絶。

〔一〕籜：竹筍外皮。

〔二〕跗：花萼。

〔三〕《急就篇》曰：「老菁蘘荷冬日藏。」

〔四〕天庭穴在頭頂，湧泉穴在足底。

〔五〕隱僻：居住偏遠。

木橿子

木橿（jiāng）子，生黔中。獨莖長葉，高二三尺，如初生野雞冠花。梢端作穗，開花如水蘇輩，色淡紅。結小黑子，味辛辣如胡椒。黔山人植於圃隙山足，採爲食料。

珍珠菜

珍珠菜，安徽、河南山中皆有之。《黄山志》謂爲藤本蔓生，摘其花曰「花兒菜」，實曰「珠兒菜」，並葉茹之，味如茶，烹芼皆宜。

植物名實圖考卷之七　山草

人參《説文》作「蓡」，《廣雅》作「蔘」，俗作「參」。

人參，《本經》上品。昔時以遼東、新羅所産皆不及上黨，〔一〕今以遼東、吉林爲貴，新羅次之。其三姓、甯古塔亦試採，〔二〕不甚多。以苗移植者爲「秧參」，種子者爲「子參」，力皆薄。黨參今係蔓生，頗似沙參苗，而根長至尺餘，俗以代人參，殊欠考覈。謹按：我朝發祥長白山，「周原膴膴，堇荼如飴」，〔三〕固天地之奥區、九州之上腴也。〔四〕長林豐草中，夜有光燭，〔五〕厥惟人參。定制：私刨者舉其物，罰其人；官給商引，出卡分採，歸以所得上之官，官視其參之多寡而納課焉；課畢，獻於内府，府第其品，上上者備御，其次以爲班賞，凡文、武二品以上及侍直者皆預。臣父、臣兄備員卿貳，〔六〕歲蒙恩賚。臣供奉南齋時，〔七〕疊承優錫。其私販越關入公者，亦蒙分賞。自維臣家俱飫仙藥，愧長生之無術，荷大造之頻施，〔八〕敬紀顛末，用示後人。考《圖經》繪列數種，多沙參、薺苨輩。今紫團參園已墾爲田，所見舒城、施南山參，〔九〕尚不及黨參。滇姚州、麗江亦有參，〔一〇〕形既各異，性亦多燥。惟朝鮮附庸、陪都所産，〔一一〕雖出人功，而氣味具體，人間服食至廣，即外裔如緬甸，亦由京都販焉。

〔一〕新羅：古國名，在今朝鮮半島，此處即指朝鮮半島。

〔二〕三姓：地名，在今黑龍江依蘭。甯古塔：在今黑龍江海林。

〔三〕見《詩·大雅·綿》。注：原，周之原，地在岐山之南。膴膴然肥美，其所生菜雖有性苦者，甘如飴也。此以周之發祥地譬長白山。

〔四〕奥區：深奥富饒之地。上腴：最肥沃的土地。

〔五〕爥：光亮。

〔六〕卿貳：九卿的副職，即各部侍郎級的高官。吴其濬之父吴烜官至禮部右侍郎，其兄吴其彦官至兵部右侍郎。

〔七〕南齋：皇帝讀書的書房，此指翰林院。吴其濬中嘉慶二十二年狀元，例授翰林院修撰。

〔八〕大造：天地之恩德。

〔九〕舒城：在安徽中部。施南：在湖北西南。

〔一〇〕姚州：今雲南姚安。

〔一一〕陪都盛京，今瀋陽。

黄耆

黄耆，《本經》上品。有數種，山西、蒙古産者佳，滇産性瀉，不入用。

雩婁農曰：黄耆，西産也。而《淳安縣志》云：嘉靖中，人有言本地出黄耆者，當道以文索之，無有，以俗名「馬首苜蓿」根充之。醫生解去，〔一〕遭杖幾斃，不得已，解價至三四十金而後已。嗚呼！先王物土宜而布之利，〔二〕後世乃以利爲害乎！夫任土作貢，〔三〕三代以來，莫之能改。然徵求多而饋問廣，〔四〕猶慮爲民病。洛陽兒女之花，莆田荔支之譜，〔五〕轉輸千里，容悦俄時，賢者有餘憾矣。舊時滇元江有荔支，〔六〕以索者衆，今並其樹刈之。昆明海亦時有蝦，漁者懼索，得而匿之，不敢以售於市。民之畏官乃如鬼神哉！吾見志乘於物産，不曰「地窮不毛」，則曰「昔有今無」，懼上官之按志而求也，意亦苦矣！然吾以爲未探其本而因噎而廢食也。邑志物産，非注《爾雅》以淹博考證爲長，又非如賦京都者假他方之所有以誇靡富。〔七〕考其山林川原則知所宜，考其所宜則知民之貧富勤惰。《職方氏》曰「其利金、錫、竹箭，其畜宜六擾，其穀宜五種」，〔八〕不爲後世有貪墨者而稍減而諱之也。雖然，以志乘而累及官民者亦有之矣。夫天下之稻一也，而《弋陽志》則曰「其稻，他縣不能有也」，昔固以索弋稻爲累矣。天下之猪一也，而《贛州志》則曰「龍猪，他郡不能及也」，昔固以索龍猪爲累矣。志物者一時泚筆而矜其名，宰邑者因其所矜以媚其上，浸假而爲成例，〔九〕横徵旁求，饋者竭矣，受者未厭。〔一〇〕有强項吏遷延不致，〔一一〕則譙責隨之。故天下病民病官之弊，皆獻諛者實尸其罪。〔一二〕然則作志者必當曰「邑某里山澤，其穀畜果蓏宜某種；某里原隰，其穀畜果蓏宜某種；某里陿瘠，無宜也」，則民衣食之所資而窮富著矣；「林木萑葦出某里，藥草花蓲出某里」，則民養生送死、薪炊種藝所賴也。林木必著其所用，藥物必究其所主，既述其培植之勞，又記其水陸之阻，則物力之貴賤難易又著矣。若其金、錫、羽、毛，非盡地所宜，則必悉其得之之艱、出入之數。凡民生之不易，皆反覆三致意焉，使良有司按志而知若者宜因勢而導，若者宜改而更張，或種葱及薤，或拔茶植桑。交阯荔支之書，〔一三〕坊州杜若之駮，〔一四〕孔戣菜蚶之疏，〔一五〕子厚捕蛇之説，〔一六〕民生疾苦，洞若觀火。於以補偏救弊，利用厚生，王道之始，雖聖賢，豈能舍此而富民哉？否則如《淳安志》所云「强其無以濆貨」，彼若索志乘而觀之，不將失其所恃歟？

〔一〕解：解送上級官府。

〔二〕土宜：不同土壤所宜生長的作物。物：動詞，指確定其地之物産。

〔三〕根據各地的具體情況，規定其地進貢的物産種類和數量。

〔四〕徵求：上級以官府名義向地方索求。餽問：互相贈送，或下級官員向上級敬獻。

〔五〕「洛陽兒女」即「洛陽女兒」，劉希夷《代悲白頭翁》「洛陽女兒惜顏色，坐見落花長歎息」，白居易《勸我酒》「洛陽女兒面似花」是也。洛陽牡丹甲天下，此處即指牡丹。宋歐陽修《風俗記》云：「洛陽之俗，大抵好花。……洛陽至東京六驛，舊不進花，自今徐州李相迪爲留守時始進御，歲遣衙校一員，乘驛馬，一日一夕至京師。」蔡襄，莆田人，撰《荔枝譜》。此處實指荔枝進御事。自東漢和帝永元間，嶺南即獻生荔枝，十里一置，五里一堠，晝夜傳送。後代相承未絶。

〔六〕元江：在雲南中南部。今爲元江自治縣。

〔七〕張衡《兩京賦》、左思《三都賦》之類。

〔八〕見《周禮·夏官司馬》。

〔九〕浸假：逐漸。

〔一〇〕厭：饜足。

〔一一〕《後漢書·黄宣傳》：湖陽公主蒼頭白日殺人，洛陽令董宣格殺之。公主即還宫訴帝，帝使宣叩頭謝公主，宣不從。强使頓之。宣兩手據地，終不肯俯。帝稱爲「强項令」。

〔一二〕尸其罪：爲其罪之責任承擔者。

〔一三〕《通志·昆蟲草木略》：東漢交趾七郡貢生荔枝。「孝和時，唐羌上書言狀，帝詔太官勿復受獻。此物易變，一日色變，二日味變，三日色味俱變。……近代奸幸之徒，連株以進，南人苦之。不知土地所産之異，而輒爲人患。」

〔一四〕《太平廣記》卷四百九十三「度支郎」條：唐貞觀中，「尚藥奏求杜若，敕下度支。有省郎以謝朓詩云『坊洲採杜若』，乃委坊州貢之。本州曹官判云：『坊州不出杜若，應由讀謝朓詩誤。郎官作如此判事，豈不畏二十八宿笑人耶？』」

〔一五〕《新唐書·孔戣傳》：明州歲貢淡菜、蚶蛤之屬。孔戣以爲自海抵京師，道路役凡四十三萬人，奏罷之。

〔一六〕柳宗元在永州，時有毒蛇之貢，作《捕蛇者説》，以爲苛政猛於虎。

甘草

甘草，《本經》上品。《爾雅》「蘦，大苦」，郭注：「今甘草。」《夢溪筆談》謂甘草如槐而尖，形狀極確。《詩經》：「采苓采苓，首陽之巔。」〔一〕首陽在今蒲州府。〔二〕晉俗，摘其嫩芽，溲麪蒸食，〔三〕其味如飴。疑采苓亦以供茹也。

雩婁農曰：甘草，藥之國老，〔四〕婦稚皆能味之。郭景純博物，注《爾雅》「蘦，大苦」曰：「今甘草也。蔓延生，葉似荷。或云：蘦似地黄。」甘草殊不蔓生，亦不類荷，蓋傳聞異或傳寫訛。與地黄尤非類。「或」之者，疑之也。陶隱居亦云：「河西、上郡，今不復通市。今從蜀漢中來，堅實者是枹罕草，最佳。」晉之東遷，西埵隔絶，江左諸儒不復目驗。《宋圖經》謂「河東蒲坂，甘草所生，先儒注首陽采苓，苗葉與今全别，豈種類不同」云云，殆以舊説流傳，不敢顯斥。沈存中乃剏謂郭注蔓延似荷者爲「黄藥」。今之黄藥，何曾似荷？《爾雅翼》云：「不惟葉似荷，古之『蓮』字亦通於『蘦』。」則直以音聲相通，不復顧形實迥别矣。《廣雅疏證》斥沈説之非，而以《圖經》諸説爲皆不足信。經生家言，墨守故訓，固與辨色嘗味、起疴肉骨者道不同不相謀也。余以五月按兵塞外，道傍轍中，皆甘草也，諦葉玩蘤，郄車載之。〔五〕聞甘、涼諸郡尤肥壯，或有以爲杖者。蓋其地沙浮土鬆，根荄直下可數尺，年久則巨耳。梅聖俞有《司馬君實遺甘草杖》詩，可徵於古。余嘗見他處所生，亦與《圖經》相肖，嘗之味甘，人無識者。隱居所謂「青州亦有而不好」者，殆其類也。

〔一〕見《唐風・采苓》。苓即蘦。

〔二〕蒲州：今山西永濟。

〔三〕溲麪：和於面中。

〔四〕甘草調和衆藥，故有「國老」之號。

〔五〕藹：即花。《戰國策・齊策三》：「今求柴葫、桔梗於沮澤，則累世不得一焉；及之睪黍梁父之陰，則郄車而載耳。」所載物多，車重不前，曰郄車。

赤箭

赤箭，《本經》上品。陶隱居未能决識。《夢溪筆談》謂即「天麻」，止用治風爲可惜。《本草綱目》謂即「還筒子」。考柳公權有《求赤箭帖》以爲扶老之用，則宋以前尚爲服食要藥。

朮

朮（zhú），《本經》上品。《爾雅》：「朮，山薊。楊，枹薊。」《圖經》以楊枹爲白朮。宋以後始分蒼、白二種，各自施用。

雩婁農曰：「楊，枹薊」，注以爲「馬薊」，范汪以馬薊爲續斷，〔一〕李時珍以馬薊爲大薊，乃又以爲白朮。朮名山薊，安得即以薊爲朮？昔產朮者，漢中南鄭也，蔣山、茅山也，〔二〕浙也，歙也，〔三〕幕府山也，〔四〕昌化也，池州也。〔五〕東坡云：「黄州朮一斤數錢，此長生藥也。」舒州朮花紫，難得。余莅江右，則饒州、九江皆有之。〔六〕莅湘南，則幕府山所產頗大，力亦不劣。山西葫蘆峪產朮甚肥壯，土人但以蒼朮用之。《南方草木狀》藥有「乞力伽」，〔七〕朮也。瀕海所產有至數斤者，深山大壑殆必有如瀕海者，特未遇耳。《仙傳拾遺》紀劉商得真朮，爲陰功篤行之所感。然則服朮而無效，所得者乃薊屬而非真朮耶？晉侯得良醫，而二豎居於膏肓；〔八〕《本事方》載以蒻草治血疾，而鬼覆其鐺。無功德而訪仙藥，固緣木求魚，狂惑之疾雖得良醫真藥，亦何益之有？

〔一〕范汪：東晉人。布衣蔬食，燃薪寫書，博學多通，善談名理。其子即集解《穀梁傳》之范甯。

〔二〕蔣山即南京鍾山，茅山在江蘇句容。

〔三〕安徽歙縣。

〔四〕幕府山在今南京。然據下文，此幕府山又似在湘南，疑有誤。

〔五〕昌化在浙江，池州在安徽。

〔六〕江右即江西。江西饒州府，治所在今江西鄱陽，轄鄱陽、樂平、浮梁等縣。九江府，治所在今九江市，轄德化、德安、湖口、彭澤等縣。

〔七〕「南方草木狀」，原本誤作「南方草本狀」，據上下文改。

〔八〕《左傳》成公十年：晉侯病，秦伯使醫緩爲之。未至，公夢疾爲二豎子，曰：「彼，良醫也。懼傷我，焉逃之？」其一曰：「居肓之上，膏之下，若我何？」醫至，曰：「疾不可爲也。在肓之上，膏之下，攻之不可，達之不及，藥不至焉，不可爲也。」

沙參

沙參，《本經》上品。處處皆有，以北産及太行山爲上。其類亦有數種，詳《救荒本草》。花與薺苨相同，惟葉小而根有心爲别。

遠志

遠志，《本經》上品。《爾雅》「葽繞，棘蒬」，注：「今遠志也。似麻黄，赤華，葉鋭而黄。」語約而形容畢肖。《説文》「蒬，棘蒬」，《繫傳》：「即遠志。」又：「葽，草也。『四月秀葽』，劉向説此味苦，苦葽。」〔一〕則葽與葽繞異物，釋《詩》者或即以葽爲遠志。《圖經》載數種，所謂「似大青而小，三月開花白色」者，不知何處所産。今太原産者與《救荒本草》圖同。原圖解州遠志，不應與太原産迥異。李時珍謂有大葉、小葉二種。滇南甜遠志，葉大花黄，土人亦不以入劑，蓋習用之品，藥肆所採，較當時州郡圖上者爲可信也。

〔一〕「四月秀葽」見《豳風·七月》。以上引文見《説文解字》。

萎蕤

萎蕤（ruí），即《本經》「女萎」，上品。《爾雅》：「熒，委萎。」蓋《本經》亦是「委萎」，脱去「委」字上半，遂訛爲「女萎」。《救荒本草》云：「其根似黄精而小異。」今細核有二種，一葉薄如竹葉而寬，根如黄精多鬚長白，即萎蕤也；一葉厚如黄精葉圓短，無大根，亦多鬚，俚醫以爲别種。李衎《竹譜》亦俱載之。

雩婁農曰：古有委萎，或以爲即葳蕤，目爲瑞草。而黄精乃後出。諸書以委萎類黄精，然則古方蓋通用矣。陳藏器以青黏即萎蕤。東坡初閲《嘉祐本草》，乃知青黏是女萎，喜躍之至，而又不敢盡信。夫毛女食黄精，而輕捷翻飛如猿猱，委萎得無類是？〔一〕獨恠漆葉人所盡知，而醫方決不復用，然則即有華佗與之以方，其肯盡信乎？〔二〕大抵山居谷汲之民不見外事，無芻豢以濁其口腹，無靡曼以濁其耳目，〔三〕無欣戚以濁其神明，〔四〕獉獉狉狉，〔五〕湛然太古。草木之實，皆自然五穀。南陽飲菊水，〔六〕崖州食甘藷，皆獲上壽。〔七〕彼服委萎者，即不地仙，亦當卻病難老。後世貴極富溢，乃思神仙，秦皇、漢武姑不具論，李贊皇、高駢皆惑於方士，〔八〕宋之朝臣多服丹石，又希黄白，藏腑薰灼，毒發致危，良醫又製解丹毒之藥以拯之，其亦不智也已。記小説一事，山水陡發，有物與木石俱下，苔髮藍鬖。鄉人剔而視之，乃人也，蓋閉息不知幾年，而飛昇無術，塊然無知者，然其神氣清固。遠近聞以爲仙，爭迎供之。初尚内視，漸思飲食，未幾而茹葷酒，又未幾而思人道，叩之者既無要訣可傳，卒以醉慾而死。然則無靈根而得妙術，天上豈有愚盲神仙耶？噫嘻！天上又豈有不忠孝神仙耶？聖人云：「未知生，焉知死。」〔九〕若是知生，便是不死。

按：近時所用萎蕤，通呼玉竹，以其根長白，有節如竹也。與黄精絶不類，其莖細瘦有斑，圓緑，叢生，葉光滑深緑，有三勒道，背淡緑凸文。滇南經冬不隕，逐葉開花，結青紫實，與《爾雅》異。

〔一〕劉向《列仙傳》卷下：「毛女，字玉姜，在華陰山中，獵師時見之。自言爲始皇宫人，秦亡入山，食松葉，遂不饑寒，身輕如飛。」《抱朴子·仙藥》亦言毛女「食松葉松實」。

〔二〕《後漢書·華佗傳》：樊阿「從佗求方可服食益於人者，佗授以漆葉青黏散，漆葉屑一斗，青黏十四兩，以是爲率。言久服去三蟲，利五藏，輕體，使人頭不白」。

〔三〕靡曼：指聲色之娱。

〔四〕欣戚：喜怒哀樂。

〔五〕草木榛榛，鹿豕狉狉。指古人生活的原始狀態。

〔六〕盛弘之《荆州記》：漢南陽酈縣北八里有菊水，其源旁悉芳菊，水極甘馨。中有三十家，不復穿井，仰飲水，上壽百二十三十，中壽百餘，七十者猶以爲夭。

〔七〕晉嵇含《南方草木狀》：珠崖之地，海中之人，皆不業耕稼，惟掘地種甘藷，秋熟收之。大抵南人二毛者百無一二。惟海中之人壽百餘歲者，由不食五穀食甘藷故耳。

〔八〕李德裕，贊皇人，爲唐文宗、武宗時名相。高駢，唐末名將，晚年鎮守淮南，信妖人吕用之，卒致敗亡。

〔九〕見《論語·先進》。

巴戟天

巴戟天，《本經》上品。《唐本草注》：「俗名『三蔓草』，葉似茗，經冬不枯。」《圖經》辨別真僞甚晰。

肉蓯蓉

肉蓯（cōng）蓉，《本經》上品。《圖經》云：「人多取草蓯蓉以代肉者。」今藥肆所售皆鹹製，有鱗甲，形扁，色黑，柔軟。

升麻

升麻，《本經》上品。《圖經》：「葉似麻葉，四五月花如粟穗，白色，實黑，根紫。」今江西、湖廣有「土升麻」，與《圖經》異，别入草藥。

雩婁農曰：《漢書·地理志》「益州牧靡」，〔一〕李奇注：「靡，音麻，即升麻，解毒藥。」

《酉陽雜俎》：「建寧郡有牧靡山。鳥食烏喙，中毒，輒飛集牧靡，啄牧靡草以解之。」則升麻固滇産也。滇多烏喙，其俗方所用者，蓋真升麻也。葉如麻而花作穗，與《圖經》茂州升麻符。〔二〕滇與蜀接，固應同彙。但《圖經》又列滁州、秦州、漢州三種。〔三〕漢州産者形如竹笋，今湖北土醫用以升表痘瘡者，〔四〕其狀正同。其餘枝葉皆相彷彿，或即隱居所謂「落新婦」者。江西産者花如絮，未知即滁州一類否也。李時珍盛稱升提之功，〔五〕然未述其狀，僅有「外黑内白，俗謂鬼臉升麻」一語，其何地所産耶？《圖經》四種，判若馬牛，其果功用俱同耶？聖人有言：「未達，不敢嘗。」〔六〕不覩厥物，聽命賣藥之手，可以謂之達耶？藥之生也，或離鄉而貴，或遷地弗良，醫不三世，不服其藥，以其明於風土所宜、人情所慊，非貿貿者取所不知之物以試其驗與否也。然則四方游手，〔七〕負藥籠以奔走逐食者，小則貪人病之痊以索酬，大則用迷惑之藥以肆劫。〔八〕彼有意安民者，得不如鷹鸇之逐烏雀乎？慶鄭曰：「古者大事必乘其産，生其水土而知其人心，安其教訓而服習其道。」〔九〕用藥者亦何獨不然！余憫世之尚遠賤近者，不曰海舶之珍藥，則曰賈胡之齎劑。試思農皇所嘗，不聞逾海，〔一〇〕青囊一卷，豈來流沙？〔一一〕彼四裔之仰給大黄、茶葉者，亦曰非此不能生活，不知文軫未播桂海，〔一二〕聲教未燭冰天時，〔一三〕彼何以蕃其種族耶？嗚呼！以跬步之居而欲習梯航之俗，〔一四〕衛出公之好夷言，〔一五〕趙武靈之爲胡服，〔一六〕其用夷變夏，抑用夏變夷，五百年後當有知之者。

〔一〕「牧」，《漢書》作「收」。按舊籍亦有作「牧靡」者，不改。

〔二〕茂州：今四川汶山。

〔三〕滁州：今安徽滁州。秦州：今甘肅天水。漢州：今四川廣漢。

〔四〕升表：即發表，發散表邪。

〔五〕升提：中醫治療因中气下陷而出現的久瀉、脱肛、子宮脱垂等症的一種方法。

〔六〕《論語·鄉黨》：「康子饋藥，拜而受之，曰：『丘未達，不敢嘗。』」

〔七〕游手：不務正業的游民。

〔八〕肆劫：肆行劫掠。

〔九〕慶鄭：晉惠公時大夫。語見《左傳》僖公十五年。

〔一〇〕神農嘗百草，未聽説跨出海外。

〔一一〕青囊：原指風水地理之書，後亦指醫書。流沙：指西部大沙漠之外。

〔一二〕文軺：傳播文化的使車。桂海：指廣西等西南少數民族地區。

〔一三〕冰天指北方少數民族地區。

〔一四〕梯航：此指須登山跨水才能到達之處。

〔一五〕《左傳》哀公十二年：衛侯會吴於鄖，吴人藩衛侯之舍，即將其囚禁。後吴人釋放衛侯。「衛侯歸，效夷言。子之尚幼，曰：『君必不免，其死於夷乎！執焉，而又説其言，從之固矣。』」

〔一六〕《戰國策》：越武靈王胡服騎射以教百姓。

丹參

丹參，《本經》上品。處處有之。春花。亦有秋花者，南方地暖，得氣早耳。

徐長卿

徐長卿，《本經》上品。《唐本草注》：「所在川澤有之。葉似柳，兩葉相當，有光澤。根如細辛微粗長，黄色，有臊氣。」《蜀本草》：「子似蘿藦子而小。」核其形狀，蓋即湖南俚醫所謂「土細辛」，一名「九頭師子草」。惟諸書都未詳及其花爲疑。

雩婁農曰：《老子》云：「大道無名。」天非道耶？顯而在上，不名「天」耶？〔一〕聖非道耶？大而能化，不名「聖」耶？然匈奴謂天爲撐犂，則不以「天」名天；西方謂聖爲佛，則不以「聖」名聖。不以其名名，則天與聖果定名耶？醯雞以甕爲天，〔二〕豈非天而天之耶？酒客以清爲聖，〔三〕豈非聖而聖之耶？降而至於人物，其名非所獨耶？然子車鍼虎也，叔孫豹也，閔子馬也，令尹子蘭也，〔四〕非物也，人無名以物名名，豈以物之名而物之耶？而物之爲蠅虎，爲謝豹，爲駮馬，爲馬蘭者，〔五〕又豈以人名之而靳物名之耶？長卿也，王孫也，都郵也，使君也，〔六〕非人也，物無名以人名名，豈以人之名而人之耶？而人之爲長卿，爲王孫，爲都郵，爲使君者，又豈以物名之而諱人名之耶？言明實者曰「烏不烏，鵲不鵲」，〔七〕謂名烏必烏、名鵲必鵲耶？然天下之大，萬彙之繁，皆如烏之可名、鵲之可名耶？抑能使侏禁侏離之語，〔八〕名烏必呼烏，名鵲必呼鵲耶？由是推之，封邑、郡國，名之以别疆域也，古今地理之名有定耶？公卿、尹士，名之以别貴賤也，古今職官之名有定耶？地志無定而疆域改，以名改疆域耶？抑以疆域改名耶？官志無定而貴賤易，以名易貴賤耶？抑以貴賤易名耶？執實求名則名斯在，執名求實則名斯浮。名者實之賓，天下豈有一定之賓耶？故君子不爲名。

〔一〕意謂：天難道不是「道」麽，顯而在上，爲什麽不把道叫做「天」呢？

〔二〕醯雞：酒甕中之蠛蠓也。

〔三〕《太平御覽》卷八百四十四引《魏略》曰：「太祖（曹操）時禁酒，而人竊飲之，故難言酒，以白酒爲『賢人』，清酒爲『聖人』。」

〔四〕子車鍼虎等皆春秋、戰國時人名。

〔五〕蠅虎爲蜘蛛之一種，謝豹爲杜鵑之别名，駮馬爲檀木名，馬蘭爲蘭草名。

〔六〕以上皆爲草藥名。

〔七〕《戰國策·韓策》：史疾爲韓使楚。有鵲止於屋上者，曰：「請問楚人謂此鳥何？」王曰：「謂之鵲。」曰：「謂之烏可乎？」曰：「不可。」曰：「今王之國有柱國、令尹、司馬、典令，其任官置吏，必曰廉潔勝任。今盗賊公行而弗能禁也，此烏不爲烏、鵲不爲鵲也。」

〔八〕《孝經鉤命決》：「東夷之樂曰昧，南夷之樂曰任，西夷之樂曰侏離，北夷之樂曰禁。」此以代指四夷。

防風

防風，《本經》上品。《圖經》：「石防風，出河中。」又宋、亳間出一種防風，〔一〕作菜甚佳，恐别一種。《本草綱目》：「江淮所産多是『石防風』，俗呼『珊瑚菜』。」《安徽志》：「山葵葉翠如雲，正、二月間浥露抽苗，香甘異常，土人美其名曰『珊瑚菜』。懷遠、桐城、太和俱出。」〔二〕蓋即石防風也。今從《救荒本草》圖之。山西山阜間多有，與《救荒》圖同而葉稍肥。

〔一〕河南商丘，安徽亳州。

〔二〕三地俱在安徽。

獨活

獨活，《本經》上品。《圖經》：「獨活、羌活，一類二種。」近時多以土當歸充之。湖南産一種獨活，頗似萊菔，葉布地生。有公、母，母不抽莛，入藥用；公者抽莛，紫白色。支本不圓如筧狀，末迺圓枝，或三葉，或五葉，有小鋸齒，土人用之，恐别一種。雲南獨活大葉，亦似土當歸，而花杈無定，粗糙深緑，與《圖經》文州産略相彷彿，〔一〕今圖之。存原圖五種。

〔一〕宋時文州在今廣西巴馬。

細辛

細辛，《本經》上品。《圖經》：「他處所出不及華山者真。」《夢溪筆談》以爲南方所用細辛皆杜蘅。今江西俚醫以葉大而圓者爲杜蘅，葉尖長者爲細辛，殊有分別。過劑亦能致人氣脱而死，不必華山所産。

雩婁農曰：《圖經》列細辛已數種，而及已、鬼都督、杜蘅輩又復相似。今江西、湘、滇所用細辛，輒與《本草》不類，然皆能發汗脱陽。夫參、茯、朮草，種既不繁，醫者或以他藥代之，不能效，且誤人病。彼搜伐侵削之品，何其多也！韓信謂漢高不善將兵而善將將，〔一〕古來名將如林，而能將將者，其郭令公、曹武惠乎？〔二〕良醫必如太倉公、華佗，〔三〕然後可用毒藥而不戕人；專閫必如郭令公、曹武惠，〔四〕然後可用毒將而不縱兵。否則謹斥堠、嚴刁斗、明軍令以行之，〔五〕不妄殺者，上將也。慎佐使、量緩急、度病勢而用之，不失一者，上醫也。將不可妄遣，藥不可妄投，事有大小，而能死人則一而已。《周官》瘍醫療瘍，以五毒之藥攻之。〔六〕《易》《師》卦之彖曰：聖人「以此毒天下」。然則良醫之用藥，聖人之用兵，能起白骨登衽席，〔七〕而未嘗不深知其毒而慎之。彼喜方而誇良藥，好武而事佳兵者，誠哉其不祥也。

〔一〕《史記·淮陰侯列傳》：韓信曰：「陛下不能將兵，而善將將，此乃信之所以爲陛下禽也。且陛下所謂天授，非人力也。」

〔二〕唐郭子儀，宋曹彬。

〔三〕太倉公：即淳于意，漢初名醫，事見《史記·扁鵲倉公列傳》。

〔四〕專閫：大將出師，閫（郭門）以外之事可專之。

〔五〕刁斗：古時軍隊中所用器具，又名「金柝」、「鐎斗」。

〔六〕《周禮·天官冢宰》：「瘍醫掌腫瘍、潰瘍、金瘍、折瘍之祝藥劀殺之劑。凡療瘍，以五毒攻之，以五氣養之，以五藥療之，以五味節之。」

〔七〕使百姓脱離死境而登於牀席安穩之地。

柴胡 本作「茈胡」，通作「柴」。

柴胡，《本經》上品。陶隱居已以芸蒿爲柴胡。《圖經》有「竹葉」、「斜蒿葉」、「麥冬葉」數種。今藥肆所蓄，不知何草。江西所出，已非一類，醫者以爲傷寒要藥，發散之劑，〔一〕無不用者，誤人至死，相承不悟，蓋不知非真柴胡也。《本草衍義》以治勞方用之，目擊人死，况非柴胡，可輕投耶？今以山西、滇南所産圖之，又一種亦附圖，蓋北柴胡也。餘皆附後，以備稽考。世有哲人，非銀州所産，〔二〕慎勿入方。

雩婁農曰：柴胡一名「山菜」，固可茹者。《圖經》具丹州、兖州、淄州、江寧、壽州五種，〔三〕有竹葉、麥門冬葉、斜蒿葉之别。《唐本草》以芸蒿爲謬，李時珍亦謂斜蒿葉最下，柴胡以銀夏爲良，而《圖經》又無銀州，所上者唯山西所産，及《救荒本草》圖，與蘇説同。〔四〕滇南有竹葉、麥門冬葉二種，土人以大小别之，與丹州、壽州者相類。江西所産，則不識爲何草。李時珍以《本草衍義》不分藏腑經絡、有熱無熱，一概擯斥爲非。余謂得真柴胡，固當審脈用湯，否則以寇説爲穩。〔五〕李時珍既謂銀柴胡不易得，而用北柴胡矣，儻鄉曲中又無北柴胡，可任土醫以不知何草投之，而謂此症必用此藥，乃望其治勞、退瘧乎？抑無此藥而遂委而去乎？世以「逍遥散」爲清熱及婦科要劑，余見有愈服愈甚者，方誤耶？抑藥誤耶？趙括與其父奢論兵，奢不能難。其所讀兵書，固即其父書也，而勝敗相反者，同甘苦之卒與離心之士也。廉頗一爲楚將，無功，曰：「我欲得趙人。」〔六〕廉頗之將一也，而能用趙不能用楚，知趙人之强弱而不知楚人之强弱也。不知之而用之，其不僨事者幾希！〔七〕故曰：「知人難而任人易。」醫者不知藥而用方，固趙括之易言兵也。君以爲易，其難也將至矣。

〔一〕發散：發汗散邪。
〔二〕産柴胡之銀州，指陝西神木縣。
〔三〕丹州在今陝西，兖州、淄州皆在山東，江寧即今南京，壽州在安徽。
〔四〕蘇：撰《宋圖經》之蘇頌。
〔五〕寇：政和時醫官寇宗奭，著《本草衍義》。所謂「寇説」，即指《本草衍義》中寇氏所説。
〔六〕以上皆見《史記·廉頗藺相如列傳》。
〔七〕僨事：敗事。

大柴胡

大柴胡，産建昌。初生葉鋪地，如馬蘭葉而大，深齒紫背，獨莖，上青下微紫，梢葉微窄，亦有齒稍細。頂頭開尖瓣小白花，黄蕊密長。秋深含苞，冬月始開一花，旬餘不萎。賣藥人以爲大柴胡。微似《救荒本草》竹葉柴胡而花異。

廣信柴胡附。

柴胡産廣信，叢生，形狀頗似三白草。紫莖柔脆，葉面青背微白，有直紋六七縷。土人以爲柴胡，志乘亦云「地産柴胡」。按之《圖經》，絶不相類，不知何草。

小柴胡

小柴胡，江西山坡亦有之。葉似大柴胡而窄。秋時梢頭開花，似細絲，赭色成毬，攢簇枝頭。土醫謂爲「小柴胡」。

黄連

黄連，《本經》上品。今用川産。其江西山中所産者，謂之「土黄連」。又一種「胡黄連」，生南海及秦隴，蓋即土黄連之類。湖北施南出者亦良。

雩婁農曰：黄連苦寒，而《漢武内傳》封君達服黄連五十餘年，《神仙傳》黑穴公服黄連得仙，〔一〕此非蔡誕欺人語耶？〔二〕秦少游論服黄連、苦參，久而反熱，其理極微。而東坡乃謂指麀使姚歡服黃連，愈癬疥而髮不白。其法酒浸焙乾，密丸酒吞，每二十丸。〔三〕或其人血過於熱，得此潤肺而行以酒，故效。若人人而用之，其可乎哉？王微贊「闡命輕身」，〔四〕江淹贊「長靈久視」，〔五〕皆拾道書剩語耳。俗名楷木爲黃連木，其葉味苦，微相類。《丹陽縣志》黃連山樹大十圍，即此。

〔一〕據《抱朴子·内篇》卷三，黑穴公爲彭祖之弟子。

〔二〕《抱朴子·内篇》卷四：五原有蔡誕者，好道而不得佳師，廢棄家業，坐消衣食。慙忿無以自解，於是棄家入深山中。三年饑凍辛苦，不堪而還家，因欺家云：「吾未能昇天，但爲地仙也。」

〔三〕見《東坡志林》。

〔四〕南朝劉宋王微《黃連贊》：「黃連味苦，左右相因。斷涼滌暑，闡命輕身。」

〔五〕梁江淹《黃連頌》：「黃連上草，丹砂之次。禦孽辟妖，長靈久視」。

防葵

防葵，《本經》上品。《宋圖經》云：「惟出襄陽，葉似葵，花如葱花及景天，根香如防風。」陶隱居誤以爲與狼毒同根，以浮沉爲別。《別録》云：「中火者不可服，令人恍惚見鬼。」與《本經》戾。《唐本草》及《本草拾遺》皆辨之，《本草綱目》仍與狼毒同入「毒草」，今移入「山草」。

雩婁農曰：甚矣，君子之不可與小人爲緣也！防葵上品，陶隱居以爲狼毒同根，後人雖爲辨白，而方藥無用防葵者矣。蔡中郎嘆董卓之誅，〔一〕玉川子罹王涯之黨，〔二〕身既爲戮，而後世猶以無保身之哲爲咎。堅不磷，白不淄，聖人則可，賢人則不可。〔三〕班孟堅作《古今人表》，品第不盡衷於道，〔四〕其原傳可考也。陶隱居論藥物，未可全憑，《本草經》具在。若晉之九品流別出於中正，一經下品，遂同禁錮。〔五〕人之自立與論人者，不當知所懼哉？若謂草木無知，任其毁譽，則以輕薄處物，必不能以忠厚待人。

〔一〕《後漢書·蔡邕傳》：董卓被誅，邕在司徒王允坐，因卓有知遇恩，言之而歎，有動於色。允勃然叱之，即收付廷尉治罪，遂死獄中。

〔二〕《唐才子傳》卷五：唐盧仝號玉川子，賦詩譏切當時逆黨，奄人恨之。時甘露之變起，奄黨搜捕王涯等大臣。盧仝偶與諸客會食涯書館中，因留宿。吏卒掩捕，仝曰：「我盧山人也，於衆無怨，何罪之有？」吏曰：「既云山人，來宰相宅，容非罪乎？」蒼茫不能自理，竟同甘露之禍。

〔三〕《論語·陽貨》：子曰：「不曰堅乎，磨而不磷；不曰白乎，涅而不緇。」磷：薄也。涅可以染皂。緇：黑。染而不黑。

〔四〕班固《漢書》有《古今人表》，品第古今人物不盡合理。

〔五〕魏文帝立九品官人之法，州郡皆置中正。晉因之不改。凡被糾彈付清議者，即廢棄終身，同之禁錮。

黄芩

黄芩（qín），《本經》中品。《圖經》及《吴普本草》具載形狀而大小微異。〔一〕今入藥以細者良。

雩婁農曰：黄芩以秭歸産著。〔二〕後世多用條芩，滇南多有，土醫不他取也。張元素謂黄芩之用有九，然皆濕熱者一服清涼散耳。《千金方》有三黄丸，療五勞七傷、消渴諸疾，又謂久服走及奔馬。夫黄芩苦寒矣，又加以黄連、大黄，人非鐵石心腸，乃堪日朘而月削之也？夫世之陰淫、陽淫、雨淫、風淫、晦淫、明淫，其疾非一端，而所藥非所病，又或諱疾忌醫以自戕其生者固多矣。然有求長生，服金石，丹毒暴躁，癰疽背裂，是不同擣椒而飲藥乎？〔三〕又惜生太過，無病而爲越吟者，〔四〕紙裹銀鐺，〔五〕無時離手，喜寒喜熱，不節不時，卒使藏腑血肉之軀消磨於薰灼蕩滌之味，穀蔬不甘，尫羸益甚，若是人者，以不病而求病，果何所爲而爲此？夫漢、唐之不振，皆人主不恤民，而奸貪得以濁亂天下。梁冀、楊國忠之惡，〔六〕是物先腐而蟲生，人有疾而蟲甚，勢有固然，無足爲怪。從未有勵精求治，飾以經術，君勤於政，相持以廉，乃多方病民，敲骨吸髓，使數百年平成之民一旦騷然不安其生，而始終不悟，如王安石之相宋神宗者。夫安石不過慕富國强兵之術，如俗人之求長生耳，而假托《官禮》，〔七〕以惑英明之主，與方士以房中術惑精强之人而妄稱神仙丹訣者何異？病勢既亟，有國醫者，排難而爲之鍼砭，幾幾乎沈痼去而神明生，乃又溺於侍疾者與覡巫之群吠而恐嚇，不至於僵仆而不已。吾不知彼以醫誤人、誤天下，又豈有所至樂而不得已耶？夫使宋神宗僅爲安静守成之主，不汲汲於拓邊聚財、變亂舊法，宋雖弱，人心不去，或歷數傳而不至南徙。李文正公不進利害文字，〔八〕吕正獻公講「天錫勇智」而引《易》「神武不殺」，〔八〕司馬文正公以嵬名山欲取諒祚以降，謂滅諒祚復生一諒祚，至引侯景之事爲喻，〔九〕其與諫唐憲宗之服金石者非同一愛君之忱耶？〔一〇〕語云：「服食求神仙，多爲藥所誤。」此爲有爲者言之也。《漢書》曰：「無藥得中醫。」〔一一〕此爲中人言之也。孟子曰：「夭壽不貳，修身以俟之。」〔一二〕所以立命也。人主知命，則富强神仙之惑可免矣。人臣而知命，則慆淫服食之患可免矣。

〔一〕《神農本草經》至魏晉，有吴普更復損益，稱《吴普本草》。

〔二〕秭歸在湖北西部。

〔三〕毛晉《陸疏廣要》卷上之下：椒能殺人，故漢李咸欲爭竇后配桓帝，擣椒自隨，而齊建武中，欲併誅高武子孫，令太醫煮二斛椒，熟則一時賜死。

〔四〕越吟：病中之吟。《史記·張儀列傳》：「越人莊舄仕楚執珪，有頃而病。楚王曰：『舄故越之鄙細人也，今仕楚執珪，貴富矣，亦思越不？』中謝對曰：『凡人之思故，在其病也。彼思越則越聲，不思越則楚聲。』使人往聽之，猶尚越聲也。」

〔五〕紙裹：藥包。銀鐺：藥鍋。

〔六〕梁冀：東漢外戚，專朝政，權傾一時，後被誅死。

〔七〕《周禮》又稱《周官》，王安石新法多托《周官》爲説。

〔八〕宋李昉，卒謚文正。利害文字：以興利除害爲名而變更制度的奏疏。

〔八〕《書·仲虺之誥》：「天乃錫王勇智。」《易·繫辭》：「古之聰明睿知，神武而不殺者夫。」吕公著，神宗、哲宗時宰相，卒謚正獻。

〔九〕李諒祚，西夏國主李元昊之子。《續資治通鑑·宋紀六十五》：英宗治平四年，邊吏上言：西夏部將嵬名山，欲以横山之衆取諒祚以降。詔邊臣招納其衆。司馬光上疏極論，以爲：「名山之衆未必能制諒祚，幸而勝之，滅一諒祚，生一諒祚，何利之有？若其不勝，必引衆歸我，不知何以待之？臣恐朝廷不獨失信於諒祚，又將失信於名山矣。若名山餘衆尚多，還北不可，入南不受，窮無所歸，必將突據邊城以救其命。陛下獨不見侯景之事乎？」上不聽，遣將种諤發兵迎之，取綏州，費六十萬。西方用兵，蓋自是始。

〔一〇〕《資治通鑑·唐紀五十七》：憲宗晚年信方士之言，服食所謂長生之藥。起居舍人裴潾上言，以爲：「夫藥以愈疾，非朝夕常餌之物。况金石酷烈有毒，又益以火氣，殆非人五藏之所能勝也。」上怒，貶潾江陵令。

〔一一〕《漢書》原文作「有病不治，常得中醫」。

〔三〕見《孟子·盡心上》。所謂「夭壽不貳」，意謂人之夭壽乃自天，非人之所能爲也。

白微

白微，《本經》中品。《救荒本草》：「嫩角嫩葉，皆有煠食。江西、湖南所産皆同根長繁，故俚醫呼『白龍須』。」按細辛、及己諸藥皆用根，而根長多鬚，大率相類。諸家皆以根黄白、柔脆、粗細爲别，然其苗葉皆絶不相類，而諸家或略之。故俚醫多無所從，唯因俗名採用，反不致誤亂也。

白鮮

白鮮，《本經》中品。《圖經》：「葉如槐，花似小蜀葵，根似蔓菁。俗名『金雀兒椒』。其苗可茹。」今湖南産一種白鮮皮，與此異，别入「草藥」。

知母

知母，《本經》中品。《爾雅》「蕁，蕣藩」，注：「一曰蝭母。」今藥肆所售根外黄肉白，長數寸。原圖三種，蓋其非葉者。

貝母

貝母，《本經》中品。《爾雅》「莔，貝母」，注：「根如小貝，圓而白，華葉似韭。」陸璣《詩疏》：「葉如栝樓而細小，子在根下，如芋，子正白。」《圖經》云：「此有數種，非葉者罕復見之。今有川貝、浙貝兩種。」按陸《疏》以爲似栝樓葉而細小，郭注以爲似韭葉，《宋圖經》以爲似蕎麥葉，各説既不同，原圖數種，亦不甚符。今川中圖者一葉一莖，葉頗似蕎葉。大理府點蒼山生者葉微似韭，而開藍花，正類馬蘭花，其根則無甚異，果同性耶？張子詩：〔一〕「貝母階前蔓百尋，雙桐盤繞葉森森。剛强顧我蹉跎甚，時欲低柔警寸心。」則又有蔓生者矣。

〔一〕宋理學家張載，尊稱張子。

元參

元參，《本經》中品。形狀詳《宋圖經》。有紫花、白花二種。

紫參

紫參，《本經》中品。一名「牡蒙」。《唐本草注》：「紫參，葉似羊蹄。牡蒙葉似及己，乃『王孫』也。」《圖經》又謂：「莖青細，葉似槐葉，亦有似羊蹄者。五月花，白色，似葱花，亦有紅如水葒者。」蓋有數種，滇南山中多有之，與《圖經》同。其如水葒者，蓋作穗色粉紅相似，花仍類丹參輩。如葱花者，梢端開細碎白花成簇，實似水芹、蛇床等。葉比槐葉尖長，莖葉同緑，根鮮時不甚紫。近時方書少用。《滇本草》：「通行十二經絡，治風寒濕痺、手足麻木、筋骨疼痛、半身不遂，活絡强筋，功效甚多。宜温酒服。」

雩婁農曰：具收並蓄，醫師之良。今醫者但記十數湯頭，所知者不及百種，而治世間無窮之病。藥肆所收又不過目前人所盡知之藥，偶有缺乏，展轉替代。使人之五藏如木石無知則已耳，若其五味五色各以類應，其能聽醫師之假借乎？夫以方治病，猶以律斷獄。東坡云：「讀書不讀律，致君終無術。」然三代而後，果能廢棄科條以無爲治天下乎？〔一〕引律不當，何以斷罪？輕比重比，雖爲獄吏舞法之具，而究不能妄援他條、肆其刀筆者，律爲之也。記有竊賊例應刺左面者，吏誤以刺其右，檢例知其誤，乃腐去其刺而改涅焉。醫不知藥，其爲誤刺可勝數乎？

〔一〕蘇軾《戲子由》詩：「讀書萬卷不讀律，致君堯舜知無術。」《宋史全文》卷十二上：御史舒亶言：「蘇軾作爲歌詩，頗有譏切時事之言。蓋陛下發錢以本業貧民，則曰：『贏得兒童語音好，一年強半在城中。』陛下明法以課試群吏，則曰：『讀書萬卷不讀律，致君堯舜終無術。』」是蘇軾此詩有譏切時政之意，故爲奸人摭拾成罪，但蘇軾並非欲廢棄法律而不講也。

紫草

紫草，《本經》中品。《爾雅》：「藐，茈草。」《圖經》：「苗似蘭，莖赤節青。二月花，紫白色。秋實白。今醫者治痘瘮、破血，多用紫草茸。」《齊民要術》有種紫草法。近世紅藍利贏十倍，〔一〕而種紫草者鮮矣。《圖經》諸書皆未詳的。湘中猺峒及黔滇山中野生甚繁。根長粗紫黑，初生鋪地，葉尖長濃密，白毛長分許，漸抽圓莖，獨立亭亭，高及人肩，四面生葉，葉亦有毛。夏開紅筩子花，無瓣，亦不舒放，茸跗半含，柔枝盈幹，層藹四垂，宛如瓔珞。《遵義府志》：「葉似胡麻，幹圓，結子如蘇麻子。秋後葉落幹枯，其根始紅。」較諸書叙述簡而能類。李時珍謂根上有毛，而未言其花葉，殆亦未見全形。按《説文》：「䓞，草也，可以染流黃。」臣鍇按：「《爾雅》『藐，紫草』，注：『一名茈䓞。』臣以爲史儀制多言緑綟綬，即此草所染也。又按五方之間色有留黃，其色紫、赤、黃之間。」蓋玄冠紫緌，萌於魯桓，〔二〕漢魏綰綸，遂同褻服。〔三〕貴紅藍而賤紫茢，鄭注「掌染草」謂之「紫茢」。〔四〕尚循奪朱之惡歟？〔五〕

〔一〕「紅藍」之草，其花可作胭脂。

〔二〕緌：下垂的冠帶。《禮記·玉藻》：「玄冠紫緌，自魯桓公始也。」注以爲是僭宋王者之後服。

〔三〕《晉書·五行志》：魏明帝著繡帽，披縹紈半袖以見臣下。「近服妖也。夫縹，非禮之色。褻服尚不以紅紫，况接臣下乎？」

〔四〕此《周禮·地官司徒》注。

〔五〕《論語·陽貨》：子曰：「惡紫之奪朱也，惡鄭聲之亂雅樂也，惡利口之覆邦家者。」

秦艽

秦艽（jiāo），《本經》中品。《圖經》：「河、陝州軍有之，〔一〕葉如萵苣，梗葉皆青。」今山西五臺山所産形狀正同。《唐本草》字或作「糺」、作「糾」、作「膠」，正作「艽」。按《唐韻》作「芁」。此草根作羅紋，則「芁」字爲近。古方爲治黃要藥，〔二〕今治風猶用之。

〔一〕河陜：河西（今山西）、陜西。宋代行政區劃有州有軍。

〔二〕黄：黄疸病。

黨參附。

黨參，山西多産，長根至二三尺，蔓生，葉不對，節大如手指。野生者根有白汁。秋開花如沙參，花色青白。土人種之爲利。氣極濁。案：人參昔以産澤、遼、上黨及太行紫團者爲上，皆以根如人形，三椏、四椏、五葉、中心一莖直上爲真。今形狀迥殊，其可謂之參耶？舉世以代神草，莫知其非，而服者亦多胸滿氣隔之患。《山西通志》謂黨參今無産者，殆曉然於俗醫之誤，而深嫉藥市之售僞也。余飭人於深山掘得，蒔之盆盎，亦易蘩衍。細察其狀，頗似初生苜蓿，而氣味則近黄耆。昔人有以野苜蓿誤作黄耆者，得非此物耶？舉世服餌，雖經核辯，其孰信從？但太行脈厚泉甘，此草味甜有汁，養脾助氣，亦應功亞黄耆。無甚慼鬱之人，藉以充潤腸胃，當亦小有資補。若傷冒時疫，以此横塞中焦，羸尫雜症，妄冀蘇起沉疴，未覩其益，必蒙其害。世有良工，其察鄙言。

植物名實圖考卷之八　山草

淫羊藿

淫羊藿，《本經》中品。《救荒本草》詳列名。〔一〕葉可煠食。柳柳州《仙靈脾詩》：〔二〕「乃言有靈藥，近在湘西原。服之不盈旬，蹩躠皆騰騫。」又云：「神哉輔吾足，幸及兒女奔。」蓋此草爲治腰腳之要藥。《救荒本草》云「密縣山中有之」，滇大理府亦產，不止漢中諸郡郄車而載。

〔一〕一名剛前，俗名黃德祖、千兩金、乾雞筋、放杖草、棄杖草，俗又呼三枝九葉草。

〔二〕唐柳宗元官終柳州刺史，故稱柳柳州。

狗脊

狗脊，《本經》中品。一種根黑色，一種有金黃毛，似貫衆，葉有齒。昔人多以菝葜爲狗脊。

王孫

王孫，《本經》中品。《唐本草注》以爲即「牡蒙」，甘守誠謂旱藕爲蒙牡，今江西謂之「百節藕」，以治虚勞，俚醫猶有呼爲「王孫」者。其根類初生藕，白潤而嫩，芽微紅。姜撫所進，狀類葛粉，乾而研之，當無異矣。〔一〕《續博物志》因一名「黄昏」，遂誤以合歡爲王孫。《游宦紀聞》辨「探囊一試黄昏湯」爲「去五藏邪氣」，其論確核。〔二〕《嫏嬛記》「孫真人有黄昏散，夫妻反目，服之必和」，亦當是合歡。此藥自唐時方家久不用，而江西建昌、廣信俗方猶用之。陳藏器云：「甘平無毒，主長生不飢。」其性固非千歲藟比，而長生之説，得非踵姜撫邪説乎？

〔一〕《新唐書·方伎傳》：姜撫，宋州人，自言通仙人不死術。言終南山有旱藕，餌之延年，狀類葛粉。帝作湯餅賜大臣。

〔二〕宋張世南《游宦紀聞》卷九：陳師道《贈二蘇公》詩，末云：「如大醫王治膏肓，外證已解中尚强。探囊一試黄昏湯，一洗十年新學腸。」沙隨先生云：晚年因閲《本草》，王孫味苦平無毒，去五藏邪氣。蓋指當時癖學爲五藏邪氣耳。取義精深如此。

地榆

地榆，《本經》中品。荒岡田塍多有之。《救荒本草》：「葉可煠食，亦可作茶。」李時珍謂俚人呼爲「酸赭」，併入《别録》「酸赭」。

苦參

苦參，《本經》中品。處處有之。開花結角，俱似小豆。醫牛馬熱多用之。苦參至易得，而方用頗少。《史記》著漱齲齒之效，〔一〕後人常以揩齒，遂至病腰，此亦食古不化之害事也。余曾見捆載詣藥肆者，詢之，云：「牛馬病熱，必以此治之。」東皋農作，〔二〕需之尤亟。《本草》書皆未及，殆未從牛醫兒來耶？〔三〕

〔一〕見《扁鵲倉公列傳》。

〔二〕三國魏阮籍《辭蔣太尉辟命奏記》：「方將耕於東皋之陽，輸黍稷之稅，以避當塗者之路。」泛指田畝。

〔三〕《後漢書·黄憲傳》：黄憲，字叔度。世貧賤，父爲牛醫。同郡戴良才高倨傲，而見憲未嘗不正容，及歸，罔然若有失也。其母問曰：「汝復從牛醫兒來邪？」對曰：「良不見叔度，不自以爲不及，既覩其人，則瞻之在前，忽焉在後，固難得而測矣。」此處雙關，兼指治《本草》者自以爲是，不能就教於民間牛醫。

龍膽

龍膽，《本經》中品。《圖經》述狀甚詳，山中多有之。《救荒本草》：「葉煠熟，浸去苦味，油鹽調食。」勿空腹服。此草苦寒，莖葉微細，欲求果腹，難矣。

雩婁農曰：龍膽草味極苦，故以「膽」名。爲清膽熱要藥，然不可過劑，蓋《易》所謂「苦節不可貞」也。〔一〕夏令陽氣方盛，一陰已伏。其味苦，而中央戊己，其味復甘。〔二〕參、耆味皆甘而微苦，陽中有陰，故性和而可久服。苓、連味純苦，專於陰，故性偏而不可過。《節》卦「九五」曰「甘節」，陽得中也；「上六」曰「苦節」，陰之窮也。得乎中則得時則駕，不得時則蓬纍而行。〔三〕盧懷慎之敝簀，〔四〕杜祁公之鬆器，〔五〕性之所安，其情甘也。「握耒甫田，而麾節忽若執鞭；啜菽嗽泉，而太牢同乎藜蓼，泰爾有餘」，〔六〕何苦之有？否則矯情抑欲，非僞則渝。〔七〕公孫弘故人譏其布被脱粟，〔八〕夏侯亶晚節致有奏妓隔簾。〔九〕《北山移文》，請逐俗士；〔一〇〕豹林辟穀，終喪清操。〔一〇〕和洽曰：「朝廷議吏，有著新衣、乘好車者，謂之不情；形容不飾，衣裘弊壞，謂之廉潔。以故污辱其衣，藏其輿服，朝府大吏或自挈壺飧以入官府。凡激詭之行，則容隱僞矣。」〔一一〕誠哉是言也！君子之道，素位而行，〔一二〕毋取苟難，〔一三〕國奢示儉，風之而已，强以所苦，流弊滋甚。苦藥生我，過則爲患。故道貴可行而法防終窮。抑又有説焉，人之豐豫者其情舒，舒，陽也；儉嗇者其情斂，斂，陰也。士君子安不忘危，富而能貧，功業盛大，守之以約，身名俱泰，剛柔中也。不然，則郭汾陽、寇萊公、李忠定、文文山諸公，〔一四〕譬如春夏萬物長嬴，天地爲之炫燿，識者雖不免盛衰消長之慮，然陽氣滿盈，君子道長，亦泰象也。又不然，則張安世之弋綈，〔一五〕馮道之茅庵，〔一六〕其硜硜自戢，〔一七〕取容當世，類皆性毗陰柔，迹非光大。其王恭、殷仲堪輩，徇小節，忘大義，尤無取焉。〔一八〕若又不然，則囚首喪面而談詩書，蘇老泉所謂「不近人情，鮮不爲大奸慝」者矣。〔一九〕世徒以藥之苦者爲良，人之苦者爲賢，其亦不可不辨。

〔一〕見《節》卦。《彖辭》曰：「『苦節不可貞』，其道窮也。說以行險，當位以節，中正以通。」

〔二〕仲夏五行屬土，在中央，天干爲戊己，五味爲甘。

〔三〕蓬纍：通作「蓬累」。《史記·老子韓非列傳》：老子謂孔子曰：「君子得其時則駕，不得其時則蓬累而行。」蓬累有數說：一謂頭戴物，兩手扶之而行。一說自覆蓋相攜隨而去。一說若蓬轉流移而行。

〔四〕盧懷慎：唐玄宗時宰相。《新唐書》本傳言懷慎「清儉不營産，服器無金玉文綺之飾，雖貴而妻子猶寒飢，所得禄賜，於故人親戚無所計惜，隨散輒盡。……既屬疾，宋璟、盧從愿候之，見敝簀單藉，門不施箔。會風雨至，舉席自障」。

〔五〕杜衍，宋仁宗時爲宰相，封祁國公。享客多用髤器。客有面稱嘆曰：「公爲相，清貧乃爾耶？」公命侍人盡取白金燕器陳於前，曰：「衍非乏此，雅不好爾。」

〔六〕見晉葛洪《抱朴子·内篇·暢玄》。意謂身扶犂而耕，但視持節貴人如執鞭之役夫；飲水疏食，而視盛饌如同野菜之羹。

〔七〕渝：變化，言其僞不能持久則現本相。

〔八〕漢武帝丞相公孫弘。《西京雜記》：「公孫弘起家徒步，爲丞相，故人高賀從之，弘食以脱粟飯，覆以布被。賀怨曰：『何用故人富貴爲？脱粟布被，我自有之。』弘大慚。賀告人曰：『公孫弘内服貂蟬，外衣麻枲，内厨五鼎，外膳一肴，豈可以示天下？』於是朝廷疑其矯焉。」

〔九〕《梁書·夏侯亶傳》：「官歷六郡三州，不修産業，禄賜所得，隨散親故。性儉率，居處服用，充足而已，不事華侈。晚年頗好音樂，有妓妾十數人，並無被服姿容。每有客，常隔簾奏之，時謂簾爲夏侯妓衣也。」

〔一〇〕南齊孔稚珪，仕至太子詹事。鍾山在都城北，周彦倫先隱於此山，後應詔出爲海鹽縣令，欲却過此山。稚珪乃假山靈之意移之，使不許得至，故云《北山移文》。文末云：「請迴俗士駕，爲君謝逋客。」

〔一〇〕宋處士种放，長安人，隱居終南山之豹林谷。咸平中，遣使召赴闕，授左司諫，祥符間官至工部侍郎。种放無辟穀事，當因避世於豹林谷而致誤。

〔一一〕引文見《三國志·魏書·和洽傳》。

〔一二〕語出《禮記·中庸》：「君子素其位而行，不願乎其外。」素位：指當下所處的地位。素位而行指即以眼下之身份，既不僭侈，也不刻意儉抑。

〔一三〕苟難：刻意勉强自己而行難行之事。《韓詩外傳》：「君子行不貴苟難，説不貴苟察，名不貴苟傳，惟其當之爲貴。」

〔一四〕唐郭子儀前後受賜良田美器、名園甲館，聲色珍玩，堆積羨溢，不可勝紀。宋寇準少年富貴，性豪侈，喜劇飲，未嘗爇油燈，雖溷廚所在，必燃炬燭。李綱侍妾歌童，衣服飲食，極於美麗，每宴客設饌必至百品。文天祥性豪華，平生自奉甚厚，聲妓滿前。以上諸公皆爲名臣，平日自奉甚厚，而大事臨前，奮不顧身，茹苦含辛，視若平生。

〔一五〕西漢張安世，尊爲公侯，食邑萬户，然身衣弋綈，夫人自紡績。弋：黑色也。綈：厚繒也。

〔一六〕《舊五代史·馮道傳》：後唐明宗謂侍臣曰：「馮道性純儉。頃在德勝寨，居一茅菴，與從人同器食，卧則芻藁一束，其心晏如也。」

〔一七〕硜硜：自好貌。《論語·子路》：子曰：「言必信，行必果，硜硜然，小人哉！抑亦可以爲次矣。」

〔一八〕東晉王恭少有美譽，清操過人。家無財帛，唯書籍而已。殷仲堪在荆州，連年水旱，百姓饑饉，仲堪每食，盤無餘肴，飯粘落席間，輒拾以噉之。而一臨大事，倉皇失策，終爲桓玄所屠滅。

〔一九〕《宋史·王安石傳》：「安石未貴時，名震京師，性不好華腴，自奉至儉，或衣垢不澣，面垢不洗，世多稱其賢。蜀人蘇洵獨曰：『是不近人情者，鮮不爲大姦慝。』作《辯姦論》以刺之。」

白茅

白茅，《本經》中品。古以縮酒。〔一〕其芽曰茅針，白嫩可噉，小兒嗜之。河南謂之「茅荑」，湖南通呼爲「絲茅」。其根爲血症要藥。

雩婁農曰：《説文》：「菿，茅秀也。從草，私聲。」《繫傳》云：「此即今茅華未放者也。今人食之，謂之茅揠。音軋。《詩》所謂『手如柔荑』，〔二〕荑，秀也。」汝南兒語，本古訓矣。紫茹未拆，銀線初含，苞解綿綻，沁鼻生津，物之潔，味之甘，洵無倫比。每憶餳簫吹暖，〔三〕繡陌踏青，拔彙擘絮，〔四〕繞指結環，〔五〕某山某水，童子釣遊，蓋因之有感矣。

〔一〕祭祀時用茅濾酒去渣，稱縮酒。

〔二〕見《衛風·碩人》。

〔三〕餳簫：賣餳小販所吹之簫。

〔四〕《易·泰》：「拔茅茹，以其彙。」拔下茅草的穗，湊成一簇。鄉間小兒以此爲戲。擘絮：掰開綿絮。此處似指白茅如絮。

〔五〕白茅柔軟。

菅

菅（jiān），《爾雅》：「白華，野菅。」葉莖如茅，而莖長似細蘆。秋開青白花，如荻而硬。結實尖黑，長分許，粘人衣。河南通呼爲「苓草」。《本草綱目》：「根可入藥，不及白茅。」

黄茅即地筋。

黄茅，生山岡。葉莖如菅而粗大，莖梢生葉。秋時開花結實，似菅而色黄，多針芒，尤刺人衣。種山者以覆屋、索綯、〔一〕供薪，用之頗亟。河南通呼曰「山草」，亦曰「荒草」。嶺南秋深，陰重有瘴，曰「黄茅瘴」，蓋蛇虺窟宅也。李時珍以其根爲「地筋」。今從之。

〔一〕索綯：編草繩。

桔梗

桔梗，《本經》下品。處處有之。三四葉攢生一處，花未開時如僧帽，開時有尖瓣，不純，似牽牛花。

白及

白及，《本經》下品。山石上多有之。開紫花，長瓣，微似甌蘭。〔一〕其根即用以研朱者。凡瓷器缺損，研汁黏之不脱，雞毛拂之，即時離解。

雩婁農曰：黄元治《黔中雜記》謂：〔二〕「白芨根，苗婦取以浣衣，甚潔白。其花似蘭，色紅不香，比之箐雞羽毛，徒有文采，不適於用。」噫！黄氏之言，其以有用爲無用，以無用爲有用耶？白及爲補肺要藥，磨以膠瓷，堅不可坼，研朱點易，功並雌黄，〔三〕既以供濯取潔，又以奇豔爲容，陰崖小草，用亦宏矣！彼俗稱蘭草，僅存臭味，根甜藴毒，葉勁無馨，徒爲婦稚之玩，何裨民生之計？軒彼輊此，〔四〕豈得爲平？然其叙述山川事勢，皆有深識，覽者不潛察其先見而綢繆預防，致數十年後復有征苗之師，其亦玩雄文之悚魄，而忽籌筆之遠猷，以有用之言爲無用之謀也乎？

〔一〕花如建蘭，産自甌江下游之温州，故稱。

〔二〕黄元治：清康熙時人。至乾隆初，貴州大箐苗民反，尋爲張廣泗所平。

〔三〕研磨銀硃，點讀書籍，其功用與雌黄相並。雌黄：涂改文字時所用的顔料。

〔四〕軒爲高，輊爲低。

白頭翁

白頭翁，《本經》下品。《唐本草注》謂：「花紫色似木槿，實大如雞子，白毛寸餘皆披下，似白頭老翁。」與《圖經》不同。今《寧都州志》云「産白頭翁」，採得，亦不甚相類，姑圖其形狀以備考。陶、蘇兩説既大乖異，《圖經》宗陶説而加詳，然原圖殊不相肖。李青蓮有《見野草中有白頭翁者》詩，云：「如何青草裏，亦有白頭翁。」元張昱詩：「疎蔓短於蓬，卑棲怯晚風。祇緣頭早白，無處入芳叢。」詩人寓意有作，必非目所未見，而醫家乃至聚訟。《本草衍義》以蘇恭所述河南新安山中屢見之，太白往來東京，〔一〕或即指此，惜非詠物詩體，不復揣侔，然有「折取對明鏡，宛將衰鬢同」之句，則非根上白茸矣。滇南有「小一枝箭」，亦名「白頭翁」，花老作茸，久不飛落，真如種種白髮也。〔二〕鳥有白頭翁而無白頭婆，然則草之有白毛者，以翁名之皆可。

〔一〕唐以洛陽爲東京。

〔二〕種種：頭髮稀疏狀。

貫衆

貫衆，《本經》下品。《爾雅》「濼，貫衆」，注：「葉圓，鋭莖，毛黑。」《蜀本草》謂苗似狗脊，狀如雉尾，形容最切。其葉對生，無鋸齒，與狗脊異耳。諸書皆以治血症，而俗以袪疫，浸之井與缸中，飲其水，不患時氣，頗有驗。方中有治豆瘡不快，快斑散用之，〔一〕蓋亦和血去邪之意。

雩婁農曰：范文正公所居宅，〔二〕必浚井，置青朮數斤以辟疫。吾先公居京師，每春暵，必置貫衆於井於甕。仁人之用心微矣！〔三〕人窮則呼天，疾痛則呼父母。夫疾痛未必即至阽危，而反側叫號，〔四〕旁觀者拊掌太息，有欲爲分其所苦而不得者。况家有嚴君，門内之婦子臧獲皆所托命，其瘴癘之毒，腫瘍之痛，寒暖燥濕之眚，〔五〕不早爲綢繆護持，迨至據榻呻吟，始貿貿然執途人而問醫，醫或一誤，則父之於子，夫之於妻，主之於僕，非自殺之，亦一間耳。〔六〕若如許世子之不嘗藥，則有《春秋》之律在。〔七〕昔人謂「爲人子者，不可不知醫」。〔八〕夫醫誠難知，知之不精，則罪更甚於不知。吾謂病未至而防之則易，醫已至而治之則難。椒、薑、葱、蒜之禦寒，瓜、果、菘、莧之滌熱，蒼朮、赤豆之辟疫，穀芽、神麯之消積，凡所謂春多酸、夏多苦、秋多辛、冬多鹹，默會而時和之，其除穢之香，屢效之丸，兼收並蓄，以備疹氣之不時，〔九〕自非心腹膏肓之疾，未有不獲效者。仰則視無形，聽無聲，俯則時其飽，時其煖，雖運數不可知，然譬之力田，旱則一溉者後枯，水則有隄者後浸，備豫不虞，古之善教，其斯爲家政一端乎！

〔一〕據《普濟方》，快斑散所治爲痘瘡出不快，是指小兒出痘不順暢。「不快」前似少一「出」字。

〔二〕范仲淹謚文正。

〔三〕微：精微。

〔四〕阽危：瀕臨危險。反側：輾轉，痛苦狀。

〔五〕托命：將性命托靠於人。眚：災禍。

〔六〕一間：相差無幾。

〔七〕《左傳》昭公十九年：「許悼公瘧。五月戊辰，飲太子止之藥卒。」太子奔晉。《春秋》書曰：「許世子止弑其君買。」

〔八〕唐王勃之語，見《新唐書》本傳。

〔九〕疹氣：疫毒之氣。

黄精

黄精，《别録》上品。《救荒本草》謂其苗爲「筆管菜」，處處有之。《抱朴子》云花、實可服食。今醫方無用者。山西産與《救荒》圖同。

雩婁農曰：黄精一名「葳蕤」，既與「委萎」同名。黄帝問天老曰「太陽之草，可以長生」，〔一〕而《本經》乃祇載「委萎」，至《别録》始出「黄精」。按圖列十種，丹州、相州細葉四五，同生一節，餘皆竹葉寬肥對生。《救荒本草》亦云「二葉、三葉、四五葉對節而生」，而萎蕤「葉似竹葉，闊短而肥厚，又似百合葉頗窄小，根似黄精而小異」。然則二物有别耶？無别耶？

《宋圖經》「黄精苗高一二尺以來，葉如竹葉而短，兩兩相對」，不言四五葉同生一處；「萎蕤莖幹强直似竹箭，竿有節，葉狹而長，表白裏青」，與《爾雅注》符。則寬葉爲黄精，細葉四五同生一節者爲萎蕤，如此分別，自爲瞭目。但藥肆所售玉竹，細白極黏，與黄精全不相似，或即《圖經》所謂「多鬚」者。余採得細視，有細葉而多白鬚如藥肆所售者，亦有大根與黄精同者。土醫謂「根如黄精者是萎蕤，多白鬚者乃别一種，用之甚無力」。其説乃與古合。滇南山中尤多黄精、萎蕤，春初即開花。黄精高至五六尺，四面垂葉，花實層綴，根肥嫩可烹，肉大至數斤重。其偏精及鉤吻，皆以夏末秋初開花。偏精矮小，鉤吻有反鉤，根皆不肥，土人頗能辨之。太陰、太陽之説，相傳自古。蘇恭獨創爲「鉤吻蔓生」之説，後人遂以黄精、鉤吻絶不相類。東坡謂「恭注多立異，又喜與陶公相反，幾至於罵者」。然細考之，陶未必非，恭未必是」。余謂陶説有未確，然尚爲疑似之詞，蘇則武斷者多，其不如陶遠矣。採黄精而並得鉤吻，是何異刺人而殺，而諉之曰兵？〔二〕所幸極陰之地，毒草所叢，採靈藥者所不至，而極陽所照，毒物必殲，故誤者絶少，否則著書非貽害哉？

又按：黄精原有對葉及數葉同作一層者，《圖經》雖列十種，大體不過兩端。今江、湘皆對葉，滇南數葉一層，其根肥大無異。按與黄精相似者，除鉤吻、偏精外，湘中代以山薑，其根色極相類。又有一種「觀音竹」，滇中謂之「淡竹」，其莖紫葉柔，都不分别，惟梢端發杈生枝間、花微紫爲異。此十圖内或不免有形似者耶？

〔一〕晉張華《博物志》卷五：黄帝問天老不死之藥，天老曰：「太陽之草，名曰黄精，餌而食之，可以長生。太陰之草，名曰鉤吻，不可食，入口立死。人信鉤吻之殺人，不信黄精之益壽，不亦惑乎？」

〔二〕諉過於兵器。

黄精苗

《救荒本草》：「黄精苗，俗名『筆管菜』，一名『重樓』，一名『菟竹』，一名『雞格』，一名『救窮』，一名『鹿竹』，一名『萎蕤』，一名『仙人餘糧』，一名『垂珠』，一名『馬箭』，一名『白及』。生山谷，南北皆有之，嵩山、茅山者佳。根生肥地者大如拳，薄地者猶如拇指。葉似竹葉，或二葉，或三葉，或四五葉，俱皆對節而生。味甘性平，無毒。」又云：「莖光滑者謂之『太陽之草』，名曰『黄精』，食之可以長生。其葉不對節，莖葉毛鉤子者，謂之『太陰之草』，名曰『鉤吻』，食之入口立死。」又云：「莖不紫、花不黄爲異。」

按：圖即《爾雅》「委萎」。滇南所産黄精頗似之，此正鉤吻相似者。

墓頭回

墓頭回，生山西五臺山。緑莖肥嫩，微似水芹，葉歧細齒。梢際結實，攢簇如椒，有毛。《五臺志》載入「藥類」，蓋俚方習用者。《本草綱目》載《集驗方》「治崩中、赤白帶下，用墓頭回一把，酒、水各半盞，童尿半盞，新紅花一捻，煎七分，卧時温服，日近者一服，久則三服，其效如神」，當即此草。

薺苨

薺苨（nǐ），《爾雅》「苨，菧苨」，注：「薺苨。」《别録》中品。《本草綱目》謂「杏葉沙參」，即此。根肥而無心。山中多有之。

前胡

前胡，《别録》中品。江西多有之。形狀如《圖經》。《救荒本草》：「葉可煠食。」

雩婁農曰：前胡有大葉、小葉二種。黔、滇山人採以爲茹，曰「水前胡」。俗呼「姨媽菜」，方言不可譯也。或曰本呼「夷鬼菜」，夷人所食。斯爲陋矣！古人重芳草，芍藥和羹，鬱金合鬯，〔一〕有飶其馨，〔二〕人神共享。後世茴香、縮砂、蓽撥、甘松香之屬，或來自海舶重洋之外，飲食異華，然其喜潔而惡濁，尚氣而賤腐，口之味，鼻之臭，與人同耳。前胡與芎藭、當歸，氣味大體相類。《爾雅》以「薜，山蘄」與山韭、山葱比類釋之，則亦以爲菜屬。江南採防風爲蔬，江西種芎藭爲餌，滇人直謂芎爲芹，然則草之形與味似芹者多矣，其皆芹之儕輩耶？《救荒本草》凡蛇床、藁本、前胡諸草，皆煠其嫩葉調食，此豈夷俗哉？伊蒲塞之饌，或取香花助之，〔三〕彼誠夷矣，然視嗜痂逐臭、〔四〕蒸乳豚而探牛心者，〔五〕將謂爲華風否耶？

又按：黄元治《黔中雜記》云：「柴胡英似野芹，土人采而虀之，謂之『羅鬼菜』。」方言「前」與「柴」音相近，蓋未考矣。「羅鬼」爲苗民之一種，其山多前胡云。《貴州志》：「前胡遍生山麓，春初吐葉，土人採以爲羹，根入藥也。」

〔一〕鬱金之塊根有香氣，以其汁調和鬯酒。鬯酒，祭祀用的酒。

〔二〕《詩·周頌·載芟》：「有飶其香，邦家之光。」注：飶，芬香也。

〔三〕伊蒲塞：即優婆塞，在家奉佛之男子，女曰優婆夷。

〔四〕《宋書·劉穆之傳》：劉邕嗜人瘡痂，以爲味似鰒魚，見則拾而食之。《洛陽伽藍記》：彭城王元勰曰：「海上有逐臭之夫，里内有學顰之婦。」

〔五〕《晉書·王濟傳》：武帝幸王濟宅，「供饌甚豐，悉貯琉璃器中，蒸豚甚美。帝問其故，答曰：『以人乳蒸之』」。又：「王愷以帝舅奢豪，有牛名『八百里駁』，常瑩其蹄角。濟請以錢千萬與牛對射而賭之。愷亦自恃其能，令濟先射，一發破的，因據胡牀叱左右：『速探牛心來！』須臾而至，一割便去。」

白前

白前，《别録》中品。陶隱居云：「根似細辛而大，色白，不柔易折。」《唐本草注》：「葉似柳，或似芫花，生沙磧之上，俗名『嗽藥』。今用蔓生者，味苦非真。」核其形狀，蔓生者即湖南所謂「白龍鬚」，已入「蔓草」，草藥其似柳者即此。滇南名「瓦草」，又蔓生一種。

杜蘅

杜蘅（héng），《別録》中品。《山海經》有之。《爾雅》「杜，土鹵」，注：「杜蘅也。似葵而香。」《圖經》所述綦詳，惟不釋細辛形狀。陶隱居云：「杜蘅，根葉都似細辛。」則俚醫以葉圓、長分別二種，不爲無據。

雩婁農曰：《山海經》云：「杜蘅可以走馬。」注謂「佩香草能令馬疾走」，其語不詳，豈物類相制，如《淮南萬畢術》而今不傳耶？〔一〕否則馬食杜蘅而有力善走，如宛馬嗜苜蓿耳。聖人格物，本於盡性，〔二〕若予草木鳥獸，虞廷以命柏翳，此豈尋常委瑣事哉？〔三〕《周官》設閩隸、貊隸，掌與鳥獸言；服不氏掌養猛獸而教擾之；〔四〕夏后氏之豢龍，能得龍之嗜欲；〔五〕宣王時有梁鴦者，〔六〕善養鳥獸，能馴虎豹。〔七〕後世如種魚、咒雞、醫牛、相鶴，《禽經》、《蠶書》，其體物情入於至微，甚至捕蛇、鬭鶉、蟋蟀、蠅虎之屬，亦教養有術焉。且獸醫，賤業也，而與食醫同隸於冢宰，〔八〕蓋以人之疾痛疴癢推之於有知有生，而知夭札瘥癘無不由於燥濕饑寒，〔九〕故一一求其性情所喜惡而調燮之、時節之。況馬爲國畜，地用所亟，夏庌、冬獻，教駣、攻駒，其法至詳。〔一〇〕而漢時西北諸國，皆以能逐水草，谷量牛馬，稱富强，故馬政以善牧爲亟。夫一束芻、三升豆，此常料耳。東海之島有龍芻焉，馬食之，一日千里。〔一一〕西北多良馬。

《西陽雜俎》曰：「瓜州飼馬以蕢草，沙州飼馬以茨萁，安北飼馬以沙蓬。」譬之人焉，豆令重，榆令瞑，[一二]而服餌參朮者，亦能卻病而致康强。以此類物，將無同乎？人第見有馬者多鹽車之賈人，[一三]御馬者多魯國之東方，[一四]否則衣文繡、啖棗脯以養之者害之。[一五]世無王良、造父，[一六]則所謂相馬、通馬語者，洵爲虚誕之説矣。詩人美衛武公之勤民，終以「騋牝三千」，而舉其要曰「秉心塞淵」。[一七]爲此詩者，其知道乎！

[一]《淮南萬畢術》，傳爲漢淮南王劉安撰，多記物類相感雜事，今不傳，僅餘片斷於諸書。

[二]盡性：順物之性。

[三]虞廷：即虞舜之朝。柏翳：即伯益，《書·舜典》：「舜曰：『誰能馴予上下草木鳥獸？』皆曰益可。於是以益爲朕虞。」

[四]貊：通貉。《周禮·秋官司寇》：「閩隸，掌役畜養鳥而阜蕃教擾之。」「夷隸，掌役牧人養牛馬，與鳥言。」「貉隸，掌役服不氏而養獸而教擾之，掌與獸言。」

[五]《左傳》昭公二十九年：夏時有劉累，學擾龍於豢龍氏，以事夏后孔甲，能飲食之。孔甲嘉之，賜氏曰御龍。

[六]「鴦」，原本誤作「鴛」。

[七]《列子·黄帝》：「周宣王之牧正有役人梁鴦者，能養野禽獸，委食於園庭之内，雖虎狼鵰鶚之類

無不柔馴者。」

〔八〕見《周禮·天官冢宰》。

〔九〕夭札：因癘疾而夭亡。

〔一〇〕見《周禮·夏官司馬》。

〔一一〕梁任昉《述異記》：東海有島名龍駒川，爲周穆王養八駿處，有草名龍芻，馬食之，日行千里。

〔一二〕晉嵇康《養生論》云：「豆令人重，榆令人瞑，合歡蠲忿，萱草忘憂。」

〔一三〕《戰國策·楚策四》：汗明曰：「夫驥之齒至矣，服鹽車而上太行，蹄申膝折，尾湛胕潰，漉汁灑地，白汗交流，中阪遷延，負轅不能上。」

〔一四〕「東方」二字疑是「東野」之誤。東野，魯定公之御人東野畢也。《韓詩外傳》卷二：顏淵侍坐魯定公於臺，東野畢御馬於臺下。定公曰：「善哉，東野畢之御也。」顏淵曰：「善則善矣，其馬將佚矣。」定公不説。顏淵退。俄而東野畢之馬果佚。定公趣召顏淵，曰：「不識吾子何以知之？」顏淵曰：「臣以政知之。昔者舜工於使人，造父工於使馬。舜不窮其民，造父不極其馬，是以舜無佚民，造父無佚馬也。今東野畢之御，上車執轡，銜體正矣；周旋步驟，朝禮畢矣；歷險致遠，馬力殫矣，然猶策之不已，所以知其佚也。」

〔一五〕《史記·滑稽列傳》：楚莊王「有所愛馬，衣以文繡，置之華屋之下，席以露牀，啗以棗脯，馬病肥死」。

〔一六〕王良：春秋時晉大夫郵無卹子良。造父：爲周穆王駕車西遊者。俱古之善御者。

〔一七〕見《鄘風·定之方中》。末句爲「秉心塞淵，騋牝三千」。解云：其心充實而淵深，則宜其有騋牝三千也。按：《詩序》云：「美衛文公也。」此作「武公」，應是筆誤。馬七尺以上曰騋。

及己

及己，《別録》下品。《唐本草注》：「此草一莖四葉。」今湖南、江西亦呼爲「四葉細辛」，俗名「四大金剛」。外科要藥。

鬼都郵

鬼都郵，《唐本草》始著録。徐長卿、赤箭皆名鬼都郵。《唐本草注》：「苗惟一莖，莖端生葉若繖狀，根如牛膝而細黑。與徐長卿別。」《蜀本草》云：「根横生無鬚，花生葉心，黄白色。」此種山草形狀亦多有之，而莫能決識。

雩婁農曰：漢太守置督郵，厥有南、北、東、西、中五部，司耳目而備咨諏焉。〔一〕孫寶爲京兆尹，署侯文以立秋，乃欲按豺狼之當道，以成天地之始遒。〔二〕若乃趙勤行縣，葉與新野之令望風而休，則桓虞以爲良鷹之下韝也。〔三〕閔孺部汾北，翁歸部汾南，所舉既當，而傷者亦無敢仇。〔四〕至魏郡守索賄，欲逐繁陽令，而都郵獨以異政留陳球。〔五〕蓋雖不免簿尉之罹箠楚，而於守猶驂之與靷。〔六〕彼徐長卿、赤箭之同名，殆病豎懼其傷焉，將逃之而莫能留也。〔七〕後世嚇老魅以鍾馗，而除瘧之草皆詺曰「鬼見愁」，〔八〕又昔有靈巫曰瑶眊，持拾櫨木棒以擊鬼，遂呼爲「無患」，〔九〕此非其儔歟？唐以後廢其官於郡，而尋藥者遂溝瞀回惑，眩其説而互紊，非鄒子所云「不能紀遠，乃紀於近」耶？〔一〇〕三代以還，文質迭進，小儒詹詹，〔一一〕懵于古訓，而通千里之忞忞，〔一二〕乃益鄙而益信。雖然，物之盛也，百名皆貴；物之衰也，百名皆廢。戰國尚王孫，今猶有見春草而念來歸者乎？〔一三〕漢時重社叢，今猶有見枌榆而知神所憑依者乎？〔一四〕《冬官》補以《考工》，誰識司空古官屬耶？〔一五〕將作尊以大匠，誰識主章司林麓耶？〔一六〕唐進士侯生戲爲除遷，〔一七〕羌活帶「兩平章」之號，黄芩備「苦督郵」之員，胡盧巴列都尉于腎曹，荆三棱以中尉而破堅。〔一八〕官名久汰，宜無傳焉。嗚呼，越王之頭猶在，不必購以千金；〔一九〕仙人之棗何存，孰敢誕爲五利？〔二〇〕漢官唐典，珥貂蟬，拖金紫，登臺閣而遊府寺者，徒令人感朽腐而墮涕淚，又何責備于依草附木、假托名位，冉冉焉不知春秋之百卉？

〔一〕漢每郡設督郵，爲太守屬吏，代太守案行屬縣，有五部督郵。

〔二〕《漢書·孫寶傳》：孫寶以立秋日署侯文爲東部督郵。文入見，寶敕曰：「今日鷹隼始擊，當順天氣取姦惡，以成嚴霜之誅。」古以秋氣肅殺，當行刑，此爲「順天氣」。

〔三〕《東觀漢記·趙勤傳》：東漢南陽太守桓虞，時葉令及新野令皆不遵法，遂以趙勤爲督郵，一令聞風解印去。虞乃嘆曰：「善吏如良鷹矣，下鞲即中。」

〔四〕《漢書·尹翁歸傳》：田延年爲河東太守，以尹翁歸爲督郵。河東二十八縣分爲兩部，閎孺部汾北，翁歸部汾南，所舉應法，得其罪辜，屬縣長吏雖中傷，莫有怨者。

〔五〕《後漢書·陳球傳》：陳球爲繁陽令，「時魏郡太守諷縣求納貨賄，球不與之。太守怒而撾督郵，欲令逐球。督郵不肯，曰：『魏郡十五城，獨繁陽有異政，今受命逐之，將致議於天下矣。』太守乃止」。

〔六〕古時戰車之轅稱輈，而縿爲車上之旌旗。

〔七〕病豎：即「二豎居於膏肓」之豎，見卷七「朮」條注〔七〕。

〔八〕詺：命名。

〔九〕崔豹《古今注》：昔有神巫，曰瑤眊，能以符劾百鬼，得鬼則以櫨木爲棒棒殺之。世人相傳此木爲衆鬼所畏懼，取此木爲器，以壓却邪魅，故號曰「無患」。

〔一〇〕溝瞀：無知。回惑：迷惑。郯子語見《左傳》昭公十七年。

〔一一〕詹詹：言辭瑣碎，不得要領。

〔一二〕揚雄《法言·問神》：「彌綸天下之事，記久明遠，著古昔之㬜㬜，傳千里之忞忞者，莫如書。」注謂㬜㬜爲目所不見，忞忞爲心所不了。千里之忞忞，即千里之外不能明曉之事。

〔一三〕見春草而思王孫，不始於戰國，乃見於西漢淮南小山之《招隱士》：「王孫遊兮不歸，春草生兮萋萋。」吴氏因是騷體而誤記爲屈宋。另，此意見於後世詩詠者尚多，如王維「春草年年緑，王孫歸不歸」之類。

〔一四〕社叢：即神社叢祀。《西京雜記》：「高祖少時常祭枌榆之社。及移新豐，亦還立焉。」

〔一五〕《周禮》僅餘天、地、春、夏、秋五官，《冬官司空》佚失，後人即以《考工記》補爲冬官。

〔一六〕漢承秦制，初設將作少府，掌治宫室。至景帝時更名將作大匠。其屬官有主章，掌修建所用大材。

〔一七〕侯寧極，唐天成中進士，撰《藥譜》，其中有些是以官爵戲稱藥物的。

〔一八〕侯寧極《藥譜》戲稱胡盧巴爲「腎曹都尉」，荆三棱爲「削堅中尉」。

〔一九〕晉嵇含《南方草木狀》：椰子，俗謂之「越王頭」，云昔林邑王與越王有故怨，遣俠客刺得其首，懸之於樹，俄化爲椰子。林邑王憤之，命剖以爲飲器，南人至今效之。

〔二〇〕漢武帝時，方士李少君言於上曰：「臣嘗遊海上，見安期生，安期生食巨棗，大如瓜。」武帝遂遣人往海上求神仙。後少君病死，又有方士欒大者，亦言嘗往來海中，見仙人安期、羨門之屬。又言黄金可成，河决可塞，不死之藥可得，仙人可致。於是武帝封欒大爲五利將軍。見《史記·封禪書》。

芒

芒，《爾雅》：「芒，杜榮。」《本草拾遺》始著録。今人以爲薦。多生池堰邊。秋深開花，遥望如荻，有紅、白二種。生山者瘦短，爲石芒。湖南通呼爲「芭茅」。

莨草

莨〔一〕草，即小芒草，生岡阜。秋抽莖開花，如莠而色赤。芒針長柔，似白茅而大。其葉纖履頗韌。

長松

長松，《本草拾遺》始著録。生關内山谷松下。根類薺苨。釋慧祥有《清涼傳》，宋人詩集多及之。

辟虺雷

辟虺（huǐ）雷，《唐本草》始著録。狀如蒼朮，峨眉諸山有之，解毒辟瘟，消痰卻熱。

仙茅

仙茅，唐開元中，婆羅門僧進此藥。《開寶本草》始著録。今大庾嶺産甚夥，土人以爲茶飲。蓋嶺北泉澗陰寒，藉此辛烈以爲温燥。服食者少，或有中其毒者。川中産亦多。

延胡索

延胡索，《開寶本草》始著録。宋人《藥名詩》：「到處遷延胡索人。」〔一〕其入藥蓋已久。今茅山種之，爲治婦科腹痛要藥。

〔一〕宋吴處厚《青箱雜記》卷一：宋陳亞仕至太常少卿，滑稽之雄，好以藥名入詩。或曰：「延胡索可用乎？」亞因朗吟曰：「布袍袖裹懷漫刺，到處遷延胡索人。此可贈游謁窮措大。」聞者莫不大笑。

鬼見愁

鬼見愁，生五臺山。紫毛森森如蝟刺，梢端作緑苞。《清涼山志》云：「生臺麓，能驅邪，俗以懸門首，云能畏鬼。或亦呼爲『鉢蓮』。」

麥條草

麥條草，一名「空箭包」，建昌謂之「虎不挨」。紅莖紅刺，尖細如毛，對葉排比，如榆葉而寬大，發杈開五瓣白花，緑心突出長三四分，極似魚腥草花。土醫以治痧斑熱證。

白馬鞍

白馬鞍，生建昌。獨莖上紅下緑，旁枝對發。葉如梅葉，嫩緑細齒，或三葉，或五葉，排生一枝。土人採根敷毒。

硃砂根

硃砂根，《本草綱目》始著録。生太和山。〔一〕葉似冬青葉，背甚赤。根大如筯，赤色。治咽喉腫痛，磨水或醋嚥之。

〔一〕太和山：即湖北武當山。

鐵線草

鐵線草，《宋圖經》「外類」：「生饒州，治風腫消毒。」余至彼訪之，未得。

都管

都管草，《宋圖經》「外編」：「生宜州。〔一〕根似羌活，葉似土當歸。主風腫、癰毒、咽喉痛。」《桂海虞衡志》云一莖六葉。

〔一〕宋宜州在今廣西。

永康軍紫背龍牙

《宋圖經》：「紫背龍牙，生蜀中。味辛甘無毒。彼土山野人云：解一切蛇毒甚妙，兼治咽喉中痛，含嚥之便效。」其藥冬夏長生，採無時。

施州半天回

《宋圖經》：「半天回，生施州。〔一〕春生苗高二尺已來，〔二〕赤斑色，至冬，苗葉皆枯。其根味苦澀，性温無毒。土人夏月採之，與雞翁藤、野蘭根、崖椶等四味洗淨，去麄皮，焙乾，等分擣羅爲末，温酒服二錢匕，療婦人血氣并五勞七傷。婦人服忌羊血、雞、魚、濕麪，丈夫服無所忌。」

〔一〕宋施州在今湖北恩施。

〔二〕已來：多，餘。

施州露筋草

《宋圖經》：「露筋草，生施州。株高三尺已來。春生苗，隨即開花結子，四時不凋。其子碧緑色，味辛澀，性涼，無毒。不拘時採其根，洗淨焙乾，擣羅爲末，用白礬水調，貼蜘蛛、蜈蚣咬傷瘡。」

施州龍牙草

《宋圖經》：「龍牙草，生施州。株高二尺已來。春夏有苗葉，至秋冬而枯。其根味辛澀，温，無毒。春夏採之，洗淨，揀擇去蘆頭，焙乾，不計分兩，擣羅爲末，用米飲調服一錢匕，治赤白痢，無所忌。」

施州小兒群

《宋圖經》：「小兒群，生施州。叢高一尺已來。春夏生苗葉，無花，至冬而枯。其根味苦，性涼，無毒。採無時。彼土人取此并左纏草二味，洗淨焙乾，等分擣羅爲末，每服一錢，温酒調下，療淋疾，無忌。」左纏草乃旋花根也。

施州野蘭根

《宋圖經》：「野蘭根，出施州。叢生，高二尺已來。四時有葉無花。其根味微苦，性温，無毒。採無時。彼土人取此并半天回、雞翁藤、崖椶等四味，洗淨去麄皮，焙乾，等分擣羅爲末，温酒調服二錢匕，療婦人血氣并五勞七傷。婦人服之忌雞、魚、濕麪、羊血，丈夫無所忌。」

天台山百藥祖

《宋圖經》：「百藥祖，生天台山中。〔一〕苗葉冬夏常青。彼土人冬採其葉入藥，治風有效。」

〔一〕天台山在浙江天台縣。

威州根子

《宋圖經》：「根子，生威州山中。〔一〕味苦、辛，温。主心中結塊久積、氣攻臍下。根入藥用。採無時。其苗葉花實並不入藥。」

〔一〕宋威州在今四川汶川。

天台山黄寮郎

《宋圖經》：「黄寮郎，生天台山中。苗葉冬夏常青。彼土人採其根入藥，治風有效。」

天台山催風使

《宋圖經》：「催風使，生天台山中。苗葉冬夏常青。彼土人秋採其葉入藥，用治風有效。」

半邊山

《宋圖經》：「半邊山，生宜州溪澗。味微苦辛，性寒。主風熱上壅、咽喉腫痛及項上風癧，以酒摩服。二月、八月、九月採根，其根狀似白朮而軟，葉似苦蕒厚而光。一名『水苦蕒』，一名『謝婆菜』。」

信州紫袍

《宋圖經》：「紫袍，生信州。〔一〕春深發生，葉如苦益菜。至五月生花，如金錢，紫色。彼方醫人用治咽喉口齒。」

〔一〕宋信州在今江西上饒。

福州瓊田草

《宋圖經》：「瓊田草，生福州。春生苗葉，無花。三月採根葉，焙乾，土人用治風，生擣羅，蜜丸服之。」

福州建水草

《宋圖經》：「建水草，生福州。其枝葉似桑，四時常有。彼土人取其葉，焙乾碾末，煖酒服，治走疰風。」

福州雞項草

《宋圖經》：「雞項草，生福州。葉如紅花葉，上有刺青色，亦名『千鍼草』。根似小蘿蔔。枝條直上。三四月苗上生紫花，八月葉凋。十月採根，洗，焙乾，碾羅爲散，服治下血。」

福州赤孫施

《宋圖經》：「赤孫施，生福州。葉如浮萍草，治婦人血結不通。四時常有，採無時。每用一手搦，淨洗細研，煖酒調服之。」

信州鵰鳥威

《宋圖經》：「鵰鳥威，生信州山野中。春生青葉，至九月而有花，如蓬蒿菜花，淡黄色，不結實。療癧瘍腫毒。採無時。」

福州獨脚仙

《宋圖經》：「獨脚仙，生福州，山林傍陰泉處多有之。春生苗，至秋冬而落葉。葉圓，上青下紫，其脚長三四寸。夏採根葉，連梗焙乾爲末。服治婦人血塊，酒煎半錢。」

信州茆質汗

《宋圖經》：「茆（máo）質汗，生信州。葉青花白，七月採。彼土人以治風腫行血，有効。」

鎖陽

鎖陽，《本草補遺》始著録。見《輟耕録》，生韃靼田地。〔一〕補陰氣，益精血，潤燥治痿。

〔一〕《輟耕録》卷十「鎖陽」條言「韃靼田地，野馬或與蛟龍交，遺精入地，久之，發起如笋」云云。

通草

通草，即《爾雅》「離南，活脱」，〔一〕《山海經》「寇脱」。《法象本草》收之。〔二〕《拾遺》曰「通脱木」。形狀、功用具《圖經》。其葉莖中空，梢間作苞，開白花如枇杷。此草植生如木，頗似水桐，冬時莖亦不枯。《本草綱目》云蔓生，殊誤。今入於「山草類」。

雩婁農曰：郭注「零、桂人植而日灌之，以爲樹」。〔三〕《酉陽雜俎》：「瓤輕白可愛，女工取以飾物。」寇脱之製物飾，晉、唐已有之矣。《爾雅翼》引《潛夫論》，譏花采之費，以爲今通行於世，〔四〕其意以批黄判白、插髻飾髩爲縟麗而靡物力也。然余以此物行而物力始省，自作繪絺繡，五采彰施，〔五〕人文漸起，而賦物肖形，嘗巧鬭妍。譬如天地之於草木，句萌於春，蕍蘤於夏，〔六〕洩其精英，以炫目睫而蕩心志者，日出而不可遏抑。雕文刻鏤傷農事，錦繡纂組害女工，朝廷雖以儉德風天下，然以樸而華如益薪爨火，以華而樸如逆阪走丸。富家明璫翠羽，花鈿蔽髻，一物之直，逾於露臺。〔七〕晉以金爲步摇，後宫倣效，朝成夕毁，競爲新奇。此風日扇，不熸益熾。〔八〕《管子》推銕之法，一女必有一刀一鍼。今以中人之産計之，一女必有一簪，一釵，一鈴，一搔頭、花勝、環瑱、條脱、指環，其縻朱提之浮，豈可勝數？〔九〕至於翦綵爲花，撚蠟作鳳，刻玉成葉，染牙製柄，織金抽縷，箔金銀銅錫而爲塗附者，朝侈神奇，暮裂朽腐，戕天下可以易衣易食、一成不敗之物，還之太虚無何有之鄉，此亦造物之所大不忍，而賈長沙所爲長太息者矣。〔一〇〕寇脱之葉觡挱而不可爲笠，〔一一〕花猥碎而不可供瓶，質輕虚而不可以爲薪、爲器，易生而扇地，〔一二〕徒蓬勃於蠻煙瘴雨之中，入藥裹者萬分無一，其無益於世久矣。損其膚以登副笄，〔一三〕千紅萬紫，引蝶欺蜂，而染絹盤絲，一見無顔色矣。且質不及錙，價不逾銖，雖富者亦愛其便，而後鷸冠、金勝亦少休息於秋篚之篋笥，〔一四〕而三條廣陌或因此而減墮珥遺簪之奢縱乎？〔一五〕然則造物生此，謂非拯翠之生、〔一六〕完矰之裂、防金銀寶玉之虛空粉碎耶？智者創物，巧者述之，吾以爲始飾物者雖以西陵氏之祀享奉之可也。〔一七〕京師有草花市，乃謁東嶽，百卉萋萋，實爲東方司令報賽，不爲無稽。

〔一〕「活脱」，《爾雅》原書作「活莌」。

〔二〕《法象本草》指元李杲之《用藥法象》。

〔三〕見《山海經・中山經》「寇脱」郭璞注。零、桂：零陵、桂陽也。

〔四〕此處截略《爾雅翼》文字過簡而欠順，原文云：「按此物爲飾，不知起自何世。漢王符《潛夫論》固已譏花采之費，至梁宗懔記荆楚之俗，四月八日有染絹爲芙蓉，捻蠟爲菱藕，亦未有用此物者。今通行於世矣。」

〔五〕見《書・益稷》。「作繪」或作「作會」，以五采成畫。葛之精者曰絺，五色備曰繡。

〔六〕蕍葟：草木榮華。

〔七〕《漢書・文帝紀》：漢文帝欲作露臺，召匠計之，直百金。曰：「百金，中人十家之産也。」

〔八〕熸：熄滅。

〔九〕朱提：雲南古地名，産銀，稱朱提銀，後即以朱提爲銀之代稱。

〔一〇〕西漢賈誼官至長沙王太傅。曾上《治安疏》於文帝，中有「可爲痛哭者一，可爲流涕者二，可爲長太息者六」之語，而可長太息者之一即富室侈靡逾度。

〔一一〕觰抄：葉角張開之狀，今或作「乍撒」。

〔一二〕扇地即遮地，地被遮則不能復生别種草木。扇，現在通用「苫」字。

〔一三〕《詩·鄘風·君子偕老》：「君子偕老，副笄六珈。」鄭玄箋：「副，既笄而加飾，如今步摇上飾。」

〔一四〕鶡冠：聚鶡鳥之羽以爲冠。金勝：花形的金首飾。箑：扇子。入秋天凉，團扇無用而藏於篋笥。

〔一五〕《新唐書·后妃上》：每十月，明皇帝幸華清宫，楊妃諸姊妹皆從，五宅車騎别爲隊，爛若萬花，川谷成錦繡，遺鈿墮舄，狼籍於道，香聞數十里。周密《武林舊事》卷二記臨安元宵燈節之盛，夜闌則有持小燈照路拾遺者，謂之掃街，遺鈿墮珥，往往得之。

〔一六〕古人以翠鳥之羽爲首飾。

〔一七〕西陵氏：即黄帝元妃嫘祖，因始勸蠶事，爲後世祀爲先蠶。

杏葉沙參

細葉沙參

三七

《廣西通志》：「三七，恭城出。〔一〕其葉七莖三，故名。根形似白及，有節，味微甘。以末摻豬血中，化爲水者真。」

《本草綱目》李時珍曰：「彼人言其葉左三右四，故名『三七』，蓋恐不然。或云本名『山漆』，謂其能合金瘡，如漆粘物也，此説近之。『金不换』，貴重之稱也。〔二〕生廣西南丹諸州番峒深山中。採根暴乾，黄黑色團結者，狀略似白及，長者如老乾地黄，有節，味微甘而苦，頗似人參之味。或云試法：以末摻猪血中，血化爲水者乃真。近傳一種草，春生苗，夏高三四尺，葉似菊艾而勁厚有岐尖，莖有赤棱，夏秋開黄花，蕊如金絲，盤紐可愛，而氣不香，花乾則吐絮，如苦藚絮。根葉味甘，治金瘡折傷出血及上下血病甚效，云是『三七』。而根大如牛蒡根，與南中來者不類，恐是劉寄奴之屬，甚易繁衍。根氣味甘，微苦，温，無毒，主治止血、散血、定痛、金刃箭傷、跌撲杖瘡、血出不止者，嚼爛塗或爲末摻之，其血即止。亦主吐血、衄血、下血、血痢、崩中、經水不止、産後惡血不下、血運、血痛、赤目、癰腫、虎咬蛇傷諸病。此藥近時始出南人軍中，用爲金瘡要藥，云有奇功。又云：凡杖撲傷損，淤血淋漓者，隨即爛嚼罨之，即止，青腫者即消散。若受杖時先服一二錢，則血不衝心，杖後尤宜服之。産後服亦良。大抵此藥氣温，味甘微苦，乃陽明厥陰血分之藥，故能治一切血病，與騏驎竭、紫鉚相同。葉主治折傷跌撲、出血，傅之即止，青腫經夜即散，餘功同根。」

按：廣西三七、金不换，形狀各别，《通志》俱載之，辨其非一物。《本草綱目》殆沿訛也。其所述葉似菊艾者，乃「土三七」，江西、湖廣、滇南皆用之。《滇志》：「土富州産三七。」其地近粤西，應是一類。尚有土三七數種，俱詳「草藥」。余在滇時，以書詢廣南守，答云：「三莖七葉，畏日惡雨，土司利之，亦勤培植。」且以數缶莳寄。時過中秋，葉脱不全，不能辨其七數，而一莖獨矗，頂如葱花。冬深茁芽，至春有苗及寸，一叢數頂，旋即枯萎。昆明距廣南千里而近，地候異宜，而余竟不能覩其左右三七之實，惜矣。因就其半萎之莖而圖之。余聞田州至多，〔三〕採以煨肉，蓋皆種生，非野卉也。又《赤雅》云：「凡中蠱者，顔色反美於常，夭姬望之而笑。必須叩頭乞藥，出一丸啖之，立吐奇怪，或人頭蛇身，或八足六翼如科斗子，斬之不斷，焚之不燃，用白礬澆之立死，否則對時復還其家。予久客其中，習知其方，用三七末、荸薺爲丸，又用白礬及細茶等分爲末，每服五錢，泉水調下，得吐則止。按古方取白蘘荷，服其汁，并卧其根，知呼蠱者姓名，則其功緩也。」三七治蠱，前人未曾述及。有蠱之地，即產斷蠱之藥。物必有制，天道洵好生哉！

〔一〕恭城：即今廣西恭城瑶族自治縣。

〔二〕《綱目》以三七又名「金不换」。

〔三〕明、清田州在今廣西田陽。

錦地羅

錦地羅，《本草綱目》始著録。生廣西慶遠、柳州。根似萆薢，治山嵐瘴氣、瘡毒。

植物名實圖考卷之九　山草

平地木

平地木，《花鏡》載之。生山中，一名「石青子」。葉如木樨，夏開粉紅細花，結實似天竹子而扁。江西俚醫呼爲「涼繖遮金珠」，以其葉聚梢端，實在葉下，故名。根治跌打行血，和酒煎服。

六面珠

六面珠，產建昌。褐莖對葉，微似月季花葉而黄緑，微短附莖。秋結小圓紅實，四面環抱，攢簇稠密，的皪可愛。

紅絲線

紅絲線，產南安。緑莖有毛，葉如山茶葉而薄。長柄下垂，結實如珠，生青熟紅，緑蔕托之。一名「血見愁」。俚醫擣敷紅腫，以爲良藥。

雞公柴

雞公柴，江西山中皆有之。叢生，赭莖，大根深赭色。葉似鳳仙花葉而寬，深齒對生。梢結紅實，如天竹子而大。建昌俚醫以根治白濁，和酒煎服。

鴉鵲翻

鴉鵲翻，生南安。叢生，赭莖。對葉如地榆而尖。結小子成攢，嬌紫可愛。氣味甘温。俚醫以治陡發頭腫、頭風，温酒服，煎水洗之；又治跌打損傷，去風濕。

細亞錫飯

細亞錫飯，生大庾嶺。〔一〕硬莖叢生，葉如柳葉。附莖攢結長柄小實，嬌紫下垂。土人云可洗瘡毒。

〔一〕即庾嶺，在江西與廣東交界處。

紫藍

紫藍，生長沙嶽麓。〔一〕绿莖叢生。長葉對生，如大青葉而窄。秋結藍實如珠，攢簇梢頭。性涼，亦類大青。

〔一〕嶽麓山，在長沙城北。

牛金子

牛金子，江西處處有之。叢生小科，硬莖褐色。葉如榆葉而小，無齒，亦微團，附莖甚密。秋開小紫花，繁鬧如穗多鬚。結實似龍眼核，灰黑色，頂上有小暈。或云能散血。

天茄

天茄，生建昌。一名「杜榔子」。黑莖直勁，短枝發葉，似枸杞葉而圓，有直紋三四縷。俚醫以爲養筋和血之藥。

馬甲子

馬甲子，江西處處有之。小樹如菝葜，赭莖。大葉如柿葉，亦硬，面緑背淡，有赭紋。開小白花，如棗花。結實形似鰒魚，圓小如錢，生青熟赭，有扁核，青時味如棗而淡，熟即生螬，小兒食之。土人採根治喉痛。按：《遵義府志》：「馬鞍樹開花結子，殼似五兩錢，子在錢内，熟時極紅。取子榨油可作燭。」又《思南府志》：「銅錢樹，一名『馬鞍』。秋開黄花，果三棱，淡紅色，子壓油不中食。」蓋即此。

滿山香

滿山香，生南安。黑莖屈盤。葉如椿葉，有赭紋。根亦糾曲。俚醫以治跌打損傷、風氣，煎水洗之。

風車子

風車子，生南安。一名「四角風」。長蔓如藤而植立，赭色。葉長如枇杷葉而薄，中寬末尖，紋如楮葉，深刻細密，面凹背凸，面深緑，背淡青。結實如兩片榆莢十字相穿，極似揚穀風扇，四角平匀，生青熟黄。中有子一粒如稻穀，長三四分，皮黄如槐米。俚醫以祛風散寒，療風痺，洗風足，爲風病要藥。

張天剛

張天剛，生南安。叢生，硬莖有節，紅黄色。葉似水蘇葉。實如小罌，褐色。莖、葉、實俱有細刺如毛。根淡紅色，有鬚。氣味甘温。俚醫以治下部虛軟，補陰分。

樓梯草

樓梯草，産南安。獨莖圓緑，高不盈尺。長葉略似枇杷葉，大齒尖梢，粗紋横斜，面青，背黄緑。土人採治風痛、跌打損傷，煎酒服。

鐵拳頭

鐵拳頭，産南安。叢生。柔莖細緑，每枝三葉，葉如薄荷，中有赤紋。結黄實如小毬，硬尖如蝟。略似石龍芮，唯葉無歧爲異。土人採治失血，和豬蹄煮服。

大葉青

大葉青，生南安山嶺。獨莖高二三尺，灰緑色，有濇毛，中空，白如蘆莖。葉三叉，中長寸許，大如掌，面淡青，背微白，澀毛粗紋，有露脈如麻葉。子附莖生葉下，如火麻子，薄殼，青褐色，亦有毛，中有細紅子一窠。俚醫以治下部濕痺。

小青

小青，生南安。與俗呼「矮茶」之小青同名異物。大根無鬚。綠莖粗圓，頗似初發梧桐。對葉排生，似大青葉而短微圓。俚醫以爲跌打損傷要藥，每服不得過三分，忌多服。

紅孩兒

紅孩兒，生南安。高尺許，根如薑而嫩，紅黄色。莖似魚兒牡丹。葉似木芙蓉而尖歧稍短。秋冬開花，極肖秋海棠。結實作角，如魚尾形而末小團，皮薄如榆莢子，紅黄色，亦似魚子。俚醫以治腰痛。

紅小姐

紅小姐，生南安。莖葉微似秋海棠，與紅孩兒相類，而葉面綠，無赤脈，背淡紅，紋赤，蓋一種而微異。俚醫以治婦人内竅不通，順經絡，升氣，補不足。氣味甘温。

九管血

九管血，生南安。赭莖，根高不及尺。大葉如橘葉而寬，對生。開五尖瓣白花，梢端攢簇。俚醫以爲通竅、和血、去風之藥。

四大天王

四大天王，生南安。綠莖赤節，一莖四葉，聚生梢端。葉際抽短穟，開小白花，點點如珠蘭，赤根繁密。俚醫以治風損跌打、無名腫毒。

短脚三郎

短脚三郎，生南安。高五六寸，横根赭色，叢發赭莖，葉生梢頭。秋結圓實下垂，生青熟紅。與小青極相類而性熱。治跌打損傷、風痛，孕婦忌服。

朝天一柱

朝天一柱，生南安。肉根圓赭，數條連綴，微似百部。緑莖疎節，對節生枝，長葉如柳。俚醫以治無名腫毒、虵咬，升氣補虚。

土風薑

土風薑，生南安。根似薑而有鬚，葉莖似薑而細瘦，微似初生細蘆。氣味辛温。治風損行周身。

見腫消

見腫消，生建昌。紅莖如秋海棠，圓節粗肥似牛膝。小葉多缺齒，大葉三叉，深齒末尖，面青背微白。土人採根敷瘡毒。

薯莨

薯莨（liáng），産閩、廣諸山。蔓生，無花。葉形尖長如夾竹桃，節節有小刺。根如山藥有毛，形如芋子，大小不一，外皮紫黑色，内肉紅黄色。節節向下生，每年生一節。野生。土人挖取其根，煮汁染網罾，〔一〕入水不濡。留根在山，生生不息。《南越筆記》「薯莨，産北江者良，其白者不中用，用必以紅。紅者多膠液，漁人以染罛罾，〔二〕使苧麻爽勁，既利水，又耐鹹潮，不易腐。薯莨膠液本紅，見水則黑。諸魚屬火而喜水，〔三〕水之色黑，故與魚性相得。染罛罾使黑，則諸魚望之而聚」云。

〔一〕以竹爲架，上張網，稱罾。

〔二〕罛：大網。

〔三〕醫家以魚在五行屬火，獨鯽魚屬土。見《山堂肆考》卷二百二十四。

柊葉

柊（zhōng）葉，産粤東家園。草本，形如芭蕉。葉可裹粽，以包參茸等物，經久不壞。本高約二三尺。葉長尺許，青色，四季不凋。《南越筆記》有柊葉者，狀如芭蕉，葉濕時以裹角黍，乾以包苴物，封缸口。蓋南方地性熱，物易腐敗，惟柊葉藏之可持久，即入土千年不壞。柱礎上以柊葉墊之，能隔濕潤。亦能理象牙使光澤。計粤中葉之爲用，柊爲多，蒲葵次之。有油葵者，似椶葉而性柔，以作蓑衣，耐久不減蒲葵。諺曰：「油葵蓑，蒲葵笠，朝出風乾，夕歸雨濕。」又曰：「只賣葉，休賣花。花貧葉富，二葵成家。」《廣州竹枝詞》云「五月街頭人賣葉，卷成片片似芭蕉」，謂柊葉也；「參差葉尾作蓑篷」，謂蒲葵也。篷形方大三尺許，以施於背遮雨，名曰「葵篷」。葵曰「蒲葵」者，以葉如蒲而倒垂，蓋蒲之類也。

觀音座蓮

觀音座蓮，生南安。形似貫衆而葉小，莖細多枝杈，高二三尺。根亦如貫衆，有黑毛，彷彿蓮瓣，層層上攢。蓋大蕨之類。

金雞尾

金雞尾，生建昌山中。一名「年年松」。叢生，斑莖，葉如箬葉，排生，中有金黄粗紋一道，面緑，背淡微白。露根似貫衆、狗脊。土人以解水毒，用同貫衆。

合掌消

合掌消，江西山坡有之。獨莖，脆嫩如景天。葉本方末尖，有疎紋，面緑，背青白，附莖攢生，四面對抱，有如合掌，故名。秋時梢頭發細枝，開小紫花，五瓣緑心。子繁如罌粟米粒。根有白汁，氣臭。俚醫以爲消腫、追毒良藥。

觀音竹

觀音竹，饒州山坡有之。似千層喜。春時短葉中抽細葶，發小葉。梢開緑花，長柄如石斛，一瓣長圓如小指甲，向上翹如首，下有三細尖瓣，下垂如足；復有一長瓣，彎細如尾，白心點點，頗似青蛙翻肚。莖花齊發，長六七寸，殊狀罕儷。

鐵燈樹

鐵燈樹，江西、湖南皆有之。鋪地生，一葉一莖。葉似紫菀而寬，本圓末尖。夏間中抽一葶，長五六寸，頗似枯莖。秋深始從四面發小葉，隨作苞，開細瓣小白花。赭蒂長二三分，葉蒂攢密，青赭斑駁。俚醫以根止痛活血，酒煎服。

鐵樹開花

鐵樹開花，生建昌。一莖一葉，似馬蹄而尖，有微齒，與犁頭尖相類。而葉背白，細根。俚醫以治隔食症，同猪肺煮服。

一連條

一連條，生建昌。赤莖長枝獨葉。葉如苧麻而尖長，面青背白，細紋微齒。土醫取幹、葉搗敷腫毒。

鐵骨散

鐵骨散，生建昌。叢生，粗根似薑，赭莖有節。對葉排比，似接骨草而微短亦寬，面緑，背微黄。俚醫以根洗脚腫，同甘草煎水。

土三七

《本草綱目》李時珍曰：「近傳一種草，春生苗，夏高三四尺。葉似菊艾而勁厚有歧尖，莖有赤棱。夏秋開花，花蕊如金絲，盤紐可愛，而氣不香。花乾則吐絮如苦蕒絮。根、葉味甘，治金瘡、折傷、出血及上下血病甚效。云是三七，而根大如牛蒡根，與南中來者不類，恐是劉寄奴之屬，甚易繁衍。」按：土三七亦有數種。治血衄、跌損有速效者，皆以「三七」名之。此草，今處處種之盆中。俚醫以葉面青背紫，隱其名曰「天青地紅」。凡微傷，但折其葉裹之即愈。《辰谿縣志》：「澤蘭，一名土三七，一名葉下紅。根、葉傅金瘡、折傷之要藥，非《本草》所云澤蘭也。」《簡易草藥》：「散血草，即和血丹，土名三七，能破血去瘀，散血消腫，通治五勞七傷、跌打損傷。春出秋枯。」其形狀功用盡於此矣。

土三七

土三七，生廣西。莖葉俱似景天，而不甚高厚。葉有汁無紋，周圍有圓齒。伏日拔置赫曦中，〔一〕經月不槁。無花實，摘葉種之即生，亦名「葉生」。根畏寒，經霜即腐。主治涼血，止吐血。

〔一〕赫曦：烈日。

土三七

土三七，廣信、衡州山中有之。〔一〕嫩莖亦如景天，葉似千年艾葉，無歧有齒，深緑柔脆，惟有淡白紋一縷。秋時梢頭開尖細小黄花。俚醫以治吐血。

〔一〕衡州府治在今湖南衡陽，轄衡陽、衡山、耒陽、常寧、安仁等縣。

洞絲草

洞絲草，生寧都金精山。高六七寸，緑莖赭節。葉如鳳仙花葉，兩兩對生。冬開紫花如絲，復有細茸。土醫詫爲奇藥而悋其方。〔一〕

〔一〕悋：即「吝」字。悋其方：即不肯把藥方示人。

紫喇叭花

紫喇叭花，生寧都金精山。莖葉俱如洞絲草。冬開紫花，頗似地黄，花有白心數點。

水晶花

水晶花，廣信、衡州山中有之。小科。葉如女貞葉，亦光潤。梢端夏開五出小白花，細如銀絲，朵朵如穗。俚醫用之。

水晶花

水晶花，衡山生者葉似繡毬花葉而小，紫莖有節。花如銀絲，作穗長寸許。夏至後即枯。

急急救

急急救，江西山坡有之。根鬚黄柔，一莖一葉。葉莖嫩緑似初生蜀葵葉，無歧而尖，深齒如鋸，面、背皆有細毛。土醫以根同紅棗浸酒，通骨節，達四肢。

急急救

急急救，生廬山者葉如馬蹄而大，根粗如大指，餘同。

山芍藥

山芍藥，生建昌。叢生，緑莖高三四尺。大葉如馬蹄而尖，甚長，深齒粗紋，面深緑，背淡青。秋深開紫花，瓣尖如鍼，端有鬚，緑跗如刺，密攢而上。土醫以根葉治風寒。

香梨

香梨，生建昌。緑莖大葉，葉作三叉形，前尖獨長，大過於掌，深齒半寸許，粗紋㪍斜，面緑，背淡青。可擦傷，或以爲大戟。

肺筋草

肺筋草，江西山坡有之。葉如茅，芽長四五寸，光潤有直紋。春抽細葶，開白花，圓而有叉，如石榴花，蒂大如米粒，細根亦短。

翦刀草

翦刀草，生建昌。獨莖高尺許。對葉尖長，微似鳳仙花葉而無齒，面緑，背青白。梢端抽長條，結黄實如薏仁而小，層綴如穗而疎。一名「羊尾鬚」。土醫以治頭瘡，〔一〕煎水洗之。

〔一〕「頭」，原本作「順」，據文意改。

四季青

四季青，生建昌。形如蓼而莖細無節，葉尖錯生。秋時梢開白花，成穗如蓼花而疎。土人取根敷傷。

白頭翁

白頭翁，生建昌。赭莖梢緑。長葉斜齒，面緑，背淡。夏結青蓇葖，上有三四鬚，細如蠅足。土人云根解毒藥。

鐵織

鐵織，生南安。緑莖如蒿，有直紋，旁多細枝。厚葉翠緑，背微紫，似平地木葉而齒圓長。俚醫以爲活氣、行血、通絡之藥。此草葉韌，聚生梢端，故有「鐵織」之名。

一枝香

一枝香，生廣信。鋪地生。葉如桂葉而柔厚，面光緑，背淡，有白毛。根鬚長三四寸，赭色。土人以治小兒食積。

鹿銜草

鹿銜草，九江、建昌山中有之。鋪地生。緑葉紫背，面有白縷，略似蕺菜而微長。根亦紫。土人用以浸酒，色如丹，治吐血、通經有效。按：《本草》有「鹿銜」，形狀不類。《安徽志》：「鹿銜草，性益陽，出婺源。」即此。湖南山中亦有之，俗呼「破血丹」。滇南尤多。土醫云性温無毒，入肝、腎二經，强筋健骨，補腰腎，生精液。

紫背草

紫背草，生南、贛山坡。〔一〕形全似蒲公英而紫莖。近根葉叉微稀，背俱紫。梢端秋深開紫花，似秃女頭花，不全放，老亦飛絮。功用同蒲公英。

〔一〕南、贛：江西南安府、贛州府連稱。

七厘麻

七厘麻，江西山中有之。似吉祥草葉，而紋理粗直。横根緑潤有節，似竹根而嫩。土醫以治筋骨疼痛。

七厘丹

七厘丹，南安、廣信山中有之。春時抽莖，生葉似蘆而軟，葉有間道直紋，長弱下垂。夏發細葶小葉，葉際開花如粟，紫黑色。細根赭褐。俚醫以治骨癰、跌打損傷，忌多用，故以「七厘」

爲名。

白如棱

白如棱，一名「仙麻」，江西、湖南山中多有之。狀如初生棱葉，青白色，有直紋微皺。抽莖結實，如建蘭花實。獨根。土醫採治風損、婦科敗血。

雞脚草

雞脚草，生建昌。形狀如吉祥草，而葉不光澤，有直紋如竹，面緑，背黄緑，與莖同色。根如薑而瘠，有鬚。土醫以治勞損、乳毒。勞損取根煎酒服，乳毒蒸雞蛋食之。按：《本草拾遺》有「雞脚草」，形狀、主治不類。

蜘蛛抱蛋

蜘蛛抱蛋，一名「飛天蜈蚣」，建昌、南贛皆有之。狀如初生棱葉，下細上闊，長至二尺餘，粗紋韌質，凌冬不凋。近根結青黑實如卵。横根甚長，稠結密鬚，形如百足，故以其狀名之。土醫以根卵治熱症。南安土呼「哈薩喇」，以治腰痛、咳嗽。

菜藍

菜藍，生廣信。黑根有鬚。叢生。緑莖，微有疎節。葉似大葉柴胡，粗紋疎齒，一名「大葉仙人過橋」。土人採治跌打損傷。

地茄

地茄，生江西山岡。鋪地生。葉如杏葉而小，柔厚，有直紋三道。葉中開粉紫花團，瓣如杏花，中有小缺。土醫以治勞損。根大如指，長數寸，煎酒服之。

仙人過橋

仙人過橋，建昌、南贛山坡皆有之。叢生，高不盈尺。細莖，葉如柳葉。秋時梢端開紫筩子花，略似桔梗花而小，開久瓣色退白，黄蕊迸露。土人採根、葉煎洗瘡毒。

山柳菊

山柳菊，一名「九里明」，一名「黄花母」，南贛山中皆有之。叢生。細葉似石竹葉，緑莖有節。秋開黄花如菊，心亦黄。土醫以洗腫毒，不可食。

野山菊

野山菊，南贛山中多有之。叢生。花葉抱莖如苦蕒，而歧齒不尖，莖瘦無汁。梢端發杈，秋開花如寒菊。土醫以根、葉搗敷瘡毒。

一枝黄花

一枝黄花，江西山坡極多。獨莖直上，高尺許，間有歧出者。葉如柳葉而寬。秋開黄花，如單瓣寒菊而小。花枝俱發，茸密無隙，望之如穗。土人以洗腫毒。

植物名實圖考卷之十　山草

山馬蝗

山馬蝗，産長沙山阜。獨根有短鬚，褐莖多叉。每枝三葉，葉微似竹，面青，背白，疏紋無齒。葉間發小莖，開紫白小花如粟。俚醫以治哮。此草與小槐花枝葉相類，唯附莖團團，結角似蛾眉豆而扁小。有雙角連生者，亦黏人衣。葉老則漸圓，與豆葉無異，紋亦澀亂。

和血丹 即胡枝子。

和血丹，生長沙山坡。獨莖小科。一枝三葉，面青黄，背粉白，有微毛，似豆葉而長。莖方有棱，赭黑色。直根四出，有細鬚。俚醫以爲被血之藥。按：《救荒本草》：「胡枝子，俗名『隨軍茶』，生平澤中。有二種，葉形有大小。大葉者類黑豆葉，小葉者莖類蓍草，葉似苜蓿葉而長大。花色有紫、白，結子如粟粒大。氣味與槐相類，性温。採子微春即成米，先用冷水淘淨，復以滚水湯三五次，去水下鍋，或作粥，或作炊飯，皆可食。加野菉豆，味尤佳。及採嫩葉蒸晒爲茶，煮飲亦可。」此即是葉似黑豆葉者，其氣味頗似茶葉，北地茶少，故凡似茶者皆蓄之。南土則多供樵薪，採摘所不及矣。

小槐花

小槐花，江西田野有之。細莖發枝，一枝三葉，如豆葉而尖長。秋結豆莢，細如菉豆而有毛。莖、葉略似山馬蝗，而結角不同。

無名一種〔一〕

生嶽麓。〔二〕獨莖，參差生葉，三葉攢聚。葉似胡頹子葉微小，面深緑，背白，皆有微毛。梢頭發叉，開小白花似蛾眉豆花，黄鬚點點。

〔一〕原本無題，今補「無名一種」字。後同。

〔二〕「生」上，原本有三字空格，待補藥名也。

白鮮皮

白鮮皮，生長沙山坡。叢生。赭莖，莖多斜刺，交互極密。嫩莖青緑，長葉排生，如蒴藋而有細齒，葉上亦有暗刺甚澀，面緑，背青白。俚醫以散痰氣，行筋骨。按：形狀與《本草》白鮮皮異，別是一種。

土常山

土常山，江西多有之。形狀頗似黄荆，唯每枝三葉，葉寬有大齒。氣味辛烈如椒。俚醫云：閩中負販者口含此葉，行半日不渴，且能辟暑。蓋其氣味辛苦，能通竅、散熱、生津、降氣，故有殊功。

土常山

土常山，江西廬山、麻姑山皆有之。叢生。緑莖圓節，長葉相對，深齒粗紋。夏時莖梢開四圓瓣白花。花落結子如黄粟米，纍纍滿枝。俚醫以治跌打。形狀、主治俱與《圖經》異。

土常山

土常山，長沙山坡有之。赭根有鬚，根莖一色，有節，對節生葉。葉如榆，面青背白，背紋亦赭。春間葉際開小花如木樨，色黄白，無香。俚醫以治濕熱。

土常山

土常山，長沙山阜有之。細莖微赭，兩葉相當。葉如桑葉，有鋸齒。夏間開小黄花，微似苦蕒。按：《宋圖經》：「常山有如茗葉者，有如楸葉者。」又天台土常山，苗、葉極甘。木不一類，今俗以常山爲治瘧要藥，凡可止瘧者皆以「常山」名之，故有數種。

黎辣根

黎辣根，生長沙山岡。叢生小科。赭黑細莖。長葉光硬，本狹末寬，有尖，面濃緑，背淡，有赭紋。近莖黑根圓大，細尾長五六寸。俚醫用以殺蟲、敗毒。秋結實，生青熟黑，味甜可食。

野南瓜

野南瓜，一名「算盤子」，一名「柿子椒」。撫、建、〔一〕贛南、長沙山坡皆有之。高尺餘，葉附莖對生，如槐檀葉，微厚硬。莖下開四出小黄花，結實如南瓜形，小於鳧茈。秋後迸裂，子綴殼上如丹珠。土人取莖及根治痢證，煎水和白糖服之，亦能利濕、破血。

〔一〕江西撫州府，治所在今江西撫州。建昌府，治所在今江西南城。

釘地黄

釘地黄，生長沙嶽麓。一名「貢檀兜」，一名「降痰王」。黑莖小樹，葉似女貞葉而不光澤。春開五瓣小白花，白鬚茸茸，繁密如雪。根長二尺餘，赭黄堅勁。俚醫以治痰火、清毒。

美人嬌

美人嬌，生長沙山阜。叢生小木。赭莖細勁，參差生葉。葉如榆葉，深齒如鋸。俚醫以爲散淤血、治無名種毒之藥。其名不可究詰。《本草綱目》「九仙子」亦名「仙女嬌」，俗語固多如是。

細米條

細米條，江西撫、建有之。赭莖如荆，横生枝杈，排生密葉。葉微似地棠葉。葉間開小黄花，略似烏藥。俚醫搗敷腫毒。一名「水麻」。

山胡椒

山胡椒，長沙山坡有之。高二三尺，黑莖細勁，葉大如茉莉花葉而不光潤，面青，背白，赭紋細碎。九月間結實如椒。

千觔拔

千觔(jīn)拔，産湖南嶽麓，江西南安亦有之。叢生，高二尺許。圓莖淡緑，節間微紅，附莖參差生小枝。一枝三葉，長幾二寸，寬四五分，面、背淡緑，皺紋極細。夏間就莖發苞，攢密如毬，開紫花。獨根外黄内白，直韌無鬚，長至尺餘。俚醫以補氣血，助陽道。亦呼「土黄雞」，南安呼「金雞落地」，皆以其三葉下垂如雞距云。〔一〕

〔一〕雞距：雞爪。

青莢葉

青莢葉，一名「陰證藥」，又名「大部參」，産寶慶山阜。高尺餘，青莖有斑點，短杈長葉，粗紋細齒，厚韌微澀。每葉上結實二粒，生青老黑，頗爲詭異。俚醫以治陰寒病。

山豆根

山豆根，生長沙山中。矮科。硬莖，莖根黑褐，根梢微白。長葉光潤如木犀而韌柔，微齒圓長，有齒處邊厚如卷。梢端結青實數粒如碧珠。俚醫以治喉痛。按：形似與《圖經》不類，根味亦淡，含之有氣一縷，入喉微苦，又一種也。秋深實紅如丹，與小青無異，又名「地楊梅」。

陰行草

陰行草，産南安。叢生。莖硬有節，褐黑色，有微刺。細葉，花苞似小罌，上有歧瓣，如金櫻子形而深緑，開小黄花，略似豆花。氣味苦寒。土人取治飽脹，順氣化痰，發諸毒。湖南嶽麓亦有之，土呼「黄花茵陳」。其莖葉頗似蒿，故名。花浸水，黄如槐花。治證同南安。陰行、茵陳，南言無别。《宋圖經》謂茵陳有數種，此又其一也。滇南謂之「金鐘茵陳」，既肖其實形，亦聞名易曉。主利小便，療胃中濕、痰熱發黄，或眼仁發黄，或周身黄腫，與茵陳主療同。其嫩葉緑脆，似亦可茹。

九頭師子草

九頭師子草，産湖南嶽麓山坡間。江西廬山亦有之。叢生，數十本爲族。附莖對葉，如鳳仙花葉稍闊，色濃緑，無齒。莖有節如牛膝。細根長鬚。秋時梢頭、節間先發兩片緑苞，宛如榆錢，大如指甲，攢簇極密。旋從苞中吐出兩瓣粉紅花，如秋海棠而長，上小下大，中有細紅鬚一二縷。花落苞存，就結實。摘其莖，插之即活，亦名「接骨草」。俚醫以其根似細辛，遂呼爲「土細辛」，用以發表。

杜根藤

杜根藤，産湖南寶慶府山坡間。狀與九頭師子草極相類，唯獨莖多鬚，鬚亦緑色。開花亦如九頭師子草，而只一瓣，色白無苞。

省頭草

省頭草，生湖南寶慶府山谷中。圓梗厚葉，柔緑一色，上有白粉，頗似蘄棍。葉長二寸餘，寬幾一寸。本末俱尖瘦，有疎齒。梢葉小不幾寸，無齒。赭根有短鬚甚細。俚醫用之。寶慶近猺，其草名多難深攷，無由譯其「省頭」之義。

葉下紅

葉下紅，産建昌。一名「小活血」，一名「紅花草」。鋪地生，頗似紫菀。葉面青背紫，碎紋粗澀如芥，背微光滑。長莖長葉。土人取根、葉，搥敷虵頭指。按：《本草綱目》：「葉下紅，主飛絲入目腫痛，同鹽少許，絹包，滴汁入目。仍以塞鼻，左塞右，右塞左。」不詳其形狀，殆同名也。

鬫骨草

鬫（zuān）骨草，産湖南寶慶山阜。鋪地生。葉如初生芥菜葉而尖，面青，背白，圓齒齊勻。夏抽莖，細莖開小白筩子花，下垂，結角子尤細。俚醫用之。

地麻風

地麻風，生寶慶山中。鋪地長莖，莖色青、赤。葉似白菜，面深緑，背淡青。葉有圓暈，面凹背凸，白脈數縷。俚醫用之。

赤脛散

赤脛散，生寶慶山中。黄根黑鬚。紫莖有節似蓼，有細白毛。參差生葉，葉形宛似箭鏃，邊緑，内紫黑色，紋赤。俚醫用之。滇南生者尤長大，開粉紅花如蓼，土呼「土竭力」。

落地梅

落地梅，生湖南寶慶山阜。叢生。青莖紅節，節葉對生。梢葉攢聚，葉中發緑苞成簇，細絲如鍼，開碎白花。花落苞黄，經時不脱，搓之有細黑子。俚醫用之。

野百合

野百合，建昌、長沙洲渚間有之。高不盈尺，圓莖直韌。葉如百合而細，面青，背微白。枝梢開花，先發長苞，有黄毛蒙茸下垂，苞坼花見，似豆花而深紫。俚醫以治肺風。南昌西山亦有之，或呼爲「佛指甲」。

冬蟲夏草

《本草從新》：「冬蟲夏草，甘平保肺，益腎，止血化痰，止勞嗽。産雲、貴。冬在土中，身如老蠶，有毛能動。至夏則毛出土上，連身俱化爲草，若不取，至冬復化爲蟲。」按：此草兩廣多有之，根如蠶葉，似初生茅草。羊城中採以饌，云鮮美，蓋與啖禾蟲同。

野雞草

野雞草，江西、湖南坡阜多有之。長莖細葉如辟汗草。秋時葉際開小黄花，如豆花而極小，與葉相間，宛如雉尾。湖南謂之「白馬鞭」。治證與野辟汗草同，蓋一種。

野辟汗草

野辟汗草，産江西、湖南山坡間。一名「趙公鞭」。初生獨莖似辟汗草。附莖生葉，三葉攢生，長五六分，亦能開合，類雞眼草而大。莖長尺許，梢頭發一緑毬，團如彈子，漸次黄黑，終不脱落。莖上始生小枝，枝上葉小如麥粒。莖既柔弱，毬復重欹，附枝紛披，宛欲低舞。按：《本草拾遺》：「無風獨摇草，帶之令夫婦相愛。生嶺南。頭如彈子，尾若鳥尾，兩片開合，見人自動，故曰『獨摇草』。土醫以袪邪熱。」形頗似之。

茶條樹

茶條樹，江西、湖廣山坡極多。叢生，高尺許。赭莖近根有刺。附莖對葉，葉如郁李葉而短小。梢端開五瓣小筩子花，似芫花而白，未開時作赭色筩子，一簇百餘，硬艄不甚鮮明，夏開，至秋深猶有之。

無名一種

長沙山坡有之。〔一〕莖對枝，葉亦相當，似繡毬花葉而小。秋時梢端結實，長如小棗而扁，生青熟紅。

〔一〕「長沙」前，原本有三字空格。

無名一種

生長沙嶽麓。〔一〕莖葉如麻葉，粗濇，柄細長。枝梢結實如算盤子，淡緑有微毛，一顆三粒相合。

〔一〕「生」前，原本有三字空格。

小丹參

小丹參，江、湘、滇皆有之。葉似丹參而小，花亦如丹參，色淡紅，一層五葩，攢莖並翹。唐錢起《紫參歌》序「紫參五葩連萼，狀飛鳥羽舉，俗名『五鳳花』」，按形即此。而《本草注》但謂青穗、葱花，「亦有紅紫似水葒者」，無五葩之説，殆詩人誤以「丹」爲「紫」耶？

勁枝丹參

勁枝丹參，與小丹參同，而葉小排生，花亦五葩並翹。

滇白前

白前，《别録》已載。諸家皆以根似細辛而粗直，葉如柳、如芫花。陶隱居以用蔓生者爲非是。然按圖仍不得其形。滇産根如沙參輩，初生直立，漸長莖柔如蔓，對葉亦微似柳，莖、葉俱緑，葉亦輭。秋開花作長蔕似萬壽菊，蔕端開五瓣銀褐花，細碎如翦。又有一層小瓣，内吐長鬚數縷，枝繁花濃，鋪地如綺。《滇本草》：「瓦草一名白前，味苦辛，性寒。開關竅，清肺熱，利小便，治熱淋。」主治亦相類。

滇龍膽草

滇龍膽，生雲南山中。叢根族莖。葉似柳微寬，又似橘葉而小。葉中發苞開花，花如鐘形，一一上聳，茄紫色，頗似沙參花，五尖瓣而不反捲，白心數點。葉既蒙密，花亦繁聚，逐層開舒，經月未歇。按形與《圖經》信陽、襄州二種相類。〔一〕《滇本草》：「味苦性寒，瀉肝經實火，止喉痛。」治證俱同。

〔一〕襄州：即今之襄陽。

甜遠志

甜遠志，生雲南大華山。〔一〕獨根獨莖，長葉疎齒，馬《志》所謂「似大青而小」者，〔二〕蓋即此。根如蒿根，色黄，長及一尺，皆與《圖經》説符。李時珍分大葉、小葉，《滇本草》分苦、甜。苦即小葉，甜即大葉耳。補心血，定驚悸，主治略同。但《本經》只言味苦。《滇本草》苦遠志，治證悉如古方，甜者僅云同雞煮食。蓋苦能降，甜惟滋補耳。《救荒本草》圖亦是小葉者。夷門所産，〔三〕自是小草。

〔一〕山在今雲南大理雲龍縣。

〔二〕此指明馬理所修《陝西通志》。

〔三〕夷門：代指河南開封。

滇銀柴胡

滇銀柴胡，緑莖疎葉。葉如初生小竹葉，開碎黄花，根大如指，赭黑色，有微馨，蓋即《本草》所謂「竹葉」者。前人謂「銀柴胡」以銀州得名。〔一〕滇以韭葉者爲「猴柴胡」，竹葉者爲「銀柴胡」，相承如此，亦未可遽斥其妄。

〔一〕産柴胡之銀州，指陝西神木縣。

滇黄精

滇黄精，根與湖南所産同而大，重數斤。俗以煨肉，味如山蕷。莖肥色紫。六七葉攢生作層，初生皆上抱。花生葉際，四面下垂如瓔珞，色青白，老則赭黄。此種與鉤吻極相類，滇人以其葉不反卷、芽不斜出爲辨。按《救荒本草》：鉤吻、黄精，「莖不紫、花不黄爲異」。今北産莖緑，滇産莖紫，又惡可以此爲别？大抵北地少見鉤吻，故皆言之不詳。具見「毒草類」。

蘄棍

蘄（qí）棍，一名「豆艾」，生建昌。高不及尺。圓莖長葉，白毛如粉，葉厚而柔，兩兩下垂，惟直紋兩三縷，亦不甚露。土醫以治腫毒，去風熱。

面來刺

面來刺，贛州山坡有之。叢生，硬莖赭色。葉似榆葉，三葉攢生，中大旁小，面濃緑黑紋，背外緑内赭，有刺如鍼。或云可退煩熱，通肢節。

小二仙草

小二仙草，生廬山。叢生，赤莖高四五寸。小葉對生如初發榆葉，細齒粗紋，兩兩排生，故名。

土升麻

土升麻，湖北武昌有之。緑莖如竹，高四五尺。無葉無枝，僅有小叉。俚醫治痘疹用之，以爲升提之藥，故名。　按：李衎《竹譜》：「筍草，出湖北田野間。叢生，亦有籜葉，一如竹筍。漸長成竿，高三五尺，亦如竹，但無枝葉，至秋乃死。《莊子》所謂『不筍』者是也。〔一〕江淮之間亦有之。」核其形狀，即此草也。

〔一〕似竹而不生筍者曰「不筍」。

鮎魚鬚

鮎魚鬚，生建昌。細莖如竹，有節，近根及梢皆紫色。葉聚頂巔，四面錯生，如扁豆葉而團，面緑，背本白，末淡緑。赭根攢簇，細長如魚鬚。土醫以根治勞傷，酒煎服。

抱雞母

抱雞母，生廣信。一名「石竹根」，一名「一洞仙」。柔莖下紫上緑，莖上發苞如玉簪花，苞中抽莖。葉生莖端，如竹葉而寬，有直紋三縷，面青，背緑，背紋稍多。柄弱下垂，薄葉偏反，赭根圓長。俚醫以治跌打及番肛痔。

一掃光

一掃光，生廣信。獨莖高尺餘，紅莖，梢葉密攢。葉如木樨葉而薄柔，面青，背淡，邊有軟刺。土醫以治楊梅瘡毒。

大二仙草

大二仙草，生廬山。紫莖圓潤，對節生枝。長葉深齒，面緑，背淡。近莖大葉下輒又二小葉對生，葉尖内向，故有「二仙」之名。細根如絲，色黑。

元寶草

元寶草，産建昌。赭莖有節。對葉附莖，四面攢生，如枸杞葉而圓。梢端開小黄花如槐米。

土人採治熱證。

海風絲

海風絲，生廣信。一名「草蓮」。叢生，横根。緑莖細如小竹。初生葉如青蒿，漸長細如茴香葉。俚醫以治頭風，利大小便。

還魂丹

還魂丹，生四川山中。根如大蒜，黑褐色。葉似葧臍而更細密。土醫云治跌打，有起死之功，亦極難得。

四方麻

四方麻，產衡山。方莖，叢生。長葉如劉寄奴葉。秋發長穗，苞如粟粒，開尖瓣小花，色深紫，黄鬚茸密，盈條滿枝。衡山俚醫用之。

植物名實圖考卷之十一　隰草類

菊

菊，《本經》上品。《爾雅》：「鞠，治蘠。」服食延齡。舊以生南陽者良。其小而氣香者爲野菊。陳藏器以爲苦薏，「菊甘而薏苦」。有小毒，傷胃氣。俚醫以治癰腫疔毒，與甘菊花主治懸殊。

雩婁農曰：菊種至繁，而或者爲「真菊」之説，獨以黄華爲正色。夫三代以還，文質遞尚，夏玄、商白、周赤，孰非正耶？〔一〕菊譜多矣，蒔也若子，〔二〕得一佳種，咳而名之，〔三〕尊酒燕賞，亦謂與人無患無爭矣。而編者甚於鑽核，〔四〕抑何吝耶！護其葉逾於護花，非霜殘緑瘁，不忍翦折，視「萬花會」之暴殄，〔五〕獨爲厚幸。議者以爲古人東籬，〔六〕與後世批黄判白異，〔七〕然具忘言之妙，興晚節之思。今之菊猶古之菊，柳下見飴可以養老，盜跖見飴可以黏牡，飴一也，而見者異也。〔八〕玉樹朝新，〔九〕金谷園滿，〔一〇〕人則累物，物豈能累人？

〔一〕五行家言新王受命，俱應五德之運，易服色，改正朔。夏尚忠，商尚質，周尚文，而所尚之色亦因五行之運有轉移，夏尚黑，商尚白，周尚赤。

〔二〕培育菊花若養育兒子。

〔三〕《禮記・内則》：「父執子之右手，咳而名之。」以一手執子之右手，一手承子之頦，而予以名。

〔四〕褊：心胸褊狹。《世説新語・儉嗇》：王戎家有好李，常出賣之，恐人得種，恒鑽其核。

〔五〕《東坡志林》：揚州芍藥爲天下冠，蔡蘩卿爲守，始作萬花會，用花十餘萬枝，既殘諸園，又吏因緣爲奸，民大病之。

〔六〕陶淵明《飲酒》詩：「採菊東籬下，悠然見南山。」

〔七〕批黄判白：指後世士大夫賞菊時評判優劣高下。

〔八〕見《淮南子・説林訓》。柳下：柳下惠，春秋時賢人。黏牡：牡，門閂，言糖性黏，可以黏門閂而行盜。

〔九〕《陳書・後主張貴妃傳》：陳後主每引賓客對貴妃等遊宴，則使諸貴人及女學士與狎客共賦新詩，採其尤豔麗者以爲曲詞，被以新聲。其曲有《玉樹後庭花》、《臨春樂》等，大指皆美張貴妃、孔貴嬪之容色。其略曰：「璧月夜夜滿，瓊樹朝朝新。」

〔一〇〕金谷：晉石崇在河陽金谷有别館，人稱金谷園。其《金谷詩序》云園内「雜果庶乎萬株」。園滿：用潘岳詩「河陽一縣花」句，言石崇之園花滿也。

菴蕳

菴蕳（lǘ），《本經》上品。詳《圖經》。李時珍以爲「葉如菊葉」者是。

雩婁農曰：《别録》：「駏驉食菴蕳神仙。」〔一〕世不知駏驉，安知其神仙？比肩獸，其名曰蹷，爲駏驉嚙甘草，駏驉待蹷而食，〔二〕坐獲遐齡，宜乎求長生者覓方士，遊五嶽而採靈藥矣。《圖經》謂菴蕳惟入諸雜治藥中，治踒折、瘀血，大抵蒿艾之類供薪蒸者，不知世復有用者否？《本經》上藥皆非奇異之品，詩人所採，觸目即是。〔三〕而古今用舍，渺若霄壤，豈亦如鄉舉里選、經明行修、詩賦策論，〔四〕因時遞變，有莫知其然而然耶？方其盛也，貴如麟角；及其衰也，賤如鼠璞。〔五〕不與世推移而爲貴賤，其藥籠中之參朮乎？「朝爲芙蓉花，暮作斷腸草」，〔六〕誰甘爲草木之無知！

〔一〕意謂食菴蕳而成仙。

〔二〕《爾雅·釋地》：「西方有比肩獸焉，與邛邛岠虛比，爲邛邛岠虛齧甘草，即有難，邛邛岠虛負而走，其名謂之蹷。」按《淮南子·道應訓》言蹷「鼠前而兔後，趨則頓，走則顛」。鼠前則前足短，兔後則後足長，故不能快走。

〔三〕言《本經》上品之草木，多見於《詩經》，爲常見之物。

〔四〕以上爲不同時代朝廷取士的制度。

〔五〕《尹文子·大道下》：「鄭人謂玉未理者爲璞，周人謂鼠未腊者爲璞。周人懷璞，謂鄭賈曰：『欲買璞乎？』鄭賈曰：『欲之。』出其璞視之，乃鼠也，謝不取。」

〔六〕李白《妾薄命》詩：「昔日芙蓉花，今成斷根草。」其說有本，據陶弘景《名醫別録》，芙蓉花之根即爲斷腸草。

蓍

蓍（shī），《本經》上品。《白虎通》謂天子蓍長九尺，《史記》謂「長丈者百莖，不可得，得六尺者六十莖用之」，〔一〕此神物也。八尺以上之蓍誠不可得，而《家語》有婦人刈蓍薪而亡蓍簪者，〔二〕老子以蓍艾爲席，〔三〕《下泉》之詩浸蓍與蕭、稂同，〔四〕則蓍亦非奇卉矣。《唐本草注》亦云「處處有之」。《宋圖經》始云「出上蔡」。明楊塤《蓍草臺記》：「臺畔二十頃皆産蓍，洪武中禁民樵採，厥後臺荒地侵，汝太守重修之。」《上蔡縣志》：「舊時生蓍草，臺廟圈。圈廢，今生曠野。」唯《陳州志》「物産」：「蓍，羲陵者佳。」〔五〕余豫人也，一舟過陳州，再驅上蔡，皆未得登故墟而攬靈荄。〔六〕陳之人斷蓍尺餘，以通饋問。而曲阜之蓍，時時見於筮者。此外蓋無聞焉。天地靈秀之氣今古如一，古今人不相及，此亦不然之論，何獨至於物而慳之？鳳凰、麒麟在郊藪，龜、龍在宮沼，漢儒以爲大順之世。〔七〕鳳鳥不至，河不出圖，聖人憂之，〔八〕議者謂矰繳密，機械深，則德禽仁獸見機而遠徙。是誠然矣。然吾謂三代後疆埸日闢，山林日薙，城郭日盈，民生日擠，毒螫猛鷙者匿其爪牙而不敢以攫噬，蓬莠藜蒿化爲腴田，雖有不世出之物覽德煇而下之，將盡巢於阿閣而游於苑囿乎？〔九〕余觀黔、滇之山，以鳳至而名者有之矣。九苞之羽，〔一〇〕歸昌之音，〔一一〕其是非不得知，而百鳥伏而萬民聳，其不爲山人習見無疑矣。荒徼之池有豢龍焉，逃而獲之。滇之湫，金鱗游漾，時復一見可致之祥，何獨遇於遐陬？毋亦林箐深渺，種人不至，飛者、走者、游者得爲藏身之固耶？滇東楊林驛有啞泉碑，禁人渴不得飲，謂孔鶴之所翔集。今過之，無有矣。城西有蚀山，《滇本草》謂是生不死之藥，斧斤所瘡痍，牛羊所踐履，孟夏之月，草木不長。然則蓍之不多見者，其野火殄燔、蕭艾同爐耶？平原豐草，厠彼菅茅，世無知者，老棄榛蕪耶？十室之邑，必有忠信，五步之內，必有芳草。余故不能已於披採。

〔一〕見《龜策列傳》。

〔二〕事見《韓詩外傳》，而爲《孔子集語》（非《家語》）所引。原文爲「刈蓍薪而亡簪」，亦非「蓍簪」。

〔三〕「老子」應作「老萊子」。劉向《列仙傳》言老萊子「蓍艾爲蓆」。

〔四〕《詩·曹風·下泉》：「冽彼下泉，浸彼苞稂。……浸彼苞蕭。……浸彼苞蓍。」

〔五〕羲陵：即伏羲陵，在陳州。

〔六〕莽：草也。

〔七〕順乎天道之世。

〔八〕《論語·子罕》：孔子曰：「鳳鳥不至，河不出圖，吾已矣夫。」

〔九〕《尚書中候》：「黄帝時，天氣休通，五行期化，鳳凰巢阿閣，讙於樹。」阿閣：帝王之高閣。

〔一〇〕《論語摘衰聖》：鳳有九苞：「一曰口苞命，二曰眼含度，三曰耳聰達，四曰舌詘伸，五曰色彩光，六曰冠矩周，七曰距税鈎，八曰音激揚，九曰腹文户。」

〔一一〕《廣雅·釋鳥》：鳳「集鳴曰歸昌」。

白蒿

白蒿，《本經》上品。陸璣《詩疏》以蘩爲白蒿。《唐本草》以爲「大蓬蒿」，葉上有白毛錯澀者是。李時珍以「蔞蒿」爲即白蒿，不知《詩疏》「言刈其蔞」釋狀甚詳，分明兩種。〔一〕《圖經》亦辨之。

〔一〕陸璣《詩疏》：「蔞，蔞蒿也。其葉似艾，白色，長數寸，高丈餘。」

地黄

地黄，《本經》上品。《爾雅》謂之「苄」。羊苄、豕薇，古以爲茹。〔一〕今産懷慶，以沃土植之，根肥大多汁；野生者根細如指，味極苦。《救荒本草》：「俗名『婆婆嬭』。北地謂之『狗嬭子』。葉味苦回甘，如枸杞芽。」今懷慶以爲羹臛。

雩婁農曰：地黄舊時生咸陽、歷城、金陵、同州，其爲懷慶之産自明始，今則以一邑供天下矣。懷之人以地黄故，遂多業宋清之業，〔二〕而善賈軼於洛陽。〔三〕然植地黄者必以上上田，其用力勤，而慮水旱尤甚。千畝地黄，其人與千户侯等。懷之穀亦以此減於他郡。余嘗寓直澄懷園，〔四〕階前池上皆地黄苗，小兒摘花食之，詫曰「蜜罐」。輒擬買一弓地，尋能植地黄者移而沃之，以爲服餌，屬藝花之農，空一二區，以種此爲業。既得善價，而浩穰中時癘將作，〔五〕得鮮地黄以除寒熱、温斑，其視大黄之峻利苦寒、一誤而不可救，當何如也？

〔一〕見《儀禮·公食大夫禮》。

〔二〕即收購囤積之藥賈。唐柳宗元有《宋清傳》，云：「宋清，長安西部藥市人也。居善藥，有自山澤來者，必歸宋清氏，清優主之。」

〔三〕藥賈中善經營者則超過了洛陽。

〔四〕澄懷園：在圓明園綺春園墻外，爲入值南書房及上書房的詞臣寓所。

〔五〕浩穰：京師人衆甚多狀。

麥門冬

麥門冬，《本經》上品。處處有之，蜀中種以爲業。《本草拾遺》云「大小三四種」，今所用有大小二種，其餘似麥冬者尚有數種。醫書不具其狀，皆入「草藥」。

雩婁農曰：吾觀蘇長公《聞米元章冒熱到東園送麥門冬飲子》，〔一〕而知古人篤友朋之誼，而善藥不離手也。清風萬錢，北窗買眠，以己畏熱之心而推人觸熱之苦，手煎飲子，既無未達不嘗之嫌，〔二〕而諷其無故奔馳，情寓於詞，可謂愛人以德矣。《潛夫論》曰：「治世不得真賢，譬如治病不得良醫。當得麥門冬，反得蒸穬麥，合而服之，疾以浸劇，乃反謂方不誠而藥皆無益於病，因棄後藥而弗敢飲。」夫麥門冬非難識之物也，求而得之，一舉手、一投足之勞也。欺以穬麥，不惜生死而試之，何其艱於用心而易於糜軀也？〔三〕滇有小園，護階除者皆麥門冬也。詢之守園者，茫然莫知。然則有疾而求麥門冬，必至欺以穬麥而後已。

〔一〕蘇長公即蘇軾，蘇氏兄弟同朝爲官，故稱。飲子，即飲料。原詩爲：「一枕清風直萬錢，無人肯買北窗眠。開心煖胃門冬飲，知是東坡手自煎。」

〔二〕《論語·鄉黨》：「康子饋藥，拜而受之。曰：『丘未達，不敢嘗。』」

〔三〕艱於用心：不肯動腦筋。

藍

藍，《本經》上品。李時珍分别五種，極確晰，爲澱則一，〔一〕而花葉全别。今俗所種多是蓼藍、菘藍，馬藍即「板藍」，其吴地種之木藍，俗謂之「槐葉藍」，亦間種之，《漢官儀》「葼園供染緑紋綬，小藍白葼」，《群芳譜》「小藍莖赤，葉緑而小，秋月煮熟染衣，止用小藍」是也。大藍，《爾雅》「葴，馬藍」，注：「今大葉冬藍。」則馬藍之爲大藍宜矣。《救荒本草》：「大藍，葉類白菜。」則菘藍亦可名大藍。《本草衍義》：「藍實即大藍實，謂之『蓼藍』非是。」《爾雅》所說，則蓼藍亦得爲大藍矣。《宋圖經》：「馬藍謂即菘藍。」惟李時珍以葉如苦蕒爲馬藍。《圖經》明云福州又有一種馬藍，葉似苦蕒，恐非《爾雅》之冬藍也。《月令》：「仲夏之月，令民毋艾藍以染。」〔二〕說者皆以爲傷生氣，《爾雅翼》諄諄言之。按季夏之月，「婦官染采，黑、黄、蒼、赤，無敢詐僞」。〔三〕三代改易服色，嚴於所尚，故染人列於天官，〔四〕誠重之也。仲夏當獻絲供服之時，用藍尤亟，禁民染青，豈得爲便？崔寔《四民月令》亦云：「五月可刈藍。」藍至五月，適可供染。聖人慮民之盡刈，取給目前而不俟大利也，故令之使毋芟刈而已，非禁其染也。《夏小正》：「五月啓灌藍蓼。」藍之叢生者，啓之則易滋茂，而啓之有餘科，足以染矣。如種菜然，拔其密者以供食。季夏藍益盛，可供婦官。《齊民要術》七月作坑刈藍，則《豳風》「鳴鵙」、「載黄」、「我朱」矣。〔五〕藍之灌當别移，可采取，不可刈。《詩》云：「終朝采藍，不盈一襜。五日爲期，六日不詹。」〔六〕《箋》：「五日，五月之日也，期至五月而歸。」此亦五月采藍之證。一襜一匊，〔七〕其非捆載而歸明矣。藍至五月可染，至七月則成，用普而利大。聖人授時先後皆有禁，蓋深燭後世爭先貴早之弊，夭物之生，減物之利，故樹木以時伐焉，禽獸以時殺焉，一物不遂其生成，即拂造物長養之德。「五月糴新絲，六月糶新穀」，窮民急於有獲，剜肉補瘡，不暇計利。〔八〕使絲成而俟織，穀成而俟舂，其利豈止倍蓰哉！求利而急，民將青苗而糶，官將青苗而租，豈復有上農之糞、一鍾之收哉？〔九〕其後時者，禽饗草宅，惰農自甘，〔一〇〕里布屋粟，罰宜同之。〔一一〕李時珍又謂：「蓼藍可三刈，故禁之。」夫再蠶有禁，掌於馬質，不掌於典絲。〔一二〕馬、蠶同物，故蠶神曰「馬頭」。〔一三〕原蠶則害馬，〔一四〕故禁之。若藍之三刈，有益於民，而何損於物？葵之屢摘，韭之屢翦，麻之屢割，稻且有再熟、三熟者，聖人烏能禁之？趙邠卿經陳留，〔一五〕見人以種藍染紺爲業，慨其遺本。民間逐利，不顧饑饉，其患匪細。近時江西廣、饒不可耕之山皆種藍，而黔中苗峒焚萊作澱，遠販江漢，負戴者頂趾接於蠶叢，〔一六〕裝載者艫艤銜於灘渦，〔一七〕蓋皆澗溪犖确之毛也。志謂利二倍於穀而費人力，故不全植。噫！盡黔壤而爲藍塢，〔一八〕民將安所得食？許渾詩「藍塢寒先燒」，藍喜暖。《黔志》亦云：「刀耕火耨，寒則不生。」上海縣五月黃梅時刈，凡五六刈。

雩婁農曰：余見憔悴之民，春無所得食，挼麥穗并其麩與汁而炙食之，〔一九〕比熟，所獲者無幾矣。三代之時，户有蓋藏，故令之而行，禁之而止。否則苟有可獲，將糶之以蘇喘息，豈能拭淚忍飢而聽命哉？《詩》云：「握粟出卜，自何能穀！」〔二〇〕

〔一〕澱：即「靛」，靛青色顏料。

〔二〕艾：通「刈」。

〔三〕見《禮記·月令》。

〔四〕《周禮·天官冢宰》：「染人掌染絲帛。」

〔五〕《豳風・七月》：「七月鳴鵙，八月載績。載玄載黄，我朱孔陽，爲公子裳。」

〔六〕見《小雅・采緑》。

〔七〕《小雅・采緑》又云：「終朝采緑，不盈一匊。」襜：圍裙。匊：手捧。

〔八〕聶夷中《詠田家》詩云：「二月賣新絲，五月糶秋穀。醫得眼下瘡，剜卻心頭肉。」

〔九〕糞：爲田施肥。上農：家境上等的農夫。上農之糞即爲田地的收成而施以充足的肥料。鍾：八斛爲一鍾。畝産一鍾爲上好收成。

〔一〇〕《逸周書・大開武解》：「若農之服田，務耕而不耨，維草其宅之；既秋而不獲，維禽其饗之。人而獲饑，去誰哀之？」按：上引「去」疑當作「云」。

〔一一〕《周禮・地官司徒》：「凡宅不毛者有里布，凡田不耕者出屋粟，凡民無職事者出夫家之征。」

〔一二〕《周禮・夏官司馬》：「馬質掌質馬……禁原蠶者。」

〔一三〕唐《乘異集》載，蜀中寺觀多塑女人披馬皮，謂之馬頭娘，以祈蠶。

〔一四〕原：再也。再蠶者爲傷馬。

〔一五〕東漢趙岐，字邠卿，爲官廉直疾惡。曾爲《孟子章句》，傳於今。

〔一六〕蠶叢爲古蜀帝，此指蜀地。

〔一七〕急灘漩渦，爲江行極險處。

〔一八〕藍塢：種藍之園圃。

〔一九〕麧：麥皮。汁：麥未熟時僅有汁。

〔二〇〕「自」，原本誤作「其」，據《詩·小雅·小宛》改。

天名精

天名精，《本經》上品。《異苑》載劉儘活鹿事，故有「活鹿草」、「劉儘草」諸名。〔一〕《爾雅》「蘧麥」注：「麥句薑。」《本草拾遺》非之。又「列藾，豕首」注：「《本草》曰彘顱。」陶隱居以爲即「豨薟」。《夢溪筆談》以鶴蝨、地菘皆天名精。而《蜀本草》云「地菘抽條如薄荷」，與《宋圖經》鶴蝨小異。今天名精形狀俱如《宋圖經》所述。

雩婁農曰：天名精，子極臭而刺人衣，南方冬不落盡而新荄生矣，〔二〕園丁惡之。諸家皆云子名「鶴蝨」。湘中土醫有用鶴蝨者，余取視之，乃野胡蘿蔔子，蓋其花白如鶴羽而子如蝨，故有是名。天名精子名此，則所未解。《救荒本草》僅以野胡蘿蔔根可救饑，而湘南以入藥裹，然則即以「鶴蝨」名之亦宜。

〔一〕宋劉敬叔《異苑》曰：宋元嘉初，劉儘射一麞，剖五臟，以草塞之，蹶然起走。儘怪而拔所塞草，便復還倒。如此三度。儘密録此草種之，治傷痍多愈。

〔二〕荄：草根。

豨薟

豨（xī）薟（xiān），陶隱居釋天名精，以爲即豨薟。《唐本草》始著録。成訥、張詠皆有《進豨薟表》。〔一〕《救荒本草》謂之「粘糊菜」，葉可煠食。李時珍辨別二種極細，今取以對校，良是。蓋一類二種，皆長於去濕。今俗醫亦不甚別，故陶隱居合爲一也。

雩婁農曰：李時珍以豨薟、天名精互校，可謂詳矣。但二物形狀都不甚類。豨薟花時，莖跗有膩黏人手，故有「猪膏母」之名，《救荒本草》謂之「粘糊菜」，亦以此；氣亦不如天名精之臭。「金棱銀線，素根紫荄」，〔二〕極力形繪。山谷有《一夕風雨，花藥都盡，惟有豨薟一叢濯濯得意，戲題》，殆種之以備煮藥掘根也。成、張二表，此藥始著，然宋以來言服食者不多及之，豈信者尠歟？

〔一〕唐成訥《進豨薟丸方表》、宋張詠《進豨薟丸表》，俱載《廣群芳譜》。

〔二〕此二句爲張詠《進豨薟丸表》中語。

牛膝

牛膝，《本經》上品。處處有之，以産懷慶、四川者入湯劑，餘皆謂之「杜牛膝」。《救荒本草》謂之「山莧菜」，苗葉可煠食。有紅、白二種，擣汁和鹽，治喉蛾，嚼爛罨竹木刺，俱神效。江西俚醫有用以打胎者，孕婦立斃，其下行猛峻如此。《廣西通志》謂之「接骨草」，治跌傷有速效云。

茵陳蒿

茵陳蒿，《本經》上品。《宋圖經》列叙數種，訖無定論。今以《蜀本草注》「葉似青蒿而背白，中州俗呼茵陳」者當之。江南所用或「石香葇」，或「大葉薄荷」，皆非蒿類。

雩婁農曰：因陳，昔醫皆謂因陳根而生，故名。日南多暑，冬草不死，北地之蒿，凍塗如滌，其陳根不拔者唯此耳。循名責實，何庸聚訟？杜詩「茵陳春藕香」，吾鄉亦摘其嫩芽食之。諺曰「四月茵陳五月蒿」，言至五月則老不中噉。《爾雅》：「蘩之醜，〔一〕秋爲蒿。」此草春爲茵陳，盛夏則蒿矣。其功著於去濕，而醫者無的識，「河魚腹疾，奈何」？〔二〕夫百草以蒿類最繁，而爲用亦衆，嘗之爲藥，茹之爲蔬，其臭也焚以爲薰，其明也燎以爲燭。蓋天之生物，必隨處而各足；聖人制物，必盡材而無遺。居陸者取給於陸，居澤者取給於澤，居山者取給於山。民生不見難得之貨，俯仰有資，不待他求，故民氣樸僿，重地著而賤遷移。其懋遷者不過山人足魚、水人足木而已，〔三〕雖有大賈駔儈，不敢以奇異剥民衣食之資。先王重本抑末，其制如此，非待重租税以困之也。後世貴野鶩而賤家雞，〔四〕凡日用之具，來愈遠則愈貴，乳酪之俗而嗜越醞，氊毳之鄉而服吴綿，其桑麻魚稻之區則又反之。一闤之市，必備南北之珍；萬家之邑，必具蕃舶之貨。商賈戕五致一，〔五〕而取贏十倍。由此觀之，民安得不靡，而户安得不貧哉？夫取蕭祭脂，〔六〕非不爲誠也，今則旃檀、沈速矣；〔七〕束緼請火，〔八〕非不爲明也，今則川蠟、胡麻矣。所有者視如糞土，所無者視如金玉，何其輕重倒置耶？雖然，《管子》之言輕重也，官山府海，〔九〕重其國之所輕，以輕隣國之所重，其富强亦一時計耳。厥後山之林木，衡鹿守之；藪之薪蒸，虞候守之；澤之萑蒲，舟鮫守之；海之鹽蜃，祈望守之。〔一〇〕擅百姓之利以爲利，而民利失；又縻其國之所利，以易隣國之利，而其國之利亦失。一輕一重，衡適爲動；一重一輕，衡適爲平。聖人以耕稼治天下，霸者以商賈治其國，孟子尊王賤霸，其以此歟？

〔一〕「醜」，原本誤作「魄」，據《爾雅·釋草》改。

〔二〕語見《左傳》宣公十二年。叔展曰：「有麥麴乎？」曰：「無。」「有山鞠窮乎？」曰：「無。」「河魚腹疾，奈何？」麥麴、山鞠窮皆禦濕之藥，叔展之意，既無禦濕之藥，如似河中之魚，久在内則生腹疾，無此二物，其奈濕何？

〔三〕《韓詩外傳》卷三：「聖人刳木爲舟，剡木爲檝，以通四方之物，使澤人足乎木，山人足乎魚。」

〔四〕見卷六「高河菜」注〔四〕。

〔五〕僦：賃也。僦五致一：謂賒賃五石而僅致一石之本金。

〔六〕見《詩·大雅·生民》。蕭荻即荻蒿，可作燭，有香氣，故祭祀以脂爇之爲香。

〔七〕沈速即沈水香，或稱沈香。

〔八〕束緼：以亂麻成束。

〔九〕由官府控制山海之利，徵收魚鹽之稅。

〔一〇〕以上見《左傳》昭二十年，晏子對齊景公語。

茺蔚

茺（chōng）蔚，《本經》上品。《詩經》「中谷有蓷」，陸《疏》：「益母也。」〔一〕有白花紅花，李時珍考辨甚晰。今南方濕地春時生一種野脂麻，其葉與紅花益母「葉如艾葉、有椏歧」者不類，俗名謂之「白益母草」，殆即《爾雅注》所謂「葉如荏，白華，華生節間」、《本草拾遺》「蟹菜生陰地，似益母」者耶？

雩婁農曰：益母草，鄉人皆識之，而諸書乃多異同。紫花、白花，陸生、澤生，夏枯、夏花，彼此是非，各執其說。按「中谷有蓷」，舊說以爲「菴閭」。陸元恪宗劉歆說，以爲「茺蔚」，郭注《爾雅》主之。但「萑蓷」注云「白華」，注「蕢，牛蘈」云「華紫縹色」，〔二〕李時珍即以此爲益母紫花者，不知《詩》「言采其蓫」，鄭注以爲即「牛蘈」，陸《疏》以爲「羊蹄」，殊無茺蔚之說。然則以白華爲益母者，其來久矣。紫花者爲野天麻，固非有本之言，而《返魂丹》以紫花爲益母，其方實出近世。余至滇南，時已歲暮，滿圃星星，則白花益母也，土人皆呼爲「夏枯草」。其別一種夏枯草則曰「麥穗夏枯」。然白花益母高僅尺餘，莖葉俱瘦，至夏果枯；其紫花者高大葉肥，湘中夏花，滇南則冬亦不枯。二物形狀雖近，然枯榮肥瘠迴不相同。前人各執其說，未可全非。《本草》以爲「生池澤」，毛《傳》云「陸草，生谷中」。余所見陸、澤皆饒，未可執《本草》以駁毛《傳》。此草雖生池澤，然不生於水，「傷水」之説，乃格物之至者也。故知「鬱臭」、「夏枯」諸名，洵非誤載。近時「益母膏」以京師天壇爲著，其神妙活人，蓋時有之。而羊城之「益母丸」，救危婦而肉白骨者，功亦大矣。北方生者紫花尤壯，亦有横枝。《救荒本草》「葉似荏，又似艾葉而薄小，開小白花」，乃舊説之益母也。藥物興廢，莫測由來。今日而執白花之夏枯者，以爲婦人胎産良劑，是幾呰醫師以昌陽引年而進豨苓矣。〔三〕事有從俗，不可泥古，故曰「禮，時爲大」。〔四〕

〔一〕陸璣《詩疏》：「《韓詩》及《三蒼》、《説苑》云：蓷，益母也。……故劉歆曰：蓷，臭穢，即茺蔚也。」

〔二〕以上皆《爾雅》郭注。

〔三〕「陽」，原本誤作「羊」，據韓愈《進學解》改。韓愈《進學解》：「忘己量之所稱，指前人之瑕疵，是所謂詰匠氏之不以杙爲楹，而呰醫師以昌陽引年，欲進其豨苓也。」大意謂：指責醫生用昌蒲這種補益延年之良藥，却進用豨苓這種無養生之用的利瀉之藥。

〔四〕《禮記·禮器》：「禮，時爲大，順次之，體次之，宜次之，稱次之。」

蒺藜

蒺藜，《本經》上品。《爾雅》：「茨，蒺藜。」有刺蒺藜、沙苑蒺藜，形狀既殊，主治亦異。北方至多，車轍中皆有之。陶隱居云：「長安最饒，人行多著木履。」《晉書》：「蜀諸將燒營遁走，出兵追之，關中多蒺藜，軍士著軟材平底木屐前行，蒺藜悉著屐，然後馬步得進。」〔一〕則此物盛於西北。今南方間有之，亦不甚茂。近時《臨證指南》一書用以開鬱，凡脅上乳間横悶滯氣、痛脹難忍者，炒香入氣藥，服之極效。余屢試之，兼以治人，皆愈。蓋其氣香，可以通鬱，而體有刺横生，故能横行排盪，非他藥直達不留者可比。

〔一〕見《宣帝紀》，司馬懿事。時諸葛亮死於軍中，蜀軍潛遁。懿追至赤岸，方知諸葛已死。

車前

車前，《本經》上品。《爾雅》：「芣苢，馬舄。馬舄，車前。」釋《詩》者或以爲去惡疾，或以爲宜子，皆傳聞師說，未可非也。《逸周書》作「桴苢」，《韓詩》謂是木，似李可食，其說本此。古今草木同名異物、同物異名，何可悉數。郭注《爾雅》多存舊說，是可師矣。《救荒本草》謂之「車輪菜」。

雩婁農曰：《爾雅》：「芣苢，馬舄。馬舄，車前。」車前非難識者，《韓詩》說乃以爲「澤舄」，何耶？蓋漢承秦絶學之後，書缺有間，學者力守師說，口耳相承，雖有他解，不敢輒易，謹之至也。王安石出己意爲新學，不能通，輒即易一説以解之，而獨於新法以爲終不可廢，其視治國乃不如治經。車前之名，三尺童子知之。滇南謂之「蝦蟆葉」，即「蝦蟆衣」之轉音也。絶域方言，其名猶古。

决明

决明，《本經》上品。《爾雅》「薢茩，芵光」，注：「芵明也。」有茳芒、馬蹄二種。茳芒决明，《救荒本草》謂之「山扁豆角」，豆可食；馬蹄决明，《救荒本草》謂之「望江南」，葉可食。今京師花圃猶呼爲「望江南」，栽蒔盆中也。杜老《秋雨嘆》一詩，而决明入詩筒矣。〔一〕東坡云「蜀人但食其花，潁州并食其葉」，山谷亦云「縹葉資芼羹」，則當列《蔬譜》。而北地少茶，多摘以爲飲。《山居録》謂久食無不中風者，李時珍以爲不可信。余謂農皇定穀蔬品，〔二〕皆取人可常食者，華實之毛，充腹者多矣，久則爲患，故不植也。决明味苦寒，調以五味，尚可相劑，若以泡茶，則袪風者即能引風，觀其同水銀、輕粉能治癬瘡蔓延，則其力亦勁。《廣雅》謂之「羊躑躅」，恐有脱簡，不應有此誤也。

〔一〕詩中有句云：「雨中百草秋爛死，階下决明顔色鮮。」

〔二〕農皇：神農。此指《神農本草經》中果菜、米穀之品第。

地膚

地膚，《本經》上品。《爾雅》「葥，王蔧」，注：「王帚也。江東呼之曰『落帚』。」今河南、北通呼「掃帚菜」。《救荒本草》謂之「獨帚」，可爲恒蔬，莖老則以爲掃帚。

續斷

續斷，《本經》上品。詳《唐本草注》及《宋圖經》。今所用皆川中産。范汪以爲即大薊根，恐誤。但大薊亦無「馬薊」之名，或別一種。諸説既異，圖列兩種又無「蔓生似苧、兩葉相當」者。此藥習用，並非珍品，不識前人何以未能的識。川中所産，往往與《本草》剌戾。今滇中生一種續斷，極似芥菜，亦多剌，與大薊微類，梢端夏出一苞，黑剌如毬，大如千日紅花苞，開花白，宛如葱花，莖勁，經冬不折，土醫習用。滇、蜀密邇，疑川中販者即此種，繪之備考。原圖俱别存。大薊既習見有圖，原圖亦不甚肖大薊也。

景天

景天，《本經》上品。《宋圖經》叙述極詳。今俗呼「火餤草」。京師謂之「八寶」，亦名「佛指甲」，盆盛養於屋上。南方秋深始開花。李時珍以《救荒本草》佛指甲爲景天。今景天花淡紅，繁碎，亦無白汁，非一種也。

雩婁農曰：景天名甚麗，如蘇頌言即「八寶草」，南北種於屋上以辟火，此不待訪詢而知也。李時珍乃謂莖有汁，開小白花，並云葉可煠食，抑異矣。廣州慎火，大三四圍，傳聞過甚耳。〔一〕近時嶺南皆種仙人掌、金剛纂，以阻踰折，〔二〕兼辟火，亦有甚巨者。疑「慎火」之名，不止一草。有星孛於大辰，西及漢，識者以爲有火災，而請瓘、〔三〕斝、玉瓚，子産以爲「天道遠，人道邇」。〔四〕厭勝之術，古有之矣。南中多火，皆「天道」耶？抑「人道」耶？火政不修，恃區區之小草與鴟尾爭逐畢方，王梅溪詩：「禁殿安鴟尾，騷人逐畢方。」〔五〕豈能勝於斝、瓚乎？珠足以禦火災則寶之，火炎崑岡，將奈何？唯善以爲寶，如宋、鄭之卿可矣。〔六〕

〔一〕景天一名「慎火草」。陶隱居云：廣州州城外有一樹，云大三四圍，呼爲「慎火木」。

〔二〕踰籬而折枝。

〔三〕「瓘」，原本誤作「灌」，據《左傳》昭公十七年改。

〔四〕事見《左傳》昭公十七年、十八年。「識者」謂申須、梓慎、裨竈等人。裨竈，鄭人，言於子産曰：「宋、衛、陳、鄭將同日火，若我用瓘、斝、玉瓚，鄭必不火。」三物皆祭祀之器，欲以禳火。

〔五〕鴟尾：即蚩吻，傳説爲海中之獸。漢武帝時，柏梁臺災，越巫上厭勝之法，乃大起建章宮，設鴟尾之像於殿脊，以厭火災。畢方：《山海經》中之怪鳥，其鳴自叫，見則其邑有怪火。

〔六〕鄭之卿指子産。宋之卿指子罕。《左傳》襄公十五年：「宋人或得玉，獻諸子罕。子罕弗受。獻玉者曰：『以示玉人，玉人以爲寶也，故敢獻之。』子罕曰：『我以不貪爲寶。』」

漏蘆

漏蘆，《本經》上品。《宋圖經》有數種，今從《救荒本草》。

飛廉

飛廉，《本經》上品。《夢溪筆談》以爲方家所用「漏蘆」即飛廉。《本草綱目》以《圖經》漏蘆花萼下及根旁有白茸爲飛廉，二物蓋一種云。

雩婁農曰：今醫家罕用飛廉者，不能的識，《宋圖經》已云然。然則後之醫者，並其名而不知，宜矣。余至滇，見土人習用治寒、熱、毒瘡，以「臭靈丹」爲要藥，園圃中多有之，就而審視，乃飛廉也。陶隱居云：「極似苦芺，多刻缺，葉下附莖，輕有皮起似箭羽，其花紫色。」《蜀本草》：「葉似苦芺，莖似軟羽，花紫，子毛白，所在皆有。」今滇中所產，獨莖高三四尺，葉似商陸輩，粗糙多齒，齒長如針，莖旁生羽，宛如古方鼎稜角所鑄翅羽形。飛廉獸有羽善走，〔一〕鑄鼎多肖其形，此草有輭羽刻缺，齟齬似飛廉，故名。梢端葉際開花，正如小薊，色深紫而柔，刺不甚放展。按之陶、韓諸說，無不畢肖。即《圖經》謂「秦州漏蘆花，似單葉寒菊，紫色，五七枝同一幹」，亦彷彿似之。其蘇恭云生山岡者，葉相似而無缺，多毛，莖赤無羽，自又一種。若《圖經》「海州漏蘆，如單葉蓮花，紫碧色」，殆即《救荒本草》所圖「漏蘆」。《滇本草》雖別名「臭靈丹」，而主治與《本草別録》同而加詳。又別出漏蘆一物，大理、昆明皆産，主治與《本草》亦相表裏，而形狀與《圖經》各種微異，亦別圖之。余既喜見諸醫所未見，又以此草本生河内，〔二〕乃中原棄而不用，邊陲種人藉手祛患物，〔三〕固有屈於彼而伸於此者，與士之知己不知己何異？特著其本名，而附《滇本草》於注，以資採訂。他時持以還吾里，按圖索之，必有得焉。嗚呼！嘗草之功，聖愚同性，夫婦所知，聖人有所不知，道大無遺，無謂言小。

〔一〕飛廉：或作「蜚廉」。《淮南子·俶真訓》：「騎蜚廉而從敦圄。」高誘注：「蜚廉，獸名，長毛有翼。」

〔二〕沿用漢河内郡之名，指今河南省北部焦作市所屬諸地。

〔三〕種人：指少數民族。

石龍芻

石龍芻，《本經》上品。今龍鬚草。湖南、廣西植之田中，織席上供。〔一〕《山海經》曰「龍蓨」。《别録》「龍常草」，有名未用。李時珍以爲即鼠莞似龍鬚之小者，俗呼「粽心草」云。

雩婁農曰：龍鬚草，生永州，〔二〕或云廣西富川尤佳。其草長而無節，清而不寒，故爲任土之貢。亶臣歲命席人審尚方制度作之，〔三〕不過六領。物既少而直亦輕，非唯百姓無擾，即牧令亦無所預，豈比弘農《得寶》之歌，〔四〕樂天《賣炭》之什，〔五〕耗國儲而匱民力哉！竊疑《禹貢》「厥篚」「厥貢」，〔六〕多郊祀武備之用，曰「浮」曰「逾」，〔七〕計其水陸至詳至賅，獨於鉛、松、怪石僅爲器飾，〔八〕以登天府，致爲後世石花所籍口。〔九〕豈聖人獨不料其厲民哉？夫處黄屋，〔一〇〕作槃器，〔一一〕爲神農、黄帝之言者猶或非之。〔一二〕若湯之獻令，〔一三〕周之爻問，〔一四〕王會貢圖，垂耀奕禩。〔一五〕召康公乃作《旅獒》之誡，〔一六〕蓋已默燭白狼白鹿、觀兵生玩、荒服不至之漸，〔一七〕故曰「不寶遠物則遠人格」，其言深切著明矣。然聖人不盡斥貢珍、却地圖，何也？天生一物，必畀一物之用。用其材而不時，與知其材而不用，皆曰「暴天物」。〔一八〕《考工記》曰：「智者創物，巧者述之。」百工之事皆聖人所作，是以攻木、攻金、攻皮、設色、刮摩、摶埴，無不曲盡其功致而别其良苦，〔一九〕如是則天下無棄物，無棄物則無棄財。聖人盡物之性，即以足財之源，非不知玉杯象箸日即於侈，〔二〇〕然以天下之大利即天下之大弊，其始也利勝於弊，其末也弊勝於利，利不遠則弊不深。蓋百工者，治世不竭之府，而亂世之大蠹也。聖人知後世必有以峻宇雕墻亡者，而不能不爲上棟下宇；知後世必有以甘酒嗜音亡者，而不能不爲醴酪笙簧，〔二一〕以爲後有聖君良相，必能推吾製作之精，黜奢崇儉，爲疾用舒，而縱欲者必貴異物，賤用物，故明著其禁曰：「無爲淫巧以蕩上心。」〔二二〕興其源而杜其流，法如是足矣。否則上有茅茨土階，〔二三〕而下有罔水行舟，〔二四〕聖人其如之何！

〔一〕上供：貢獻於朝廷。

〔二〕今湖南永州。

〔三〕席人：織席的工匠。尚方：管理製造宫廷用品的官屬。

〔四〕《舊唐書·韋堅傳》：天寶間，水陸轉運使韋堅取船三二百隻置於廣運潭側，其船皆署牌表之。若廣陵郡船，即於栿背上堆積廣陵所出錦、鏡、銅器、海味；丹陽郡船，即京口綾衫段；南海郡船，即玳瑁、真珠、象牙、沉香；豫章郡船，即名瓷、酒器、茶釜、茶鐺、茶碗，凡數十郡。又使婦人唱《得寶歌》，言：「得寶弘農野，弘農得寶耶！潭裏船車鬧，揚州銅器多。三郎當殿坐，看唱《得寶歌》。」和者婦人一百人，皆鮮服靚妝，齊聲接影，鼓笛胡部以應之。餘船洽進，至樓下，連檣彌亘數里，觀者山積。京城百姓多不識驛馬船檣竿，人人駭視。

〔五〕白居易樂府《賣炭翁》：「黃衣使者白衫兒，手把文書口稱敕，迴車叱牛牽向北。一車炭重千餘斤，官使驅將惜不得。半疋紅紗一丈綾，繫向牛頭充炭直。」

〔六〕篚：篚筐，入貢之物盛於篚中。厥篚即其篚，意指筐中所貢之物。

〔七〕浮指走水運，逾指渡過河流。

〔八〕《尚書·禹貢》：青州貢畎絲、枲、鉛、松、怪石。

〔九〕石花：指宋徽宗時的花石綱。一石之費，民間至用三十萬緡，民力盡竭，府庫爲空，東南騷動，卒起方臘之變。

〔一〇〕殷湯寐寢黃屋以示儉。黃屋：古帝王所用黃繒車蓋，藉指帝王之車或帝王居室。

〔一一〕於木器上塗漆。

〔一二〕爲神農之言者，指先秦諸子中的農家，如《孟子·滕文公上》中之許行。爲黃帝之言者，指漢初的黃老之學。二家皆主張返樸歸真，以傳說中的上古之世爲楷模。

〔一三〕湯時諸侯來獻，湯欲因其地勢所有獻之，必易得而不貴，遂使伊尹爲四方獻令。見《逸周書·王會解》。

〔一四〕周室既定天下，八方會同，各以其職來獻，於是「外臺之四隅張赤弈，爲諸侯欲息者皆息焉，命之曰爻閭」。見《逸周書·王會解》。

〔一五〕奕禩：世世代代。

〔一六〕周初，西戎遠國貢大犬，太保召公乃作《旅獒》，教訓周天子「人不易物，惟德其物。……玩人喪德，玩物喪志。……不作無益害有益，功乃成；不貴異物賤用物，民乃足。……不寶遠物則遠人格」云云。

〔一七〕《史記·周本紀》：周穆王征犬戎，得四白狼、四白鹿以歸。自是荒服者不至。

〔一八〕見《禮記·王制》。

〔一九〕功致：所造器物嚴整堅實。《禮記·月令》：「毋或作爲淫巧以蕩上心，必功致爲上。」

〔二〇〕《史記·宋微子世家》：紂始爲象箸，箕子歎曰：「彼爲象箸，必爲玉桮，爲桮則必思遠方珍怪之物而御之矣。輿馬宮室之漸，自此始。」

〔二一〕《尚書·五子之歌》：「訓有之：内作色荒，外作禽荒，甘酒嗜音，峻宇彫牆，有一于此，未或不亡。」

〔二二〕見《禮記·月令》。

〔二三〕傳説堯、舜之儉，其宮室采椽茅茨，土階三尺。

〔四〕罔水行舟：無水而於陸地行舟。此即胡作非爲之意。《論語·憲問》有「奡盪舟，不得其死」之句，解經者或以爲盪舟即陸地推舟，而奡即堯子丹朱。

馬先蒿即角蒿。

馬先蒿，《本經》中品。陸璣《詩疏》：「蔚，牡蒿。三月始生，七月華，華似胡麻華而紫赤。八月爲角，角似小豆角，鋭而長。一名『馬新蒿』。」據此，則馬新蒿即角蒿。《唐本草》角蒿係重出。李時珍但以陸釋牡蒿爲非，而不知所述形狀即是角蒿，則亦未細審。今以馬先蒿爲正，而附角蒿諸説於後。

蠡實

蠡實，《本經》中品。《宋圖經》以爲即「馬藺」，北人呼爲「馬楝子」。又據《顔氏家訓》「『荔挺』，鄭注『馬薤也』」，〔一〕《説文》『荔似蒲而小，根可爲刷』」，其説甚核。余曾以葉實治喉痺，良驗。北地人今猶以其根爲刷，柔韌細潔，用久不敝。凡裹角黍、縛花接木，皆用其葉，亦便。

雩婁農曰：馬藺賤草，而《月令》記之，豈非以西北苦寒，冒土最先歟？三之日積雪欲消，〔二〕青青叢芽於輪蹄間者，非是物耶？其葉可繩，其實可藥，其根可刷。明吴寬詩「爲箒或爲拂，用之材亦良」，〔三〕根長者任之矣。又「高岸崩時合用栽」，〔四〕則此草乃堪護隄捍水耶？

《詩》有之：「雖有絲麻，無棄菅蒯。」

〔一〕鄭玄注《禮記·月令》。

〔二〕三之日：三月之時日。

〔三〕詩題爲《記園中草木二十首》之《馬藺草》。

〔四〕詩題爲《詠吏部後園草木與屠公倡和》之《馬藺草》。

款冬花

款冬花，《本經》中品。《爾雅》「菟奚，顆涷」，注：「款冬也。」《圖經》列數種。《救荒本草》：「款冬，葉似葵而大，開黄花，嫩葉可食。」今江西、湖南亦有此草，俗呼「八角烏」，與《救荒本草》圖符，從之。

雩婁農曰：款冬無實而華于冬，傅咸賦序云：「冰凌盈谷，積雪被崖，顧見款冬，煒然始敷。」〔一〕《述征記》云：「洛水凝厲，款冬茂悦。」〔二〕余走炎鄉，久睽墳裂，〔三〕憶昔燕郊風饕雪虐，〔四〕曾未睹植堅冰爲膏壤，而吸霜雪以自豪者。〔五〕章江歲除，〔六〕始睹其蘤，〔七〕而詠物之作，輒以傲寒爲諛。郭景純云：「吹萬不同，陽煦陰蒸。物體所安，焉知涣凝？」〔八〕款冬擢穎，〔九〕信有徵矣。火丘之谷，有鼠與木；〔一〇〕雪山之淵，有蛆與蓮。〔一一〕陽以陰育，陰以陽全。陰極陽極，其氣則偏。偏而不返，所生乃反。曝之不殘，其性必寒；斂之不卷，其性必暖。

暖者陽和，寒者陰賊。閉雪窖、留陰山而全節者，〔一二〕陽和之外溢也；視太陽、服硫磺而能敵者，陰賊之内熾也。〔一三〕麗江小雪山有蛆焉，大者如兔，味如乳酥，多食鼻衄而口瘏。〔一四〕其奔子闌栗地坪有珠葠焉，實産雪疆，〔一五〕苦燥而强，純陰之地，所誕乃陽。永昌南直緬甸，黑壤如灰，得火而煤，是有「火把花」，毒於蝪虺，束而燎之，其蘖不煨。又有「相思草」焉，是能爲祟，遇婦則低，饋夫則制。〔一六〕陰勝於陽，故居陽地。無陰不生，所生乃陰；無陽不化，所化乃陽。宜化而化，宜生而生，道之至中；不生而生，不化而化，道之至大。物不窮極，不見道大；極而不極，復見道中。萬物迴薄，振蕩相轉，忽然爲人，何足控摶？百卉困蠢，烏知其然？順四時而各有宜，毋輒惑其所偏。

〔一〕晉傅咸《款冬花賦》。

〔二〕《述征記》，晉郭緣生撰。

〔三〕久暌：久離。墳裂：指北方墳裂的凍土。

〔四〕此指風雪狂暴。

〔五〕此指耐寒傲雪之植物。

〔六〕章江即贛江，吴其濬於道光二十五年任福建巡撫。歲除：年終之時。

〔七〕藟：茂盛。

〔八〕見郭璞《款冬贊》。吹萬：風吹萬物。涣凝：因温度而融解或凝固。

〔九〕「擢穎」，原作「耀穎」，按郭璞《款冬贊》有「款冬擢穎」語，據改。

〔一〇〕《十洲記》：炎洲火林山有火鼠，織其毛爲布。《南史·夷貊傳》載扶南東大漲海中有洲，洲上樹生火中，爲火布。

〔一一〕宋陸游《老學庵筆記》卷六載蜀茂州雪山生雪蛆。明謝肇淛《滇略》卷三則言雪蛆産自雲南麗江之雪山。

〔一二〕指蘇武。匈奴單于欲降之，乃幽武置大窖中，又徙武北海上。

〔一三〕宋蔡京目視太陽久之而不瞬。

〔一四〕鼻流血而口舌乾燥。

〔一五〕「彊」，原本誤作「殭」。

〔一六〕將草送給丈夫，則可制伏之。

蜀羊泉

蜀羊泉，《本經》中品。《救荒本草》謂之「青杞」，葉可煠食。今從之。

敗醬

敗醬，《本經》中品。李時珍以爲即苦菜，今江西所謂「野苦菜」也。秋開花如芹菜、蛇床子花。

酸漿

酸漿，《本經》中品。《爾雅》「葴，寒漿」，注：「今之酸漿草。」《夢溪筆談》以爲即「苦蘵」，今之「燈籠草」也。北地謂之「紅姑孃」。《救荒本草》謂之「姑孃菜」。葉、子可食。此草有「王母珠」、「皮弁草」諸名，皆象其實。元内庭亦植之。《夢溪筆談》：「河西番界中有盈丈者。」《庚辛玉册》云：「川陝燈籠草最大，葉似龍葵，嫩時可食。滇産高不及丈而葉肥緑，有圭棱，異於北地，俗呼『九古牛』。」亦「紅姑娘」之訛也。又有一種微矮小，即「苦耽」。其根横長蔓延，數十莖叢茁，花如琖而五角，色白，與《蜀本草》「王不留行」同。但彼經秋子緑不紅，以此爲别。

雩婁農曰：《元故宫記》云：「棕殿前有紅姑娘草，絳囊朱實，頗形詠歎。」〔一〕不知此田塍間物耳，偶然得地，遂與玉樹琪花俱稱懸圃靈卉，抑何幸耶？〔二〕燕趙彼姝，披其橐鄂，〔三〕以簪於髻，渥丹的的，儼然與火齊、木難比麗。〔四〕元迺賢詩：「忽見一枝常十八，摘來插在帽簷前。」〔五〕氊廬板屋，細馬明駝，固非翠羽明璫所宜，況乃檀槽牙撥，鵾弦霜勁，歌轉玉圓，髾嬌珠顫，得不翩翩其若仙耶？是知厠楛釵於南威，〔六〕不損其明艷；飾步摇於宿瘤，〔七〕益增其支離。〔八〕苞茅納匭，百神可以來翔；〔九〕蘭茝漸滫，君子爲之不佩。〔一〇〕物無常貴，士無常賤，會逢其時，取舍乃判。

〔一〕見明徐一夔撰《元故宫記》。「椶殿」作「棕毛殿」，是。殿在大都。

〔二〕《淮南子·墬形訓》言崑崙山上有懸圃，是爲天帝所居之園。

〔三〕橐鄂：梧桐結角莢，老裂開如箕，謂之橐鄂。

〔四〕火齊、木難，此處皆指寶珠。

〔五〕《救荒本草》以爲毛連菜又名「常十八」。

〔六〕楛釵：簡陋的木釵。南威：春秋時晉國美女名。

〔七〕步摇：古代婦女的首飾，黄金製就，垂以珍珠，行步則摇。宿瘤：戰國時醜女。劉向《列女傳》：「宿瘤女者，齊東郭採桑之女，閔王之后也。項有大瘤，故號曰宿瘤。」

〔八〕支離：殘缺。

〔九〕《書·禹貢》：「包匭菁茅。」匭：匣也。古代祭祀時以苞茅縮酒，百神皆來享之。

〔一〇〕漸：爲水所漬。滫：污臭之水。《荀子·勸學篇》：「蘭槐之根是爲芷，其漸之滫，君子不近，庶人不服，其質非不美也，所漸者然也。」

葈耳

葈(xǐ)耳，《本經》中品。《詩經》「卷耳」，陸《疏》：「一名苓耳，一名葈耳。」今通呼爲「蒼耳」。《救荒本草》：「子可爲麪作餅，熬油，葉可煠食。」王逸注《離騷》，以葹爲葈耳。〔一〕《酒經》謂之「道人頭」，以爲麯藥。北地今尚熬子爲油，氣清色緑，點燈宜目。

〔一〕《離騷》：「薋菉葹以盈室兮。」

麻黄

麻黄，《本經》中品。肺經專藥。根節能止汗。有一醫至蒙古氊廬，見有病寒者，煎麻黄一握，服之即愈。蓋連根、節並用也。醫家去其根、節，以數分與服，殗委頓不起。今江西南安亦有之，土人皆以爲「木賊」，與麻黄同形同性，故亦能發汗解肌。俚醫用木賊皆不去節，故誤用麻黄亦不至亡陽耳。〔一〕

雩婁農曰：麻黄莖發汗，節止汗，一物而相反。或者疑之，此蓋未覩造物之大也。萬物美惡，皆歸於根，由根而幹，而枝葉，而華萼，〔二〕而實核，其去本也漸遠，則其氣越於外，其性亦漓於内。〔三〕況自根及實，其形、其色、其味無同者，形、色、味不同，則性之不同宜矣。非獨物也，黄帝之子二十五人，其得姓者十四人，同德則同姓，異德則異姓。〔四〕以石碏爲之父而有石厚，〔五〕以桓魋爲之兄而有司馬牛。〔六〕《傳》曰：「父不父，子不子；兄不友，弟不恭，不相及也。」〔七〕且天之生物無不自相制也。果藴蟲而生蠹，豆同根而相煎，木伐薪爲炭而植根乃畏炭，人食物爲積而燒灰乃治積。〔八〕五行之生也，子盛而母衰，生者剋之機也；五行之剋也，貪合而忘讐，剋者生之端也。人之於聲、色、臭、味，性也，君子不任性之自然，而知命以節性。其於父子、君臣、賓主賢者，天道命也，君子不聽命之適然，而盡性以立命。《荀子》云：「孰知夫士出死要節之所以養生，輕費用之所以養財，恭敬辭讓之所以養安，禮義文理之所以養情。」以自制爲自養，則陰陽舒慘，必無過不及，而存之爲中，發之爲和，天地萬物可以一理貫之矣。

〔一〕亡陽：虚脱。

〔二〕荂：與「華」同義。

〔三〕漓：淡薄。

〔四〕見《國語·晉語四》。

〔五〕見《左傳》隱公四年：石碏爲衛國老臣，其子石厚與公子州吁交，碏禁之，不聽。州吁之亂，石厚與之，石碏遣人殺厚。此即「大義滅親」成語所本。

〔六〕桓魋，春秋時宋國司馬，曾欲殺孔子。而其弟司馬牛則爲孔子弟子。

〔七〕《左傳》僖公三十三年，晉胥臣引《康誥》曰：「父不慈，子不祗，兄不友，弟不共，不相及也。」

〔八〕積：積食不化。

紫菀

紫菀（wǎn），《本經》中品。江西建昌謂之「關公鬚」，肖其根形。初生鋪地，秋抽方紫莖，開紫花，微似丹參。俚醫治嗽猶用之。

女菀

女菀，《本經》中品。《唐本草注》以爲即「白菀」，功用與紫菀相似。今湖南嶽麓多有之。

瞿麥

瞿麥，《本經》中品。《爾雅》：「大菊，蘧麥。」注謂爲「麥句薑」。釋《本草》者皆以爲即瞿麥。《救荒本草》謂之「石竹子」，苗、葉可食。今南北多呼「洛陽花」。

雩婁農曰：余讀賈誼諸賦，而慨其以文勝也。方漢文郅隆之世，〔一〕而誼之策乃至痛哭太息，豈非循戰國賓客著書之習，縱横馳騁而忘其過激哉？觀其論諸侯之强，卒有七國之禍，而後行其衆建之法；〔二〕論大臣之體，其後卒有劉屈氂、公孫賀之族誅；〔三〕論大賈之侈富，其後卒有告緡、算軺之破産。〔四〕數十年後之利害，如燭照、數計而龜卜也，其亦非托諸空言矣。乃取忌大臣，〔五〕無一施用，南遷汨羅，悲弔湘纍，〔六〕惜哉！向使誼非筆舌之士，樸訥無華，信而後諫，以漢文聽言若渴之主，必能見用，而絳、灌武夫之屬，〔七〕亦不疑其貶刺而心害其能，言行而身顯，謂非誼之至幸歟？「非漢文之不能用生，生之不能用漢文」，〔八〕蘇氏之論，責備當矣。後世以誼早卒，不信誼之能致治安，輒以文章稱曰「賈馬」。夫司馬相如以詞賦著可已，誼豈其儔，而同爲詞人之諫一而勸百哉？藥中有瞿麥，其花絶纖麗，人第玩其裝翠翦霞，摹之丹青，詠之雕鏤，至其通癃結，决癰疽，出刺去瞖，下難産，止九竅血，灼然有殊效者，雖學士大夫亦罕言之。其與士之以文掩其實者何異？賈生洛陽年少，瞿麥尤艷者曰「洛陽花」，洛陽古帝都，固極偉麗哉！

〔一〕郅隆：昌盛興隆。

〔二〕《漢書·賈誼傳》：賈誼見漢諸侯王强，將有尾大不掉之禍，建議「衆建諸侯而少其力，力少則易使以義，國小則亡邪心」。文帝不用。至武帝時終行「推恩」之法，諸侯可推恩分地與其子弟，於是齊分爲七，趙分爲六云云。

〔三〕《漢書·賈誼傳》：賈誼論大臣只知刀筆筐篋之俗務，不明禮義廉恥之大體，建議君上對有罪大臣「有賜死而亡戮辱」，「所以體貌大臣而厲其節也」。劉屈氂、公孫賀均爲武帝時丞相，俱因巫蠱事被禍，劉則腰斬東市，妻子梟首，公孫則父子死獄中，族誅。按，據《史記》，文帝對賈生此議並未拒絶，大臣有罪皆自殺，而大臣入獄被誅，則爲武帝用酷吏始。

〔四〕武帝時用楊可告緡之法，鼓動對商賈瞞産匿税檢舉告發，於是誣告之風起，中産以上者皆破家。算軺，則是對車船徵税。

〔五〕招來大臣之忌恨。

〔六〕《漢書·賈誼傳》：賈誼被謫爲長沙王太傅，意不自得，及渡湘水，爲賦以弔屈原。湘纍：指屈原投湘江而死。

〔七〕絳侯周勃、潁陰侯灌嬰均爲漢開國功臣，代指一班武臣。

〔八〕語見蘇軾《賈誼論》。

蓼

蓼（liǎo），《本經》中品。古以爲味，即今之「家蓼」也。葉背白。有紅、白二種，俗以其葉裹肉，煨食之，香烈。蓼種有七，《本經》唯別出「馬蓼」一種。

雩婁農曰：《内則》有蓼無蓼，分別不苟。〔一〕《齊民要術》有種蓼法，故云「家蓼」矣。魏、晉前皆爲茹，《本草拾遺》亦云「作菜食能入腰脚」，不知何時擯於食單，近時供吟詠、飾澤國秋容而已。元郝文忠公詩：「嗟嗟好花草，焉用生此處？祇因爲詩人，故故獨不去。嘗膽如啖蔗，食蓼猶膳御。」〔二〕蘇武嚙雪，志豈在味哉？今皆野生，而俗稱猶有「家蓼」，古語尚未堙也。《千金方》屢著食蓼之害，或以此不登鼎鼐歟？

〔一〕指祭禮有用蓼者，有不用蓼者，分別極清晰。

〔二〕郝經仕元爲翰林學士，使宋，爲賈似道拘禁十六年始返，人比之蘇武。卒謚文忠。句見《野蓼》詩。

馬蓼

馬蓼，《本經》中品。葉有黑點，《本草綱目》以爲「墨記草」。

薇銜

薇銜，《本經》上品。《唐本草注》謂之「鹿銜草」，言鹿有疾，銜此草即瘥。今鹿銜草，《安徽志》載之，治血病有殊功，而形狀與叢生似茺蔚者迥別。《本草拾遺》一名「無心草」。今無心草，平野春時多有，形狀既與《唐本草》不符，與《圖經》無心草亦異，皆别圖繪之，未敢合併。蓋諸家圖説不晰，方藥少用，姑存其名而已。

連翹

連翹，《本經》下品。《爾雅》：「連，異翹。」《本經》又有「翹根」，有名未用，李時珍以爲即連翹根也。《湖北通志》：黄州出連翹。

湖南連翹　雲南連翹

湖南連翹，生山坡。獨莖方稜，長葉對生，極似劉寄奴。梢端葉際開五瓣黄花，大如盃，長鬚迸露，中有緑心，如壺盧形，一枝三花；亦有一花者。土人即呼爲「黄花劉寄奴」，以治損傷、敗毒。雲南連翹，俗呼「芒種花」。赭莖如樹，葉短如柳葉而柔厚，花與湘中無異。按《宋圖經》：「大翹，青葉狹長如榆葉、水蘇輩。」「湖南生者同水蘇，雲南生者如榆。」《滇黔紀遊》所謂「洱海連翹，遍於籬落，黄色可觀」是也。滇、湖皆取莖根用之，蓋此藥以蜀中如椿實者爲勝，他處力薄，故不能僅用其實耳。

葶藶

葶（tíng）藶（lì），《本經》下品。鄭注《月令》：「靡草，薺、葶藶之屬。」《爾雅》「蕇，葶藶」，注：「一名狗薺。」今江西猶謂之「狗薺」。李時珍謂有甜、苦二種，此似因《炮炙論》「赤鬚子味甘」而云然也。

雩婁農曰：《滇本草》：「葶藶一名『麥藍菜』，生麥地。」余採得視之，正如薺，高幾二尺，葉大無花杈，醃爲蔬，脆而不甘，與薺味殊别。其花實亦似薺，蓋即「甜葶藶」也。《爾雅》「葶藶」郭注：「實、葉皆似芥。」此草正如初生白芥菜。其「狗薺」一種，南方至多，花黄，葉深緑，不堪入饌，《圖經》極詳晰，殆「苦葶藶」耳。陳藏器謂大薺即葶藶。然《爾雅》本分三種，以余考之，「菥，薺實」，蓋今薺菜，葉長圓，味美，作葅羹皆佳；「菥蓂，大薺」，即今「花葉薺」，一名「水薺」，葉細碎，味淡。犍爲舍人云：「薺有小，故言大。」〔一〕此種科、葉易肥大。《唐本草注》「驗其味甘而不辛」，《蜀本草》「似薺菜而葉細，俗呼『老薺』」，皆此物也。葶藶一名「蕇」，而又有苦、甘二種。陶隱居云薺類甚多，《野菜譜》亦列數種，正恐併葶藶爲一類耳。

〔一〕犍爲舍人：亦注《爾雅》者。其注不存，僅有佚文數十條散見於别書。

蛇含

蛇含，《本經》下品。李時珍以爲即「紫背龍牙」。又「女青」，《本經》下品。《别録》以爲即「蛇含根」，《唐本草》非之。《宋圖經》：「蛇含，一莖或五葉，或七葉，有兩種，當用細葉黄花者。」似即《救荒本草》之「龍牙草」，未能決定。

夏枯草

夏枯草，《本經》下品。《救荒本草》：「葉可煠食。」今鄉人皆識之。

雩婁農曰：《月令》：「孟夏，靡草死。」〔一〕薺、葶藶之屬誠靡矣。夏枯草枝葉花實，擢聳自立，乃當長嬴，〔二〕而早成以揫，〔三〕獨名「夏枯」，其以此歟？《本草》「一名夕句」，前人多未繹其義。按物之西者皆爲「夕」，日東則曰「景夕」，屋傾則曰「室夕」，而最晚者亦爲夕，〔四〕非時之謁曰夕，〔五〕直宿之郎曰夕，〔六〕皆此謂也。草之屈生者謂之「句」，《月令》曰「句者畢出」是也。〔七〕此草得西方之氣而晚出，經歷雪霜，不能直達其勁挺之姿，故曰「句」耳。余偉茲草不與衆卉俱生，不與衆卉俱死，有特立之概，枯於暑而能袪暑，得嚴重之氣，乃爲賦曰：「苕黄籜零，乃蕃滋兮。苦霧悲泉，甘以怡兮。凍荄温萼，貫四時兮。與麥爲秋，〔八〕避恢台兮。〔九〕百英煒煌，獨沉寂兮。喜肅畏嬴，自忻戚兮。離景風而就不周，〔一〇〕其不爲詭激兮。非無懼無悶之儔，〔一一〕孰能敵兮。」

〔一〕枝葉靡細，故云靡草。

〔二〕《爾雅·釋天》：「春爲發生，夏爲長嬴，秋爲收成，冬爲安寧。」

〔三〕揫：收獲。

〔四〕最晚則爲夜，《詩》「今夕何夕」即是。

〔五〕《左傳》成公十二年：「百官承事，朝而不夕。」言臣子見君，當於朝時，夕見則非常。

〔六〕漢應劭《漢官儀》卷上：「黄門侍郎，每日暮，向青瑣門拜，謂之夕郎。」

〔七〕此《月令》「季春之月」。

〔八〕秋：禾穀成熟。

〔九〕宋玉《九辯》：「收恢台之孟夏兮，然欿傺而沈藏。」恢台：本廣大貌，此代指孟夏。

〔一〇〕《淮南子·天文訓》：東南風曰景風，西北風曰不周風。

〔一一〕《易·乾·文言》：「遯世無悶。」內心無苦惱煩躁。

旋覆花

旋覆花，《本經》下品。《爾雅》「蕧，盜庚」，注：「旋覆似菊。」《救荒本草》：「葉可煠食。」俗呼「滴滴金」。

雩婁農曰：「蕧，盜庚」，釋者以爲未秋有黄華爲盜金氣。〔一〕《列子》有言：人之於天地四時，孰非盜？〔二〕而况於小草。雖然，造物者亦何嘗不時露其所藏，以待人之善盜哉？水方盛而麋角解也，〔三〕衆草芳而鶗鴂鳴也；〔四〕月暈而礎潤也，〔五〕霜降而鶴警也；〔六〕鷙鷹來而周興也，〔七〕白蛇死而漢代也；〔八〕刲羊无血而亡於高粱也，〔九〕投龜大詬而辱於乾谿也；〔一〇〕肥遺見而兵也，〔一一〕畢方至而火也；〔一二〕海梟爲東晉之徵也，〔一三〕鶡鴠爲南宋之漸也；〔一四〕燈花之集行人也，目瞤之得酒食也；〔一五〕大之見於天地山川，細之見於蚑行喙息，造物者亦何時不示人以知所盜哉？然而庸人之情，未饑則思食，未寒則思衣，菽水則慕列鼎，布帛則願文繡，蓬户甕牖則祈廣廈洞房，下澤欵段則羨駟馬八騶，〔一六〕子孫足則冀錫爵擔圭，富貴極則求方丈、蓬萊，〔一七〕蓋無時而不蘄爲盜。而造物乃或慨而使之盜，或吝而拒之盜，其或使或拒者，非造物之有異於盜，而盜者之不能窺造物也。善爲盜者，智察於未然，明燭於無形。商之善盜也，人棄而我取；農之善盜也，脩防而瀦水；工之善盜也，入山而度木；士之善盜也，謀道而獲禄。方其盜也，無知其爲盜也。知其爲盜則不足以言盜。蟻未雨而爲垤，〔一八〕鳥未陰而徹土。〔一九〕豹未霧而惜其毛，〔二〇〕駝未風而埋其鼻。〔二一〕鷙鳥將搏，必匿其影；文狸將捕，〔二二〕必伏其身。無形之盜，雖天地萬物扃鐍固閉不能防。善視者之伺其隙，大力者之負而趨，〔二三〕而不然者，則清晝攫金之士耳。〔二四〕古之爲政者，星隕日珥以伺於天，河滎石移以伺於地，童謡市言以伺於人，多麋有蜮以伺於物，兢兢業業，惟恐造物諄諄命之而忽焉無以應也。於是金穰木康，〔二五〕盜於天而可富矣；土宜物生，盜於地而可富矣；足晝足夜，〔二六〕盜於人而可富矣；不胎不夭，〔二七〕盜於物而可富矣。是故欲取姑與者，使人不覺其爲盜；多與少取者，使人樂於其爲盜；與與取均者，使人不敢不聽其爲盜；有取而無與者，將悖入悖出，使人不能聽其終於爲盜。使人不覺其爲盜者，老莊之學是也；使人樂於其爲盜者，官禮之法是也；使人不敢不聽其盜者，輕重之法是也；〔二八〕使人不能聽其終盜者，孔僅、桑弘羊之屬是也。〔二九〕若乃置天變人言於不顧者，〔三〇〕是猶未嘗問計於盜，而掩目塞耳，匍匐而入五都之市，貿貿然遇物而摸索之，雖遺簪墮珥，尚未可得，况能探囊胠篋乎？〔三一〕昔有受欺以隱身草者，持以爲盜，吏執而紡之，〔三二〕盡褫其衣，既無所盜，而卒以予盜。若而人者，即造物亦無如其不善盜何。

〔一〕庚爲西方金。

〔二〕見《列子·天瑞》：「公公私私，天地之德。知天地之德者，孰爲盜耶？孰爲不盜耶？」

〔三〕《禮記·月令》：仲冬之月，「麋角解，水泉動」。冬屬水，而仲冬爲水盛之時。

〔四〕宋陸佃《埤雅》卷九「杜鵑」條：「鶗鴂春分鳴則衆芳生，秋分鳴則衆芳歇。」鶗鴂即杜鵑。

〔五〕古有「月暈則風，礎潤則雨」之説，未見有「月暈而礎潤」者。

〔六〕唐楊炯《幽蘭賦》：「白露下而警鶴。」非霜降。

〔七〕鸑鷟：即鳳凰。周人以鸑鷟鳴於岐山爲文王受命之符。

〔八〕《史記·高祖本紀》：劉邦醉行大澤中，有白蛇當道，斬爲兩段。後人來至蛇所，有一老嫗夜哭。人問何哭，嫗曰：「人殺吾子，故哭之。」人曰：「嫗子何爲見殺？」嫗曰：「吾子，白帝子也，化爲蛇，當道，今爲赤帝子斬之。」

〔九〕《易·歸妹》：「女承筐无實，士刲羊无血，无攸利。」《左傳》僖公十五年：「初，晉獻公筮嫁伯姬於秦，遇《歸妹》之《睽》。史蘇占之，曰：『不吉。其繇曰：「士刲羊，亦无衁也。女承筐，亦无貺也。」……《歸妹》《睽》孤，寇張之弧，侄其從姑，六年其逋，逃歸其國，而棄其家，明年其死於高梁之虛。』」

〔一〇〕《左傳》昭公十三年：初，楚靈王卜曰：「余尚得天下。」不吉。投龜，詬天而呼曰：「是區區者而不余畀，余必自取之。」是年，公子比自晉歸楚，作亂，靈王死於乾谿。

〔一一〕《山海經》有三肥遺，一爲六足四翼之蛇，一爲一首兩身之蛇，一爲黃身赤喙之鳥。但僅言「見則天下大旱」。

〔一二〕《山海經》有二畢方，一爲其狀如鶴，一足，一爲人面一足之鳥。見則多訛火。

〔一三〕《晉書·張華傳》：西晉惠帝時，人有得鳥毛三丈，以示張華，華慘然曰：「此謂海鳧毛也，出則天下亂矣。」

〔一四〕宋邵伯温《邵氏聞見録》卷十九：北宋英宗時，邵雍與客散步天津橋上，聞杜鵑聲，慘然不樂，曰：「不二年，上用南士爲相，多引南人，專務變更，天下自此多事矣。」杜鵑即鷓鴣。

〔一五〕《西京雜記》卷三：陸賈曰：「目瞤得酒食，燈火華得錢財，乾鵲噪而行人至，蜘蛛集而百事喜。」吴氏所記有誤。目瞤：即眼皮跳。

〔一六〕《後漢書·馬援傳》：援述從弟少游之語曰：「士生一世，但取衣食裁足，乘下澤車，御款段馬，爲郡掾史，守墳墓，鄉里稱善人，斯可矣。致求盈餘，但自苦耳。」行澤之車短轂，稱下澤車。款段馬指行走緩慢的馬。

〔一七〕方丈、蓬萊爲傳説中的海上仙山，上有仙人及不死藥。

〔一八〕垤：蟻穴上面所堆之土。

〔一九〕《詩・豳風・鴟鴞》：「迨天之未陰雨，徹彼桑土，綢繆牖户。」桑土，桑根也。指剥取桑根之皮以編鳥巢。

〔二〇〕古人云「文豹隱霧」，似指豹惜其皮，故隱於霧中，不欲令人見。

〔二一〕流沙萬里，夏有熱風傷行人，風將發，老駝知之，即引項鳴，埋鼻沙中。

〔二二〕文狸：花貓。

〔二三〕《莊子・大宗師》：「藏舟於壑，藏山於澤，謂之固矣，然而夜半有力者負之而走，昧者不知也。」

〔二四〕《列子・説符》：「昔齊人有欲金者，清旦衣冠之市，適鬻金者之所，因攫其金而去。吏捕之，問曰：『人皆在焉，子攫人之金何？』對曰：『取金之時，不見人，徒見金。』」

〔二五〕《越絶書・越絶計倪内經第五》：計倪對越王曰：「太陰三歲處金則穰，三歲處水則毀，三歲處木則康，三歲處火則旱。」

〔二六〕晝夜不偷懶。

〔二七〕取物不傷於胎，不使其夭死。

〔二八〕春秋時管仲在齊行輕重之法。

〔二九〕孔僅、桑弘羊俱漢武帝時言利聚斂之臣，財雖聚於國，而民怨生於下。

〔三〇〕《宋史·王安石傳》言其謂「天變不足畏，祖宗不足法，人言不足恤」。

〔三一〕胠篋：撬開箱子盜取別人東西。

〔三二〕紡：捆綁。

青葙子

青葙（xiāng）子，《本經》下品。即「野雞冠」。有赤、白各種。葉可作茹，勝於家雞冠葉。一名草決明，鄉人皆知，以治目疾。

藎草

藎（jìn）草，《本經》下品。《唐本草》以爲即《爾雅》「菉，王芻」注「菉蓐」也。此即水中草之似竹者，醫者罕用。

萹蓄

萹（biān）蓄，《本經》下品。《爾雅》：「竹，萹蓄。」《救荒本草》：「亦名扁竹，苗、葉可煠食。」今直隸謂之「竹葉菜」。

雩婁農曰：淇澳之竹，〔一〕古訓以爲「萹蓄」。此草喜鋪生陰濕地，美曰「如簀」，〔二〕誠善體物矣。《救荒本草》曰「扁竹」，猶中州古語也。江以南皆饒，而識者蓋寡。《滇本草》獨著其功用，按名而求，果得之。滇之草木名多始於楊慎，〔三〕此語或有所承。昔蘇軾謫儋耳，瓊之人至今奉之惟謹。楊慎謫居滇最久，三迤之人奉之無異瓊之奉髯蘇。〔四〕顧其流離顛沛，篋中無書可質，所箋釋大半得之强記，不能無訛誤，而滇之人無敢輕訾之者。彼生長先儒先賢之鄉，務求摘前人一語半字之瑕疵，詬厲抨擊，齗齗然不稍貸，不亦異於瓊、滇之奉二子耶？

〔一〕《詩·衛風·淇奥》：「瞻彼淇奥，緑竹猗猗。」「奥」亦作「澳」，與淇爲二水名。

〔二〕《詩·衛風·淇奥》：「瞻彼淇奥，緑竹如簀。」

〔三〕楊慎，字用修，號升庵。正德六年狀元。嘉靖初，因大禮議謫戍雲南永昌衛。在滇三十餘年，終未獲赦。博聞强記，著述甚多，與雲南有關的有《南詔野史》、《雲南山川志》、《滇候記》、《南中志》、《滇載記》等。

〔四〕三迤：指雲南，因清時先後在雲南設置迤東道、迤西道和迤南道也。

陸英

陸英，《本經》下品。《别録》謂之「蒴藋」，以爲即《爾雅》「芨，堇草」，與郭注「烏頭」苗異。詳考各説，蓋即今之「接骨草」。俚醫以爲治跌傷要藥，謂之「排風草」。固始謂之「珊瑚花」，象其實；亦曰「珍珠花」，象其花也。俗名甚夥，不可殫舉。《唐本草注》及《圖經》皆以陸英爲蒴藋，而《本草衍義》所述形狀尤詳，今從之。

王不留行

王不留行，《别録》上品。《宋圖經》謂之「翦金花」。《救荒本草》：「葉可煠食，子可爲麪食。」今從之。《蜀本草》所述，乃俗呼「天泡果」，又名「燈籠科」，囊似酸漿而短，實青白不紅，南方極多。又一種附於後。

雩婁農曰：王不留行，性峻利，而《别録》以爲上品，疑其名蓋古諺也。〔一〕席不煖，突不黔，聖賢遇焉。〔二〕有觸昔人遠舉高蹈之義，輒爲賦之。其詞曰：

伊大造之旭卉兮，〔三〕搏人物其均賦。〔四〕苟臭味之叶恰兮，〔五〕胡畛畦夫新故？〔六〕社枌櫟以祈報兮，〔七〕尸祝之其敢忘夫歆慕。〔八〕召跋涉而蔽芾兮，勿翦伐而封殖其嘉樹。〔九〕彼楊柳依依而繫馬兮，〔一〇〕小山叢桂馣馥以留人。〔一一〕樾蔭暍而扇武兮，松風雨以庇秦。〔一二〕既宿桑其難㥎置兮，〔一三〕或班荆而情親。〔一四〕縶維白駒而食藿苗兮，聊永今夕以逡巡。〔一五〕遽辭條而棄溝水兮，何隕籜泛梗之不仁。〔一六〕芻轢軷以促駕兮，〔一七〕絮漫漫而失蹤。縱迷陽而傷足兮，〔一八〕棘榛苯蓴以蒙茸。〔一九〕揭車乘而牽曠野兮，〔二〇〕齎菖蕢以爲宿舂。〔二一〕昔芙蓉之姣好兮，今衹轉此秋蓬。〔二二〕臣攬茝以行吟兮，〔二三〕姬采蘼而相逢。〔二四〕期椒桂之結隣兮，〔二五〕胡蕭艾捷徑以先容。〔二六〕荃不察此衷曲兮，〔二七〕鶗鴂簧鼓以訩訩。〔二八〕緬秕莠於鳴條兮，〔二九〕哀暴嬴逐客之不公。〔三〇〕羌既扈夫蘺芷兮，〔三一〕豈終萋絶乎不周之風。〔三二〕望懸圃其未達兮，〔三三〕

琪葩琳樹雜遝乎雲中。折瓊茅而召彭咸兮，筳篿訊誶以所從。〔三四〕神迒迡而未繇兮，〔三五〕巫振振其有辭。謂彙茹其必有遌兮，〔三六〕明良慶而功巍。〔三七〕揚側陋而舉二八兮，〔三八〕曰俞哉而桑陰未移。〔三九〕濟舟楫而藥瞑眩兮，〔四〇〕置左右而阿衡焉依。〔四一〕漁坐茅而占熊羆兮，髮垂白而佐姫。〔四二〕感瓜苦與栗薪兮，〔四三〕勿穆卜而誦鳴鴞之詩。〔四四〕脱堂阜而薰釁兮，管夷吾治於高傒。〔四五〕戈雖逐而誓舅氏兮，投白璧於河麋。〔四六〕蕭翊赤以謀將兮，淮陰亡而身追。〔四七〕留辟穀而遊赤松兮，强加飯以輔持。〔四八〕讖帝秀以奉赤伏兮，〔四九〕許借寇而雄河内之師。〔五〇〕隱草廬而三顧兮，乃遂許以驅馳。〔五一〕相直臣而攬鏡兮，〔五二〕勉爲瘠而猶羈。〔五三〕信石水之相投兮，〔五四〕豈纖芥之能疑？樹桐梧於東廂兮，〔五五〕茁指佞於階墀。〔五六〕苟方鑿而枘圓兮，〔五七〕薰與蕕其差池。〔五八〕强指杙以爲楹兮，〔五九〕終斧柯其無資。〔六〇〕策兩馬而接淅兮，〔六一〕又伐柯而阽危。〔六二〕晝三宿而側無人兮，雖濡滯其奚爲？〔六三〕宫族行而虞無臘兮，〔六四〕炊扊扅而西歸。〔六五〕慘焚林綿上而寒食兮，何從行之不及子推也。〔六六〕問宣室而前席兮，絳、灌害之而南弔湘纍。〔六七〕有頗、牧而莫能用兮，律不應而坐之。〔六八〕青蠅弔於瘴鄉兮，〔六九〕薏苢肆其悽誹。〔七〇〕懷鷙鷂而見畏兮，終猶仇其豐碑。〔七一〕陸扶危而戹忠州兮，〔七二〕望贊皇於海涯。〔七三〕親煨芋而賦黄臺兮，避浙東而畏譏。〔七四〕元祐賢而致政兮，麥飯熟而相唏。〔七五〕寇南遷而遂不返兮，楮掛竹以生枝。〔七六〕相烏喙其不可共安樂兮，種受辱而金鑄蠡。〔七七〕楚醴廢而狷披兮，穆遠蹈而申胥靡。〔七八〕物萌芽其兆朕兮，莧陸夬而枯楊稊。〔七九〕奚荆棘之能刺兮，貴履坙而見機。〔八〇〕布皡墟之靈蓍兮，〔八一〕再扐卦而咨之。〔八二〕曰將起夫葛陂之龍竹兮，〔八三〕駕言秣脂而游乎八荒。〔八四〕翹蓬萊之金闕兮，攬若木於東皇。〔八五〕陪王公而投蓮驍兮，吻欲笑而掣電光。〔八六〕種芝玉以爲田兮，〔八七〕俟蟠桃以徜徉。神荼、鬱壘方執索摶鬼而供晨飧兮，〔八八〕蓍告余以不祥。夕轡崦嵫而經細柳兮，〔八九〕曖曖乎桑榆之昳陽。〔九〇〕挹穴居之戴勝兮，〔九一〕將俯崑崙而行觴。〔九二〕掃白雲之間隔兮，〔九三〕採聚窟返魂之馝香。〔九四〕柜格之松踆烏所入兮，〔九五〕聲隆隆驚人，煮羊脾未熟而天已明。〔九六〕蓐收白毛虎爪執鉞以辟人兮，〔九七〕流沙落木蕭蕭而增涼。翦鶉首而奏鈞天兮，藉帝醉而復下方。〔九八〕察蕭丘千里之烈燄兮，〔九九〕林鬱鬱而騰煇煌。遇丈人於丙丁兮，乞靈藥以長生。〔一〇〇〕尋自然之穀於岣嶁石囷兮，〔一〇一〕執箕舌以簸揚。〔一〇二〕乘六螭而極南溟兮，瞰鵬圖擊水以迴翔。〔一〇三〕雄虺封狐往來儵忽兮，〔一〇四〕黄茅冶葛填巨壑以莽蒼。〔一〇五〕曰瘴癘其難久滯兮，躡迴雁而北征。〔一〇六〕眺委羽於孤竹兮，〔一〇七〕曾冰皚皚崩摧以雷硠。〔一〇八〕木皮三寸墮於天山兮，〔一〇九〕白草炎暑而戴霜。探趙符於樹下兮，〔一一〇〕撻率然使亘横。〔一一一〕燭龍銜景炯彼幽都兮，〔一一二〕望斗車作作其有芒。〔一一三〕謂暗曖其不可留兮，〔一一四〕駟玉虬而上驤。冀帝閽之開關兮，倚閶闔而相望。〔一一五〕陶白虎以先導兮，〔一一六〕傅乘箕而來迎。〔一一七〕媒匏瓜使擇匹兮，〔一一八〕結柳宿以爲營。〔一一九〕挹木精而游戲兮，〔一二〇〕張天厨而飫酒漿。〔一二一〕謁神農而勑醫星兮，〔一二二〕絶惡草使不昌。攜棓櫰以翦薙兮，〔二三〕鞫蓬藋之礙行。〔二四〕掃茨藜而釋屩兮，〔二五〕鋪輕荑以走鑾衡。〔二六〕拭銅駝而叩靈瑣兮，〔二七〕覽天苑草木之欣榮。榆歷歷而成列兮，〔二八〕枝葉紛拏夫喬卿。〔二九〕傾寶甕於露壇兮，〔三〇〕將以浸沐夫芸生。靈氛爲余占以迪吉兮，〔三一〕信爻辭其必當。盍孟晉以勿疑兮，〔三二〕奚獨遲乎衆芳？

〔一〕「王不留行」者，賢人不爲王者所用而欲去，王者於其行不留也。《孟子·公孫丑下》：「孟子去齊，宿於晝。有欲爲王留行者，坐而言。」

〔二〕班固《賓戲》：「孔席不煖，墨突不黔。」孔爲孔子，墨爲墨子，言聖賢志在明道，不暇安居，遇不能用己志者，不待坐席之暖、竈突之黑，即起行也。

〔三〕大造：指天地之造化。旭卉：速疾也。

〔四〕摶人物：造化人類萬物。

〔五〕叶恰：諧恰，投合。

〔六〕何必區分是新交還是舊識？有「白首如新，傾蓋如故」之意。

〔七〕《漢書·郊祀志》：「高祖禱豐枌榆社。」晉灼注：「枌，白榆也。」顏師古注：「以此樹爲社神，因立名也。」櫟社：見本書卷二十四「射干」注〔九〕。

〔八〕尸祝：即祭祀。

〔九〕召：周之召公。《詩·甘棠》：「蔽芾甘棠，勿翦勿伐，召伯所茇。」鄭《箋》：「召伯聽男女之訟，不重煩勞百姓，止舍小棠之下而聽斷焉。國人被其德，説其化，思其人，敬其樹。」蔽芾：小貌，指小棠。句言召公不畏跋涉之勞，親行至棠下。

〔一〇〕《詩·小雅·采薇》：「昔我往矣，楊柳依依。」

〔一一〕淮南小山《招隱士》：「桂樹叢生兮山之幽，偃蹇連蜷兮枝相繚。」王逸注：桂樹芬香，以興屈原之忠貞也。山之幽，遠去朝廷而隱藏也。

〔一二〕秦始皇望祭山川，上泰山，風雨暴至，避於松下，因封其樹爲五大夫爵。

〔一三〕《後漢書·襄楷傳》：「浮屠不三宿桑下，不欲久生恩愛，精之至也。」注：「言浮屠之人寄桑下者，不經三宿，便即移去，示無愛戀之心也。」恝置：淡然置之，無掛於心。

〔一四〕陶潛《飲酒》詩：「班荆坐松下，數斟已復醉。」班荆：言朋友相遇於途，席地而坐。

〔一五〕《詩·小雅·白駒》：「皎皎白駒，食我場藿。縶之維之，以永今夕。」《詩序》：「《白駒》，大夫刺宣王也。」鄭《箋》：「刺其不能留賢也。」逡巡：遲疑不行貌。

〔一六〕杜甫《舟中出江陵南浦奉寄鄭少尹審》詩：「鳴螿隨泛梗。」此言辭離枝條，欲寄身於水中漂流之木梗竹籜，而不爲所容。

〔一七〕芻：以芻爲狗，祭祀所用，用畢即棄置。轢軷：古人出行之祭。

〔一八〕《莊子·人間世》：「迷陽迷陽，無傷吾行！吾行却曲，無傷吾足！」

〔一九〕苯蓴：草叢生貌。

〔二〇〕朅：離去。率：率行，無目的地行於曠野。

〔二一〕《詩·小雅·我行其野》：「我行其野，言采其蓫。」陸璣《詩疏》：「饑荒之歲，可蒸以禦饑。」蓫：澤瀉，葉可食。

〔二二〕李白《妾薄命》：「昔日芙蓉花，今成斷根草。」蓬草無根，秋風一起，四處漂泊。

〔二三〕《離騷》：「既替余以蕙纕兮，又申之以攬茝。」茝：芳草。《漁父》：「屈原既放，遊於江潭，行吟澤畔。」

〔二四〕古詩：「上山采蘼蕪，下山逢故夫。長跪問故夫，新人復何如。」

〔二五〕椒、桂，喻賢人。

〔二六〕《離騷》：「何昔日之芳草兮，今直爲此蕭艾也。」洪興祖補注以蕭艾賤草喻不肖。胡：何。此言何肯效不肖之求進。

〔二七〕《離騷》：「荃不察余之中情兮，反信讒而齌怒。」注：荃，香草，以喻君也。

〔二八〕鶗鴂：鳥名，一説即杜鵑。《離騷》：「恐鵜鴂之先鳴兮，使夫百草爲之不芳。」王逸注：以諭讒言先至，使忠直之士蒙罪過也。漢張衡《思玄賦》：「恃己知而華予兮，鶗鴂鳴而不芳。」亦以鶗鴂喻讒人。簧鼓，鼓如簧之舌。

〔二九〕緬：遥想。鳴條之風，能吹響枝葉。苗之莠，粟之秕，自難立足。

〔二〇〕暴嬴：暴秦。《史記·李斯列傳》：秦宗室大臣皆言：「諸侯人來事秦者，大抵爲其主游間於秦耳，請一切逐客。」秦王嬴政十年，大索逐客。李斯上書説，乃止逐客令。

〔二一〕《離騷》：「扈江離與辟芷兮。」扈：披也。蘺、芷皆香草名。

〔二二〕西北風曰不周風，立冬之時也。

〔二三〕懸圃：在崑崙山，懸於空中，神仙所居。

〔二四〕《離騷》：「索瓊茅以筳篿兮，命靈氛爲余占之。」瓊茅：靈草。筳篿：小竹破成片，亦占卜用。彭咸：殷賢大夫，諫其君不聽，自投水而死。召彭咸：即招彭咸之靈。《離騷》：「雖不周於今之人兮，願依彭咸之遺則。」寫屈原已有自沉之志。

〔二五〕神：彭咸之靈。迟迡：棲遲。未繇：未及説出占卜之繇辭。

〔二六〕彙茹：《易》：「拔茅茹，以其彙。」後以彙茅喻進用賢才。遻：遇。

〔二七〕明良：明君賢臣。

〔二八〕側陋：處於僻陋之地的賢者。二八：八元、八愷。《左傳》文公十八年：高陽氏有才子八人，天下之民謂之八愷。高辛氏有才子八人，天下之民謂之八元。舜舉八愷使主后土，舉八元使布五教於四方。

〔二九〕俞：表示許可、肯定。桑陰未移：喻時間很短。《抱朴子·清鑒》：「文王之接吕尚，桑陰未移，而知其足師矣。」

〔四〇〕《書·説命》：「若濟巨川，用汝作舟楫。」「若藥弗瞑眩，厥疾弗瘳。」《説命》三篇爲史官記載商高宗得賢臣傅説，立以爲相，與之反覆商較議論爲治之道。

〔四一〕阿衡：商官名。太甲時賢臣伊尹爲阿衡。

〔四二〕文王、吕尚事。周文王姬昌將出獵，卜之曰：「所獲非熊非羆，非虎非豹，兆得霸王之師。」昌於渭之陽，見吕尚坐茅而漁。與語大悦，遂立爲師。傳説吕尚年已八十。

〔四三〕《詩·東山》：「有敦瓜苦，烝在栗薪。」毛《傳》以此二事爲「言我心苦，事又苦也」。《詩序》謂：《東山》，周公東征，三年而歸，士大夫美之，故作是詩也。

〔四四〕此二句俱寫周公。穆卜：肅敬而卜。《書·金縢》：周既克商二年，武王有疾弗豫，太公、召公曰：「我其爲王穆卜。」周公曰「未可」云云。「鳴鴞之詩」，指《詩·豳風》中的《鴟鴞》一篇。《詩序》：「《鴟鴞》，周公救亂也。成王未知周公之志，公乃爲詩以遺王。」

〔四五〕《左傳》莊公九年：管仲被俘，至堂阜，鮑叔拔而浴之，然後引見齊桓公，曰：管夷吾治國之才勝於高傒。高傒：齊卿高敬仲也。薰釁：以香草薰沐。

〔四六〕《史記·晉世家》：晉公子重耳流亡至齊，齊桓公妻以宗女。重耳愛齊女，無去心。趙衰、咎犯乃於桑下謀，醉重耳，載以行。行遠而覺，重耳大怒，引戈欲殺咎犯。重耳出亡十九歲而得歸晉。秦送重耳至河。咎犯曰：「臣從君周旋天下，過亦多矣。臣猶知之，况於君乎？請從此去矣。」重耳曰：「若反國，所不與子犯共者，河伯視之！」乃投璧河中，以與子犯盟。河麋：河湄，水濱。

〔四七〕蕭何、韓信事。蕭爲蕭何。劉邦爲赤帝子，翊赤即輔佐劉邦之帝業。謀將：物色大將。淮陰爲淮陰侯韓信。《史記·淮陰侯傳》：「韓信數與蕭何語，何奇之。至南鄭，諸將行道亡者數十人，信度何等已數言上，上不我用，即亡。何聞信亡，不及以聞，自追之。」何謂漢王曰：「至如信者，國士無雙。……必欲爭天下，非信無所與計事者。」

〔四八〕留：張良，張良封留侯。赤松：赤松子，神仙。《漢書·張良傳》：張良云：「今以三寸舌爲帝者師，封萬户，位列侯，此布衣之極，於良足矣。願棄人間事，欲從赤松子遊耳。」乃學辟穀，導引輕身。會高帝崩，吕后德留侯，乃强食之。

〔四九〕《後漢書·光武帝紀》：劉秀在河北，彊華自關中奉《赤伏符》，曰：「劉秀發兵捕不道，四夷雲集龍鬬野，四七之際火爲主。」於是群臣勸進，即帝位。

〔五〇〕寇：寇恂。劉秀徇河北，用鄧禹謀，以寇恂守河内。

〔五一〕諸葛亮事。

〔五二〕《舊唐書·魏徵傳》：唐太宗謂謂侍臣曰：「夫以銅爲鏡，可以正衣冠；以古爲鏡，可以知興替；以人爲鏡，可以明得失。朕常保此三鏡，以防己過。今魏徵殂逝，遂亡一鏡矣！」

〔五三〕「勉而爲瘠」，語見《禮記·檀弓下》，此處作勉力盡瘁解。羸：服官盡力。

〔五四〕《貞觀政要》卷三：魏徵疏：「夫君臣相遇，自古爲難。以石投水，千載一合；以水投石，無時不有。」

〔五五〕《初學記》卷二十八引《瑞應圖》：「王者任用賢良，則梧桐生於東廂。」

〔五六〕堯時有屈軼草生於庭，佞人入朝則屈而指之，一名指佞草。

〔五七〕《史記·孟子荀卿列傳》：「持方枘欲内圜鑿，其能入乎？」

〔五八〕《左傳》僖公四年：「一薰一蕕，十年尚猶有臭。」注：「薰，香草。蕕，臭草。」

〔五九〕杙：木椎。楹：廳柱。

〔六〇〕斧柯：斧柄，此指採而用之。

〔六一〕策兩馬爲換乘取速也。接淅：喻赴君召而行色之匆匆。《孟子·萬章下》：「孔子之去齊，接淅而行。」朱熹注：「接，猶承也；淅，漬米水也。漬米將炊，而欲去之速，故以手承水取米而行，不及炊也。」

〔六二〕《詩》有《伐柯》之篇，序以爲「美周公」，鄭《箋》：「成王既得雷雨大風之變，欲迎周公，而朝廷群臣猶惑於管、蔡之言，不知周公之聖德，疑於王迎之禮，是以刺之。」此處伐柯即爲朝廷所猜疑之意。阽危：瀕臨危險。

〔六三〕事見《孟子·公孫丑下》，言孟子千里而見齊王，不遇而去，然猶濡滯不行，三宿而後出晝。晝：地名。孟子三宿於晝，尚有「欲爲王留行者」在側，此則並無一人。

〔六四〕宫之奇諫假道伐虢事，虞公不聽，遂許晉。宫之奇以其族去虞。其冬，晉滅虢，還，復滅虞。見《左傳》僖公二年。無臘：即絶祀。

〔六五〕晉滅虞，虜其大夫百里奚，作爲陪嫁之奴媵秦穆姬。由晉入秦，故云西歸。秦大夫公孫枝以五羊皮贖之，薦於秦穆公，卒爲秦相。後代演義故事，言其妻來尋，至堂下，唱道：「百里奚，五羊皮。憶别時，烹伏雌，炊扊扅。今日富貴忘我爲。」扊扅即門栓，言家貧無柴，炊之烹雞，送百里奚出門求仕。見《顔氏家訓·書證》。

〔六六〕春秋時晉介子推事。介子推從晉公子重耳流離列國，及重耳返國爲晉文公，子推不言，賞亦不及子推。子推隱於綿山。文公求之，焚綿山，欲逼之出，子推抱木而死。

〔六七〕西漢賈誼事。《史記·屈原賈生列傳》：文帝見賈誼，一歲中超遷爲中大夫，欲任以公卿之位。絳侯（周勃）、灌嬰之屬乃短賈生「年少初學，專欲擅權，紛亂諸事」。於是文帝疏之，以賈生爲長沙王太傅。賈生過長沙，爲賦以吊屈原。後歲餘，文帝召見賈生於宣室，問鬼神之本。賈生因具道所以然之狀。至夜半，文帝傾聽，不覺前席。前席：移席而前以近聽。湘纍：指屈原。

〔六八〕戰國時趙廉頗、趙牧事。趙孝成王中秦反間計，以趙括代廉頗爲將，致長平之敗。廉頗再爲將，趙悼襄王又使樂乘代之，廉頗遂奔魏。李牧爲將，大破秦軍，秦用反間，趙王遷殺李牧，趙遂亡。

〔六九〕三國吴虞翻事。《三國志·吴書·虞翻傳》注引别傳：翻性剛直，忤孫權，徙交州。自云：「當長没海隅，生無可與語，死以青蠅爲吊客，使天下一人知己者，足以不恨。」

〔七〇〕東漢馬援事。見卷一「薏苡」條注。「悽誹」當作「萋斐」。

〔七一〕唐魏徵事。《通鑑·唐紀九》：唐太宗嘗自臂鷂，望見魏徵來，納之懷。徵奏事故久，鷂竟死懷中。徵前後諫諍，太宗雖無不採納，心有不平。及徵死方數月，太宗遂疑魏徵阿黨，毁其親立豐碑。

〔七二〕唐陸贄事。唐德宗時，朱泚叛逆，贄爲翰林學士從駕幸奉天，從容處置，賴以轉安。後爲執政，因被讒流放忠州，至死未賜還。

〔七三〕李德裕，贊皇人。文宗、武宗時兩度爲相。宣宗即位，被忌，貶崖州，死於貶所。

〔七四〕唐李泌事。《新唐書·十一宗諸子列傳》：肅宗時，建寧王李倓平叛有大功，爲李輔國、張良娣讒死。二奸復讒廣平王。李泌與肅宗素善，從容言曰：「陛下嘗聞《黃臺瓜》乎？……其言曰：『種瓜黄臺下，瓜熟子離離。一摘使瓜好，再摘令瓜稀。三摘尚云可，四摘抱蔓歸。』……陛下今一摘矣，慎無再！」帝愕然。廣平遂安，及即位，爲代宗。代宗用李泌爲翰林學士。後爲權臣元載排擠，避禍於浙東。煨芋：李泌與嬾殘禪師事，見卷三「蕪菁」條注，此處借用，喻與肅宗交談之從容。

〔七五〕元祐八年，宋哲宗親政，改元紹聖，用章惇爲相，打擊元祐黨人，蘇軾、蘇轍、黄庭堅等皆遭流放，朝賢一空。致政：罷官。唏：嘆息。「麥飯熟」，疑指蘇軾《五禽言》中「麥飯熟」一首。梅聖俞曾作《四禽言》，蘇軾貶黄州時，用其體作《五禽言》，「麥飯熟」爲鳥名，其鳴聲似「麥飯熟，即快活」，故名。其詩有「豐年無象何處尋，聽取林間快活吟」之句，以譏新法。然蘇軾貶黄州在元豐初，早於紹聖之謫十餘年。

〔七六〕寇準事。真宗受丁謂等讒，貶寇準雷州司户。宋彭乘《墨客揮犀》卷一：寇萊公卒於海康，詔許歸葬，道出荆南之公安縣。邑人迎祭於道，斷竹插地，以掛楮錢。竹遂不根而生，滋茂殆一畝。

〔七七〕范蠡、文種事。《吴越春秋》卷六：范蠡相越王勾踐長頸鳥喙，鷹視狼步，可以共患難，而不可共處樂，勸文種去越。文種不聽，卒爲越王所殺。范蠡去越，而越王使良工鑄金象范蠡之形，置之坐側。

〔七八〕西漢穆生事。《漢書·楚元王傳》：元王以穆生、白生、申公爲中大夫。敬禮申公等。穆生不嗜酒，元王每置酒，常爲穆生設醴。及王戊即位，常設，後忘設焉。穆生退曰：「可以逝矣！醴酒不設，王之意怠，不去，楚人將鉗我於市。」稱疾卧。申公、白生獨留。王戊淫暴，與吴通謀。二人諫，不聽，胥靡之，衣之赭衣，使杵臼舂於市。胥靡：服苦役。遠蹈：遠離而去。

〔七九〕《易·夬》：「莧陸夬夬中行。」《大過》：「枯楊生稊。」二卦爻辭在此處並無意義，只是用《易經》中提到的幾種植物來代表《易》。

〔八〇〕雖荆棘能刺人，但人行路時見機舉步，留意細微，就没有危險。垤：小土堆。

〔八一〕皋墟：太皋之墟，見本卷「蓍」條及卷三十三「桂寄生」條注。

〔八二〕手指之間曰扐。占筮時要把數餘之蓍草夾在手指之間，稱「歸奇於扐」，故「扐卦」即指占筮。

〔八三〕《後漢書·費長房傳》：長房既遇壺公，隨之學仙。既别，翁與一竹杖，曰：「騎此任所之，則自至矣。既至，可以杖投葛陂中也。」長房乘杖，須臾來歸，即以杖投陂，顧視則龍也。葛陂在新蔡縣西北。

〔八四〕秼脂：秼龍以脂麻。因此賦句句欲與一種植物牽合，故作脂麻理解。

〔八五〕若木初見於《山海經·大荒北經》，至《淮南子·墬形訓》更作發揮，云：「建木在都廣，衆帝所自上下，日中無景，呼而無響，蓋天地之中也。若木在建木西，末有十日，其華照下地。」東皇：即東皇太一，日神。

〔八六〕《神異經》：東王公與玉女投壺梟，而脱誤不接者，天爲之笑，開口流光，今電是也。驍：投壺術語，《西京雜記》卷五：漢武時郭舍人善投壺，以竹爲矢，不用棘也。古之投壺取中不求還，郭則激矢令還，謂之「驍」。

〔八七〕種玉：參見卷二十六「南天竹」條注。

〔八八〕《河圖括地象》：桃都山有大桃樹，盤屈三千里。上有金雞，下有二神，一名鬱，一名壘，並執葦索，伺不祥之鬼、禽奇之屬。將旦，日照金雞，雞則大鳴，飛下，食諸惡鬼。

〔八九〕《離騷》：「望崦嵫而勿迫。」崦嵫：日落之處。《淮南子》逸文：「日入崦嵫，經細柳。」注：細柳，西方之野。

〔九〇〕《淮南子·天文訓》：「日西垂，景在樹端，謂之桑榆。」昳陽：偏西的太陽。

〔九一〕《山海經·西山經》：玉山，是西王母所居也。西王母其狀如人，豹尾虎齒而善嘯，蓬髮戴勝。

〔九二〕《穆天子傳》：「天子觴西王母於瑶池之上。」

〔九三〕《穆天子傳》：西王母爲天子謡曰：「白雲在天，丘陵自出。道里悠遠，山川間之。」

〔九四〕《十洲記》：聚窟州有大樹如楓，而葉香聞數百里，名曰返魂樹。

〔九五〕「柜」，原本誤作「拒」，據《山海經》改。《山海經·大荒西經》：「西海之外，大荒之中，有方山者，上有青樹，名曰柜格之松，日月所出入也。」《淮南子·精神訓》：「日中有踆烏，而月中有蟾蜍。」

踆烏即指日。

〔九六〕《資治通鑑・唐紀十四》：「骨利幹於鐵勒諸部爲最遠，晝長夜短，日没後天色正曛，煮羊髀適熟，日已復出矣。」按羊髀易熟，此形容其時短也。

〔九七〕《國語・晉語二》：虢公夢在廟，有神人面白毛虎爪，執鉞立于西阿之下。公懼而走。神曰：無走。帝命曰：『使晉襲於爾門。』」公覺，召史嚚占之。對曰：「如君之言，則蓐收也，天之刑神也。」

〔九八〕張衡《西京賦》：昔者天帝説秦繆公而覲之，饗以鈞天廣樂。帝有醉焉，乃爲金策，錫用此土而翦諸鶉首。注：自井至柳爲鶉首之次，秦之分也。翦，盡也，盡取鶉首之分爲秦境也。

〔九九〕《抱朴子・内篇・暢玄》：「火體宜熾，而有蕭丘之寒燄。」《金樓子》卷五：「火至熱，而有蕭丘之寒。」按蕭丘在海上，有自生火，春起秋滅。

〔一〇〇〕神仙中稱「丈人」者甚多，如太上丈人、龍威丈人等，地位在仙人中較高。丙丁爲南方，此丈人疑指衡山之南嶽真人。

〔一〇一〕衡山有岣嶁峰，而岣嶁又爲衡山代稱。《藝文類聚》卷七引《湘中記》：南陽劉道人嘗遊衡山，行數十里，有絶谷不得前，遥望見三石囷，二囷閉，一囷開。

〔一〇二〕箕舌：星名，或稱箕。《詩・小雅・大東》：「維南有箕，不可以簸揚。」

〔一〇三〕《莊子・逍遥遊》：「鵬之徙于南冥也，水擊三千里，摶扶摇而上者九萬里。」

〔一〇四〕屈原《天問》：「雄虺九首，儵忽焉在？」又宋玉《招魂》：「蝮蛇蓁蓁，封狐千里些。雄虺九首，往來儵忽，吞人以益其心些。」虺：蛇。封狐：大狐。儵忽：電光，言雄虺速及電光。

〔一〇五〕本書卷八「黄茅」條云：「嶺南秋深，陰重有瘴，曰黄茅瘴，蓋蛇虺窟宅也。」冶葛爲毒草，參見本書卷二十四「滇鉤吻」條。

〔一〇六〕迴雁峰，在衡山。

〔一〇七〕委羽之山，見《淮南子·墬形訓》，在雁門北，非浙江黄巖之委羽山。

〔一〇八〕曾冰：即層冰，厚冰。雷硠：山崩如雷。

〔一〇九〕《漢書·鼂錯傳》：「夫胡貉之地，積陰之處也，木皮三寸，冰厚六尺。」樹皮厚至三寸，爲天寒故也。

〔一一〇〕趙符：用信陵君竊符救趙事，借指兵符。

〔一一一〕率然：《孫子·九地》：「率然者，常山之蛇也，擊其首則尾至，擊其尾則首至，擊其中則首尾俱至。」故兵家有「率然之陣」。

〔一一二〕《天問》：「日安不到，燭龍何照？」王逸注：「言天之西北有幽冥無日之國，有龍銜燭而照之也。」洪興祖補注：「《山海經·海外北經》云：鍾山之神，名曰燭陰，視爲晝，瞑爲夜，吹爲冬，呼爲夏，不飲不食，不喘不息，身長千里，人面蛇身赤色，注曰即燭龍也。」

〔一一三〕斗：北斗。《史記·天官書》：「斗爲帝車，運于中央。」作作：光芒四射狀。《天官書》：「作作有芒。」

〔一四〕暗曖：昏暗不明狀。

〔一五〕《離騷》：「吾令帝閽開關兮，倚閶闔而望予。」注：「帝謂天帝也。閽，謂主以昏閉門之隸也。閶闔，天門也。」

〔一六〕《惜誓》：「蒼龍蚴虬於左驂兮，白虎騁而爲右騑。」陶：皋陶，爲白虎轉世。《春秋元命苞》：其母曰扶始，升高丘，睹白虎上有雲，感己生皋陶，明於刑法。堯爲天子，季秋下旬夢白虎，遂立皋陶爲大理。

〔一七〕傅：傅説，商高宗賢相。星宿中有傅説星，在箕分，傅説爲傅説所化，故有「傅説乘東維，騎箕尾，而比於列星」（《莊子·德充符》）之説。

〔一八〕天有匏瓜五星，在河鼓東。河鼓三星即傳説中的「牛郎」。曹植《洛神賦》：「歎匏瓜之無匹兮，詠牽牛之獨處。」阮瑀《止慾賦》：「傷匏瓜之無偶，悲織女之獨勤。」

〔一九〕柳：二十八宿之一。此用周亞夫細柳營事。

〔二〇〕木精即歲星。古有歲星木精、熒惑火精、鎮星土精、太白金精、辰星水精之説。

〔二一〕天有天廚星，主盛饌。

〔二二〕有天醫星，爲天之巫醫。

〔二三〕有天棓、天欃、天槍，皆彗星。

〔二四〕鞫：審問。

〔一二五〕屩：草鞋。

〔一二六〕蕛：嫩草。衡：車轅前端的横木。鑾衡：車衡刻畫爲鑾鳥之形，此即指車。又，衡亦爲北斗七星之一。

〔一二七〕《水經注·穀水》：三國時魏明帝於鄴都閶闔南街置銅駝諸獸，銅駝高九尺。靈瑣：帝王宫門。

〔一二八〕古樂府：「天上何所有，歷歷種白榆。」白榆，星名，即天錢星。

〔一二九〕矞卿：矞雲、卿雲，即慶雲，祥雲也。

〔一三〇〕王子年《拾遺記》卷一：黄帝時瑪瑙甕，堯時猶存，甘露在中，謂之寶露。及舜遷寶甕於衡山，故衡山有寶露壇。於壇下起月館，時有雲氣生於露壇。

〔一三一〕《離騷》：「索藑茅以筳篿兮，命靈氛爲余占之。」注：靈氛，古明占吉凶者也。《書·大禹謨》：「惠迪吉。」從道而行事則吉。

〔一三二〕《漢書·叙傳上》引班固《幽通賦》：「盍孟晉以迨群兮，辰倏忽其不再。」服虔注：「孟，勉也。晉，進也。」

王不留行又一種。

王不留行，《蜀木草》所述形狀，乃俗呼「天泡果」，《本草綱目》從之。

艾

艾，《别録》中品。《爾雅》：「艾，冰臺。」古人以灸百病，其治滯下諸證，亦入煎用之。今以蘄州產者良。

雩婁農曰：民非水火不生活，非獨饔飧也。人秉五常之性，水内景而發於液，火外景而聚於目。〔一〕世徒知水泛則燥之，火揚則潤之，而不思涌溢者其源必塞，猋發者其根必虛。聖人以疏防命水官，〔二〕以出入均火政。〔三〕後世鑽燧之法湮，而掌火無官，醫者治病以湯，而習砭灸者亦尠。《素問》曰：「北方者，天地所閉藏之域也。藏寒生滿病，宜艾焫。」〔四〕注謂北方陰寒獨盛，陽氣閉藏，灸之，能通接元陽於至陰之下。《經》曰「陷下則灸之」，〔五〕蓋火鬱而不能發，則必違其炎上之性，物以類聚，用外火引内火，故陷者能升。子罕之救火，徹小屋，表火道，以慮其遏而熾，猶之壅而潰也。〔六〕凡發背及諸熱腫、諸風冷痰，皆可灸。風冷者溫以驅之，毒熱者暖而導之。故治民及治病，務求其通，而不可稍迫，其理一也。孟子曰：「凡有四端於我者，若火之始然，泉之始達。」〔七〕雖設譬之辭，而人之性情心術，實則本諸水火五事。以配五行，則貌、言專與水、火爲儷。然木者水之子而火之母，金者水所生而火所制，土者火所洩而水所恃。水火得其宜，則性情和平，百病不生，而天機活潑，曰恭、曰從、曰明、曰聰、曰睿，無乖戾之拂其本性矣。《易》之書廣大悉備，而終以「既濟」、「未濟」。然則天地萬物，水火得則爲和甘時節，水火不相得則爲灾眚瘥癘。醫者知用水而不知用火，非所見之偏耶？

〔一〕景：光也。《大戴禮・曾子天圓篇》：「天道曰圓，地道曰方，方曰幽而圓曰明。明者吐氣者也，是故外景；幽者含氣者也，是故内景。故火日外景，而金水内景；吐氣者施，而含氣者化，是以陽施而陰化也。」

〔二〕《周禮·地官司徒》：「稻人掌稼下地。以豬畜水，以防止水，以溝蕩水，以遂均水，以列舍水，以澮寫水，以涉揚其芟作田。」

〔三〕《周禮·夏官司馬》：「司爟掌行火之政令。四時變國火，以救時疾。季春出火，民咸從之；季秋内火，民亦如之。」

〔四〕「焫」，原本誤作「炳」。見《異法方宜論》，有删節。

〔五〕《經》指《靈樞經》。

〔六〕事見《左傳》襄公九年。

〔七〕四端：《孟子·公孫丑下》：「惻隱之心，仁之端也；羞惡之心，義之端也；辭讓之心，禮之端也；是非之心，智之端也。」

惡實

惡實，《别録》中品。即牛蒡子。《救荒本草》謂之「牛菜」，俗呼「夜叉頭」。根、葉皆可煮食。今爲斑瘮要藥，蓋除風傷之功。

雩婁農曰：牛蒡子多刺，而獨以「惡」名，何也？初生葉大如芋，形固可駭，莖尤肥，宜能果腹。醫者蓄其實爲良藥。竟體皆有功於人，而蒙不韙之名，名顧可憑乎？牛之名誠不得與騶虞、騏驥伍，〔一〕而爲用亦大矣。劉表帳下牛重八百斤，殺而享士，無異常牛，〔二〕龐其形而枵其實，爲人所輕，得名亦倖矣哉。

〔一〕騶虞：《詩·騶虞》毛《傳》：白虎黑文，不食生物，不履生草，人稱仁獸。

〔二〕見卷二「龍爪豆」條注〔八〕。

小薊

小薊，《别録》中品。《救荒本草》謂之「刺薊菜」。北人謂之「千鍼草」。與紅藍花相類而青紫色，葉爲茹甚美。

大薊

大薊，《别録》中品。性與小薊同。葉大多皺。《救荒本草》：「葉可煠食。根有毒。」醫書相承，多以續斷爲即大薊根。今江西贛産者根較肥，土醫呼爲「土人參」，或以欺人。其即鄭樵所云「南續斷」耶？

雩婁農曰：薊以氏州，〔一〕其山原皆薊也。刺森森，踐之則迷陽，〔二〕觸之則蜂蠆。顧其嫩葉，汋食之甚美，老則揉爲茸以引火，夜行之車繩之，星星列於途也。〔三〕性去濕，宜血劑。滇南生者高出人上。瘵瘠者餌根，比參耆焉。貌猙獰而質和淑，下堂執手，射雉始笑，〔四〕不聆其言、覩其技，惡乎知之？

〔一〕氏州：爲州之名。指薊州。

〔二〕迷陽：草名，有刺。《莊子·人間世》：「迷陽迷陽，無傷吾行！吾行郤曲，無傷吾足！」

〔三〕以薊爲火繩，夜行燃之以相識别。

〔四〕《左傳》昭公二十八年：昔叔向適鄭。鬷蔑惡，立於堂下。一言而善，叔向聞之曰：「必鬷明也！」執其手以上，曰：「昔賈大夫惡，娶妻而美，三年不言不笑，御以如皋，射雉，獲之，其妻始笑而言。賈大夫曰：『才之不可以已，我不能射，女遂不言不笑。』夫今子少不颺，子若無言，吾幾失子矣。」

大青

大青，《别録》中品。今江西、湖南山坡多有之。葉長四五寸，開五瓣圓紫花，結實生青熟黑。唯實成時花瓣尚在，宛似托盤。土人皆識之，暑月爲飲以解渴。湘人有《三指禪》一書，〔一〕以淡婆婆根治偏頭風，有奇效。余詢而採之，則大青也，鄉音轉訛耳。按《别録》主治時氣頭痛，其功素著。而古方治傷寒、黄疸、時疾、温疫，皆云能回困篤。今醫者多不知，而俚醫用之又不知其本名。國士在門而不以國士遇之，欲其相報之速也難矣。柯亭之竹，〔二〕爨下之桐，〔三〕得一知音，即爲千古佳話。安得多識之士，遇物能名，如郭林宗之藻鑒群倫，〔四〕使山中小草皆得揚眉吐氣於階前咫尺之地哉！

〔一〕清湖南邵陽人周學霆撰。

〔二〕東漢蔡邕避難於會稽柯亭，仰見椽竹，知有奇音，取之作笛。東晉桓伊善音樂，爲江左第一，得蔡邕柯亭笛，常自吹之。

〔三〕蔡邕在吴，吴人有燒桐以爨者，邕聞火烈之聲，知其良木，因請而裁爲琴，果有美音。而其尾猶焦，故時人名曰焦尾琴。

〔四〕東漢郭太字林宗，知世將亂，不仕。性明知人，好獎訓士類。凡經評品，多成名士。

葒草

葒（hóng）草，《别録》中品。《爾雅》：「葒，蘢古。」陸璣《詩疏》：「游龍，一名『馬蓼』，高丈餘。」《圖經》：「即水葒也。」今北方亦呼爲「水葒」，音訛爲「蓬」。《救荒本草》：「嫩葉可煠食。」陳藏器以爲即《别録》有名未用之天蓼。

雩婁農曰：水葒至梅聖俞始入吟詠，〔一〕劉克莊亦有「分紅間白」、「拜雨揖風」之句。〔二〕其餘詠蓼，蓋不分别。放翁詩「數枝紅蓼醉清秋」，非此花不能當也。

〔一〕宋梅堯臣字聖俞，有《水葒》詩。

〔二〕劉克莊，原誤作「劉克壯」，據上下文改。宋劉克莊《蓼花》詩：「分紅間白汀洲晚，拜雨揖風江漢秋。」

虎杖

虎杖，《别録》中品。《爾雅》「蒤，虎杖」，注：「似紅草而麄大。」《本草綱目》云：「莖似紅蓼，葉圓似杏，枝黄似柳，花狀如菊，色如桃。」

黄花蒿

黄花蒿，俗呼臭蒿，以覆醬豉。《本草綱目》始收入藥。

青蒿

青蒿，《本經》下品。與黄花蒿無異。《夢溪筆談》以色深青爲别。李時珍云：「青蒿結實大如麻子，中有細子。」湖南園圃中極多，結實如茨實大，北地頗少。

植物名實圖考卷之十二　隰草類

翻白草

翻白草，《救荒本草》録入，云「即『雞腿兒』，根白可食」。《本草綱目》收入「菜部」。考此草僅可充飢，不任烹醃，宜入「隰草」。

雁來紅

《救荒本草》：「後庭花，一名『雁來紅』。人家園圃多種之。葉似人莧葉，其葉中心紅色，又有黄色相間，亦有通身紅色者，亦有紫色者。莖葉間結實，比莧實差大。其葉衆葉攢聚，狀如花朵，其色嬌紅可愛，故以名之。味甜微澀，性涼。採苗葉煠熟，水浸淘淨，油鹽調食，曬乾煠食尤佳。」

金盞草

《救荒本草》：「金盞兒花，人家園圃中多種。苗高四五寸，葉似初生萵苣葉，比萵苣葉狹窄而厚。抪莖生葉，莖端開金黄色盞子樣花。其葉味酸。採苗葉煠熟，水浸去酸味，淘淨，油鹽調食。」按：《宋圖經》：「杏葉草，一名『金盞草』，生常州。蔓延籬下，葉葉相對。秋後有子如雞頭實，其中變生一小蟲，脱而能行。中夏採花。」李時珍以爲即金盞花，夏月結實在萼内，宛如尺蠖蟲數枚蟠屈之狀，故蘇氏言其化蟲，實非蟲云。但此草之實不似雞頭，其葉如萵苣，不應有「杏葉」之名，未敢併入。

莠

莠，俗呼「狗尾草」。《救荒本草》收之。今北地饑年亦碾其實作飯充腹，亦呼曰「莠草子」。其莖可去贅瘤，具《本草綱目》。按《説文繫傳》：「莠，草也。臣鍇按字書云：狗尾草也。」又：「莠，禾粟下揚生莠。臣鍇曰：粟下揚，謂禾粟實下播揚而生，出於粟秕。」以莠爲狗尾草，不審出何字書。其説莠，乃與稂皇同類，則非「似苗之草」矣。

地錦苗

地錦苗，江西園圃平野多有。春初發生，莖葉似胡荽，而葉末稍圓。梢杈開紫花，如小魚形，參差偃仰。跗當花中，尾尖首碩，有兩小瓣，開合如脣。花罷結角，入夏漸枯。按：《救荒本草》：「地錦苗，生田野中，小科苗高五七寸，莖葉似園荽。葉間開紫花，結小角豆兒。苗葉味苦。煠熟浸淨，油鹽調食。」即此。滇南謂之「金鈎如意草」，一名「五味草」。《滇本草》「味有五，故名『五味』。性微寒，祛風，明目，退翳，消散一切風熱、肺勞咳嗽發熱、肝勞發熱怕冷，走筋絡，治筋骨疼、痰火等症。昔太華山趙道人服此藥，輕身延年，聰耳明目」云。

蔞蒿

《詩經》「言刈其蔞」，陸璣《疏》：「蔞，蔞蒿也。其葉似艾，白色，長數寸。高丈餘，好生水邊及澤中。正月根芽生，旁莖正白，生食之，香而脆美。其葉又可蒸爲茹。」按：蔞蒿，古今皆食之，水陸俱生，俗傳能解河豚毒。《救荒本草》謂之蔄蒿。洞庭湖瀕，根長尺餘，居民掘而煮食之，儉歲恃以爲糧，與「蔞蒿滿地，河豚欲上」風景同而滋味異矣。〔一〕

〔一〕蘇軾《惠崇春江曉景二首》：「竹外桃花三兩枝，春江水暖鴨先知。蔞蒿滿地蘆芽短，正是河豚欲上時。」

白蒿

《救荒本草》：「白蒿生荒野中。苗高二三尺。葉如細絲，似初生松鍼，色微青白。稍似艾香，味微辣。採嫩苗葉煠熟，換水浸淘淨，油鹽調食。」按：此白蒿是細葉者，與野同蒿相類，而莖黑褐色，葉如絲，青白相間，稍長則軟弱紛披。蓋初發則青，老則白。因陳根而生，不至秋即枯，或即以爲山茵陳。《宋圖經》云：「階州以白蒿當茵陳。」其所謂白蒿，乃《唐本草》大蓬蒿，非此蒿也。

紫香蒿

《救荒本草》：「紫香蒿，生中牟縣平野中。苗高一二尺。莖方紫色，葉似邪蒿葉而背白，又似野胡蘿蔔葉微短。莖葉梢間結小青子，比灰菜子又小。其葉味苦。採葉煠熟，水浸去苦味，油鹽調食。」按：此蒿，江西平隰亦間有之。紫莖亭亭。凡蒿初發莖青，漸老則紫，此蒿初生莖即紫，與他蒿不類。其葉亦似青蒿。《宋圖經》：「陰地厥生鄧州順陽縣内鄉山谷。〔一〕味甘苦，微寒，無毒。主療腫毒、風熱。葉似青蒿，莖青紫色，花作小穗微黄，根似細辛。七月採根苗用。」核其形狀正合。

〔一〕鄧州：在今河南。宋時轄穰、南陽、内鄉、順陽和淅川五縣。

堇堇菜

《救荒本草》：「堇（jǐn）堇菜，一名『箭頭草』，生田野中。苗初搨地生。葉似鈹箭頭樣，而葉蒂甚長。其後葉間攛葶，開紫花，結三瓣蒴兒，中有子如芥子大，茶褐色。味甘，採苗葉煠熟，水浸淘淨，油鹽調食。根葉擣傅諸腫毒。」按：此草，江西、湖南平隰多有之，或呼爲「紫金鎖」，又呼爲「紫花地丁」。其結實頗似小白茄，北人又呼爲「小甜水茄」。其葉和麪切食，甚滑。實老裂爲三叉，子黄如粟，黏於殼上，漸次黑落。俚醫用根治火症，功同地丁。

犁頭草　寶劍草　如意草

犁頭草，即「堇堇菜」。南北所産，葉長、圓、尖、缺各異，花亦有白、紫之別。又有「寶劍草」、「半邊蓮」諸名，而結實則同。滇南謂之「地草果」，以治目疾乳腫。《滇南本草》：地草果，味辛酸，性微温。入肝經，走陽明，破血氣，舒鬱結。風火眼暴赤、疼痛，祛風退翳。蓋肝氣結而翳成，散結則雲翳自退。但肝實可用，肝虚忌之。紫花者治奶頭疼痛，或小兒吹著，或身體壓注、乳汁不通、頭痛怕冷、發熱口乾、身體困倦、乳頭乳傍紅腫脹硬。地草果二錢，天花粉一錢，川芎錢半，青皮五分，北柴胡一錢，白芷一錢，金銀花一錢，甘草節五分，水酒煎服。治目疾赤腫，用白花、緑花地草果一錢，川芎一錢，白蒺藜一錢，木賊五分，穀精草一錢，白菊一錢，支子一錢，蟬退一錢，引用羊肝一片。

《山西通志》：「如意草，一名『箭頭草』，象葉形也。夏開紫花，似指甲草而小，有香，土人嘗採蒸麥飯。結實三稜似瓜形，如豆大，熟則殼分，三角中各含子十餘粒，如粟大，色蒼黄。根似遠志，味苦辛。近醫多採葉陰乾，以末塗惡瘡，效。」

毛白菜

毛白菜，江西、湖南多有之。初生鋪地如芥菜，長葉深齒，白毛茸茸。夏間抽莖，抱莖生葉，攢附而上。梢間發小枝，開淡紫花，全似馬蘭稍大。俚醫以根葉同肉煮服，治吐血。按：《救荒本草》：「毛連菜，一名『常十八』，生田野中。苗初塌地生，後攛莖叉高二尺許。葉似刺薊葉而長大稍尖，其葉邊褶曲皺，〔一〕上有澀毛。梢間開銀褐花，味微苦。採葉煠熟，水浸淘洗，油鹽調食。」形狀極肖。又《天禄識餘》：「草花中有名『長十八』者。」元葛邏禄迺賢《塞上曲》云：「雙鬟小女玉娟娟，自捲氈簾出帳前。忽見一枝長十八，折來簪在帽簷邊。」下注曰：「長十八，草花名。」余至塞外，果有是花，未知即此否。

〔一〕衣領曰襬，邊襬即今云「邊沿」。

小蟲兒卧單

《救荒本草》：「小蟲兒卧單，一名『鐵線草』。苗塌地生。葉似星宿葉而極小，又似雞眼草葉，亦小。其莖色紅，開小紅花。苗味甜。採苗葉煠熟，水浸淘淨，油鹽調食。」按：小蟲兒卧單，固始呼爲「小蟲兒蓋」，直隸呼爲「雀兒頭」。李時珍《本草綱目》入《嘉祐本草》「地錦」下，併入有名未用。《别録》「地朕」，援據《本草拾遺》：「地朕，一名『地錦』，一名『地噤』，蔓延著地，葉光淨，露下有光。」又引掌禹錫曰：「地錦草，生近道田野。出滁州者尤佳。葉細弱，蔓延於地。莖赤，葉青紫色。夏中茂盛，開紅花，結細實。取苗子用之。」狀極相類。而李時珍所説則是「奶花草」。二種皆布地生。小蟲兒卧單莖細葉稀，無白汁，花不黄，非一草也。形狀未符，主治俱不載，以俟考。《山西通志》：「地錦一名『草血竭』，一名『雀兒單』，潞人稱爲『小蟲兒卧單』。」此草既有「草血竭」之名，則治血症應效。

地耳草

地耳草，一名「斑鳩窩」，一名「雀舌草」，生江西田野中。高三四寸，叢生。葉如小蟲兒卧單。葉初生甚紅，葉皆抱莖上聳，老則變緑。梢端春開小黄花。按《野菜譜》有「雀舌草」，狀亦相類，或即此。

野艾蒿

《救荒本草》：「野艾蒿，生田野中。苗葉類艾而細，又多花叉。葉有艾香，味苦。採葉煠熟，水淘去苦味，油鹽調食。」按：此蒿與大蓬蒿相類，而莖菜白，似艾。

野同蒿

《救荒本草》：「野同蒿，生荒野中。苗高二三尺，莖紫赤色。葉似白蒿，色微青黄；又似初生松針而茸細。味苦。採嫩苗葉煠熟，換水浸淘淨，油鹽調食。」按：野同蒿即蓬蒿。陸璣《詩疏》：「藻一種，莖大如釵股，葉如蓬蒿，謂之『聚藻』。」此蒿莖葉青緑一色，而葉細如絲，正與水藻相似。湖南亦謂之「青蒿」，云功用勝於似黄蒿之青蒿。李時珍以同蒿菜爲蓬蒿，殊誤。

大蓬蒿

《救荒本草》：「大蓬蒿，生密縣山野中。莖似黄蒿。莖色微帶紫，葉似山芥菜葉而長大。極多花叉，又似風花菜葉，叉亦多。又似漏蘆葉，卻微短。開碎瓣黄花。苗、葉味苦。採葉煠熟，水浸淘去苦味，油鹽調食。」

牛尾蒿

牛尾蒿，《詩經》「取蕭祭脂」，陸璣《疏》：蕭荻，今人所謂「荻蒿」者是也。或云牛尾蒿似白蒿，白葉莖麄。科生，多者數十莖。可作燭，有香氣，故祭祀以脂爇之爲香。許慎以爲艾蒿，非也。《郊特牲》云「既奠，然後爇蕭合馨香」是也。按：《爾雅》「蕭，荻」，郭注：「即蒿。」蓋牛尾蒿初生時與蔞蒿同，唯一莖，旁生横枝。秋時枝上發短葉，横斜欹舞，如短尾隨風，故俗呼以狀名之。其莖直硬，與蔞蒿同爲燭梩之用。李時珍以陸《疏》苹爲牛尾蒿，與今本不同。鄭漁仲以牛尾蒿爲青葙子，大誤。

《爾雅正義》：〔一〕「苹，藾蕭」，注「今藾蒿也，初生亦可食」，《正義》：「此别蒿之類也。苹，一名藾蕭。《小雅》云『呦呦鹿鳴，食野之苹』，鄭《箋》以爲藾蕭。《疏》引陸璣《疏》云：『葉青白色，莖似著而輕脆，始生時可生食，又可蒸食。』按藾蕭爲蒿之别種，俗呼爲『牛尾蒿』，或以爲即今白蒿，非也。」又「蕭，荻」，注「即蒿」，《正義》：「《詩疏》引李巡云：『萩，一名蕭。』《天官·甸師》云：『祭祀，共蕭茅。』杜子春以爲『蕭，香蒿也』。後鄭謂《詩》所云『取蕭祭脂』，《郊特牲》云『蕭和黍稷，臭陽達於牆屋，故既薦，然後焫蕭爲馨香』者，是『蕭』之謂也。又鄭注《郊特牲》云：『蕭，薌蒿也，染以脂，合黍稷燒之。』《生民·詩》疏云：『宗廟之祭，以香蒿合黍稷，燒此香蒿，以合其馨香之氣。』是蕭爲蒿之香者也。『萩』，監本誤作『荻』，《唐石經》

作『萩』。《釋文》『萩』音『秋』。今改正。案《春官・鬱人》疏引《王度記》云：『士以蕭，庶人以艾。』《白虎通義》亦引之。是蕭與艾定爲二物也。蕭、艾皆香草，而《離騷》云『何昔日之芳草，今直爲此蕭艾也』，蓋蕭可以爇，艾可以灸，古之長育群材者，芳草各有其用，而采蕭、采艾亦各以其時。今不辨其爲芳草，而與蕭、艾並見燒薙，故騷人歎之。説《楚辭》者不達其意，以蕭、艾爲惡草，誤矣。《管子・地員篇》云：『荓下於蕭，蕭下於薜。』辨庶草者，固各有其等差也。」

《説文解字注》：「蕭，艾蒿也。〔二〕《大雅》『取蕭祭脂』，《郊特牲》『焫蕭合馨香』，故毛公曰：『蕭，所以共祭祀。』鄭君曰：『蕭，薌蒿也。』陸璣曰：『今人所謂萩蒿也。或曰牛尾蒿。』許慎以爲艾蒿，非也。按：陸語非是。此物蒿類而似艾，一名艾蒿，許非謂艾爲蕭也。齊高帝云『蕭即艾也』，乃爲誤耳。又按《曹風》傳曰：『蕭，蒿也。』此統言之，諸家云薌蒿、艾蒿者，析言之。從草，肅聲。〔三〕蘇彫切，古音在三部，音脩，亦與肅同音通用。《甸師》『共蕭茅』，杜子春讀『肅』爲『蕭』。蕭牆、蕭斧皆訓肅。萩，蕭也。從草，秋聲。〔四〕七由切，三部。古多以萩爲楸，如《左氏傳》『伐雍門之萩』、《史》《漢》『河濟之間千樹萩』是也。」

〔一〕清邵晉涵撰。

〔二〕「蕭，艾蒿也」爲《説文》原文，以下爲段注。

〔三〕「從草，肅聲」爲《説文》原文，以下爲段注。

〔四〕「萩，蕭也。從草，秋聲」爲《説文》原文，以下爲段注。

柳葉蒿

柳葉蒿，莖長二尺許，色青，心實，不類蒿。葉面青，背白，長而狹，有尖齒。頂端葉單似柳，以下葉漸分三歧或四歧，味清香似艾。生嶽麓山。秋開花如粟，與他蒿同。

扯根菜

《救荒本草》：「扯根菜，生田野中。苗高一尺許。莖赤紅色，葉似小桃紅葉，微窄小，色頗緑；又似小柳葉，亦短而厚窄。其葉周圍攢莖而生。開碎瓣小青白花，結小花蒴似蒺藜樣。葉苗味甘。採苗、葉煠熟，水浸淘淨，油鹽調食。」按：此草，湖南坡隴上多有之，俗名「矮桃」，以其葉似桃葉，高不過二三尺，故名。俚醫以爲散血之藥。

矮桃又一種。

矮桃，生湖南，頗似扯根菜。三葉攢生，柔厚尖長。梢開青白小五瓣花，成穗。土人以爲即扯根菜一類，故俱呼「矮桃」。

龍芽草

《救荒本草》：「龍芽草，一名『瓜香草』，生輝縣鴨子口山野間。苗高尺餘。莖多澀毛，葉如地棠葉而寬大，葉頭齊團，每五葉或七葉作一莖，排生。葉莖脚上又有小芽，葉兩兩對生。梢間出穗，開五瓣小圓黄花，結青毛蓇葖，有子大如黍粒，味甜。收子或擣或磨，作麪食之。」按：此草建昌呼爲「老鸛嘴」，廣信呼爲「子目草」，湖南呼爲「毛脚茵」，以治風痰、腰痛。考《本經》「蛇含」，陶隱居云用有黄花者，李時珍以爲即「小龍芽」，或即此草。但《圖經》未甚詳晰。方藥久不採用，仍入「草藥」，以見「禮失求野」之義。《滇南本草》謂之「黄龍尾」，味苦，性温，治婦人月經前後紅崩、白帶、面寒、腹痛、赤白痢疾。杭芍二錢，川芎一錢五分，香附一錢，紅花二錢，黄龍尾三錢，行經紫黑加蘇木、黄芩，腸痛加延胡、小茴，白帶加白芷、木瓜，赤帶加土茯苓、赤木通、蛇果草、八仙草、甘草。

滿天星

滿天星，生水濱，處處有之。綠莖鋪地。花、葉俱類旱蓮草，葉小而花密爲異。俚醫以洗無名腫毒。按《救荒本草》：「耐驚菜，一名『蓮子草』，以其花之蓇葖狀似小蓮蓬樣，故名。生下濕地中。苗高一尺餘。莖紫赤色，對生莖叉。葉似小桃紅葉而長。梢間開細瓣白花而淡黄心。葉味苦。採苗葉煠熟，油鹽調食。」核其形味，即此。

水蓑衣

《救荒本草》：「水蓑衣，生水泊邊。葉似地梢瓜葉而窄。每葉間皆結小青蓇葖。其葉味苦。採苗、葉煠熟，水浸淘去苦味，油鹽調食。」按：此草，江西沙洲多有之，唯葉間青膏葵略帶淡紅色。余取破之，其中皆有一小蟲跧伏其中。南方濕熱，草木蘊結，〔一〕化生蟲蛾，不可細詰，故挑野菜者絶少，不似北地黄壤，幾於草根樹皮皆成野蔬也。又小説家謂有「仙桃草」，四五月麥田中蔓生，葉緑莖紅，實大如椒，形如桃，中有一小蟲。宜在小暑節十五日内取之，先期則無蟲，後時則蟲飛出。趁未坼採之，烘乾研末，藏以待用，一切跌打損傷，服一二錢，可以起死回生。或云其葉煎水浴之亦妙。按狀與此草殊肖。

〔一〕蘊結：聚集糾結。此言草木叢聚，則不通風而易發熱。

地角兒苗

《救荒本草》：「地角兒苗，一名地牛兒苗，生田野中。塌地生，一根就分數十莖，其莖甚稠。葉似胡豆葉微小。葉生莖面，每攢四葉，對生作一處。莖旁另又生葶。梢頭開淡紫花，結角似連翹角而小，中有子，狀似蹽豆顆，味甘。採嫩角生食，硬角熟食。」按：此草，江西平野亦有之，土人無識之者。

雞眼草

《救荒本草》：「雞眼草，又名『掐不齊』，以其葉用指甲掐之，作劖不齊，〔一〕故名。生荒野中，塌地生。葉如雞眼大，似三葉酸漿葉而圓，又似小蟲兒卧單葉而大。結子小如粟粒，黑茶褐色，味微苦。氣與槐相類，性温。採子擣取米，其米青色。先用冷水淘淨，卻以滚水泡三五次，去水下鍋，或煮粥，或作炊飯食之，或磨麪作餅食亦可。」按：江西田野中有之，土人呼爲「公母草」。其葉皆斜紋，掐之輒復相勾連。或云中暑，搗取汁，涼水飲之即愈。

〔一〕劐：裂口。

狗蹄兒

狗蹄兒，處處平隰有之。初生小葉鋪地，圓如狗脚跡，故名。漸長，葉如長柄小匙。春抽細莖，開五瓣小藍花，與小葉相間。鄉人摘其嫩葉茹之。王磐以入《野菜譜》。

米布袋

《救荒本草》：「米布袋，生田野中。苗塌地生。葉似澤漆葉而窄，其葉順莖排生。梢頭攢結三四角，中有子如黍粒大，微匾，味甘。採角取子，水淘洗淨，下鍋煮食。苗、葉煠熟，油鹽調食亦可。」

雞兒頭苗

《救荒本草》：「雞兒頭苗，生祥符西田野中。就地拖秧，生葉甚疎稀。每五葉攢生，狀如一葉。其葉花叉有小鋸齒。葉間生蔓，開五瓣黃花。根叉甚多，其根形如香附子，而鬚長，皮黑，肉白，味甜。採根，換水煮熟食。」

雞兒腸

《救荒本草》：「雞兒腸，生中牟田野中。苗高一二尺。莖黑紫色，葉似薄荷葉微小，邊有稀鋸齒；又似六月菊。梢葉間開細瓣淡粉紫花，黃心。葉味微辣。採葉煠熟，换水淘去辣味，油鹽調食。」

鹻蓬

《救荒本草》：「鹻（jiǎn）蓬，一名『鹽蓬』，生水傍下濕地。莖似落藜，亦有線楞。葉似蓬而肥壯，比蓬葉亦稀疏。莖葉間結青子，極細小。其葉味微鹹，性微寒。採苗、葉煠熱，水浸去鹹味，淘洗淨，油鹽調食。」山西鹻地多有之。

牤牛兒苗

《救荒本草》：「牤（máng）牛兒苗，又名『鬬牛兒苗』，生田野中。就地拖秧而生。莖蔓細弱，其莖紅紫色，葉似蒝荽葉，瘦細而稀疏。開五瓣小紫花，結青蓇葖兒，上有一嘴甚尖鋭，如細錐子狀，小兒取以爲鬬戲。葉味微苦。採葉煠熟，水浸去苦味，淘淨，油鹽調食。」按：汜水俗呼「牽巴巴」。牽巴巴者，俗謂啄木鳥也。其角極似鳥嘴，因以名焉。直隸謂之「燙燙青」，言其葉焯以水則逾青云。山西圃中極多，與苦菜、苣蕒同秀，葉味不甚苦，微澀。

沙蓬

《救荒本草》：「沙蓬，又名『雞爪菜』，生田野中。苗高一尺餘。初就地上蔓生，後分莖叉。其莖有細線楞。葉似獨掃葉，狹窄而厚；又似石竹子葉，亦窄。莖、葉梢間結小青子，小如粟粒。其葉味甘性温。採苗、葉煠熟，水浸淘淨，油鹽調食。」

沙消

沙消，江西沙上多有之。紫莖，葉如石竹子葉而密。土人以利水道。其形與沙蓬相類。

水棘針

《救荒本草》：「水棘針苗，又名『山油子』，生田野中。苗高一二尺。莖方四楞，對分莖叉，葉亦對生。其葉似荆葉而軟，鋸齒尖葉。莖、葉紫緑，開小紫碧花。葉味辛辣微甜。採苗、葉煠熟，水淘洗淨，油鹽調食。」

鐵掃箒

《救荒本草》：「鐵掃箒，生荒野中，就地叢生，一本二三十莖。苗高三四尺。葉似苜蓿葉而細長，又似細葉胡枝子葉，亦短小。開小白花。其葉味苦。採嫩苗、葉煠熟，換水浸去苦味，油鹽調食。」《爾雅正義》：「荓，馬帚」，注「似蓍，可以爲掃彗」，《正義》：「荓，一名馬帚。《夏小正》云：『七月荓秀，荓也者，馬帚也。』《廣雅》云：『馬帚，屈馬第也。』《管子·地員篇》

云：『蔞下於荓。』」註「似蓍」至「掃彗」，《正義》：「《説文》云：『蓍，蒿屬，生千歲三百莖。』」按荓草似蓍，則亦蒿屬也。李時珍云：「此即蒿草，謂其可爲馬刷，故名馬帚。今河南人謂之『鐵掃帚』。」〔一〕李以荓爲鐵掃帚極肖，又云「即荔也」，殊誤，無蒿草之説。

〔一〕原本缺「北」字，據《本草綱目》卷十五補。

刀尖兒苗

《救荒本草》：「刀尖兒苗，生密縣梁家衝山野中。苗高二三尺。葉似細柳葉，硬而細，長而尖，葉皆兩兩抪莖對生。葉間開淡黃花，結尖角兒，長二寸許，麄如蘿蔔，角中有白穰及小匾黑子。其葉味甘。採葉煠熟，水淘洗淨，油鹽調食。」

山蓼

《救荒本草》：「山蓼，生密縣山野間。苗高一二尺。葉似芍藥葉而長細窄，又似野菊花葉而硬厚，又似水胡椒葉亦硬。開碎瓣白花。其葉味微辣。採嫩葉煠熟，換水浸去辣氣，作成黃色，淘洗淨，油鹽調食。」

六月菊

《救荒本草》：「六月菊，生祥符西田野中。苗高一二尺，莖似鐵桿蒿莖。葉似雞兒腸葉，但長而澀，又似馬蘭頭葉而硬短。梢葉間開淡紫花。葉味微酸澀。採葉煠熟，水浸去澀味，油鹽調食。」

佛指甲

《救荒本草》：「佛指甲，科苗高一二尺。莖微帶赤黄色。其葉淡緑，背皆微帶白色。葉如長匙頭樣，似黑豆葉而微寬，又似鵝兒腸葉甚大，皆兩葉對生。開黄花，結實形如連翹，微小，中有黑子如小粟粒。其葉甜，可食。」按：《本草綱目》誤以爲即「景天」，其花、實絶不相類。

鯽魚鱗

《救荒本草》：「鯽魚鱗，生密縣韶華山山野中。苗高一二尺。莖方而茶褐色，對分莖叉，葉亦對生。葉似雞腸菜葉，頗大，又似桔梗葉而微軟薄，葉面卻微紋皺。梢間開粉紅花，結子如小粟粒而茶褐色。其葉味甜。採葉煠熟，水浸淘淨，油鹽調食。」

婆婆納

《救荒本草》：「婆婆納，生田野中。苗塌地生。葉最小，如小面花黶兒，狀類初生菊花芽，葉又團邊微花如雲頭樣。味甜。採苗、葉煠熟，水浸淘淨，油鹽調食。」

野粉團兒

《救荒本草》：「野粉團兒，生田野中。苗高一二尺。莖似鐵桿蒿莖，葉似獨掃葉而小，上下稀疎。枝頭分叉，開淡白花，黄心。味甜辣。採嫩苗、葉煠熟，水浸淘淨，油鹽調食。」

狗掉尾苗

《救荒本草》：「狗掉尾苗，生南陽府馬鞍山中。苗高二三尺，拖蔓而生。莖方色青。其葉似歪頭菜葉，稍大而尖艄，色深緑，紋脈微多；又似狗筋蔓葉。梢間開五瓣小白花，黄心，衆花攢開，其狀如穗。葉味微酸。採嫩葉煠熟，水浸去酸味，淘淨，油鹽調食。」

猪尾把苗

《救荒本草》：「猪尾把苗，一名『狗脚菜』，生荒野中。苗長尺餘。葉似甘露兒葉而甚短小，其頭頗齊。莖、葉皆有細毛。每葉間順條開小白花，結小蒴兒，中有子，小如粟粒，黑色。苗、葉味甜。採嫩葉煠熟，换水浸，淘淨，油鹽調食。子可擣爲麪食。」

螺黶兒

《救荒本草》：「螺黶（yǎn）兒，一名『地桑』，又名『痢見草』，生荒野中。莖微紅，葉似野人莧葉，微長窄而尖。開花作赤色小細穗兒。其葉味甘。採苗、葉煠熟，水浸，淘去邪味，油鹽調食。」

兔兒酸

《救荒本草》：「兔兒酸，一名『兔兒漿』，所在田野中皆有之。苗比水葒矮短，莖葉皆類水葒。其莖節密，其葉亦稠，比水葒葉稍薄小。味酸性寒，無毒。採苗、葉煠熟，以新汲水浸去酸味，淘淨，油鹽調食。」

米蒿

《救荒本草》：「米蒿，生田野中，所在處處有之。苗高尺許。葉似園荽葉微細。葉叢間分生莖叉，梢上開小青黄花，結小細角似葶藶角兒。葉味微苦。採嫩苗、葉煠熟，水浸過淘淨，油鹽調食。」

鐵桿蒿

《救荒本草》：「鐵桿蒿，生田野中。苗莖高二三尺。葉似獨掃葉，微肥短；又似扁蓄葉而短小。分生莖叉，梢間開淡紫花，黄心。葉味苦，採葉煠熟，淘去苦味，油鹽調食。」

花蒿

《救荒本草》：「花蒿，生荒野中。花葉就地叢生。葉長三四寸，四散分垂。葉似獨掃葉而長硬，其頭頗齊，微有毛澀。味微辛。採葉煠熟，水浸淘淨，油鹽調食。」

兔兒尾苗

《救荒本草》：「兔兒尾苗，生田野中。苗高一二尺。葉似水蘋葉而短，其尖頗齊。梢頭出穗如兔尾狀，開花白色，結紅蓇葖如椒〔一〕目大，其葉微酸。採嫩苗、葉煠熟，水浸淘淨，油鹽調食。」

〔一〕「尖頗齊梢頭出穗如兔尾狀開花白色結紅蓇葖如椒」二十一字，原本闕，據《救荒本草》補。

虎尾草

《救荒本草》：「虎尾草，生密縣山谷中。科苗高二三尺。莖圓，葉頗似柳葉而瘦短，又似兔兒尾葉，亦瘦窄；又似黄精葉頗軟。抪莖攢生。味甜微澀。採苗、葉煠熟，换水淘去澀味，油鹽調食。」

兔兒傘

《救荒本草》：「兔兒傘，生滎陽塔兒山荒野中。其苗高二三尺許。每科初生一莖，莖端生葉，一層有七八葉，每葉分作四叉，排生如傘蓋狀，故以爲名。後於葉間攛生莖叉，上開淡紅白花。根似牛膝而踈短。味苦微辛。採嫩葉煠熟，换水浸淘去苦味，油鹽調食。」

柳葉菜

《救荒本草》：「柳葉菜，生中牟荒野中。科苗高二尺餘。莖似蒿莖，葉似柳葉而短，抪莖而生。開小白花，銀褐心。其葉味微辛。採嫩葉煠熟，水浸淘淨，油鹽調食。」

莪蕿根

《救荒本草》：「莪（mào）蕿（sǎo）根，俗名『葽碌碡』，生水邊下濕地。其葉就地叢生，葉似蒲葉而肥短，葉背如劍脊樣。葉叢中間攛葶，上開淡粉紅花，俱皆六瓣。花頭攢開如傘蓋狀，結子如韭花蓇葖。其根如鷹爪黄連樣，色如墐泥色。味甘。採根揩去皴及毛，用水淘淨，蒸熟食，或曬乾炒熟食，或磨作麪蒸食，皆可。」

綿棗兒

《救荒本草》：「綿棗兒，一名『石棗兒』，出密縣山谷中，生石間。苗高三五寸。葉似韭葉而闊，瓦隴樣。葉中攛葶，出穗似雞冠莧穗而細小。開淡紅花，微帶紫色。結小蒴兒，其子似大藍子而小，黑色。根類獨顆蒜，又似棗形而白，味甜性寒。採取根，添水久煮極熟食之。不換水煮食後，腹中鳴，有下氣。」

土圞兒

《救荒本草》：「土圞（luán）兒，一名『地栗子』，出新鄭山野中。細莖延蔓而生。葉似菉豆葉，微尖艄，每三葉攢生一處。根似土瓜兒根，微團。味甜。採根煮熟食之。」

大蓼

《救荒本草》：「大蓼，生密縣梁家衝山谷中，拖藤而生。莖有線楞而頗硬，對節分生莖叉，葉亦對生。葉似山蓼葉，微短拳曲。節間開白花。其葉味苦微辣。採葉煠熟，換水浸去辣味，作成黃色，淘洗淨，油鹽調食。花亦可煠食。」

金瓜兒

《救荒本草》：「金瓜兒，生鄭州田野中。〔一〕苗初生，似小葫蘆葉而微小，又似赤雹兒葉。

莖方，莖葉俱有毛刺。每葉間出一細藤，延蔓而生。開五瓣尖碗子黄花，結子如馬瓞大，生青熟紅。根形如雞彈微小，其皮土黄色，内則青白色。味微苦，性寒，與酒相反。掘取根，換水煮，浸去苦味，再以水煮極熟食之。」

〔一〕「州」，原本作「山」，據《救荒本草》改。

牛耳朵

《救荒本草》：「牛耳朵，一名『野芥菜』，生田野中。苗高一二尺。苗莖似萵苣，葉似牛耳朵形而小。葉間分攛葶，又開白花，結子如棗粒大。葉味微苦辣。採苗、葉淘洗淨，煠熟，油鹽調食。」

拖白練

《救荒本草》：「拖白練，苗生田野中。苗塌地生，葉似垂盆草葉而又小。葉間開小白花，結細黄子。其葉味甜。採苗、葉煠熟，油鹽調食。」

胡蒼耳

《救荒本草》：「胡蒼耳，又名『回回蒼耳』，生田野中。葉似皁莢葉，微長大，又似望江南葉而小，頗硬，色微淡緑。莖有線楞。結實如蒼耳實，但長艄。味微苦。採嫩苗、葉煠熟，水浸去苦味，淘淨，油鹽調食。今人傳説治諸般瘡，採葉用好酒熬喫，消腫。」

野蜀葵

《救荒本草》：「野蜀葵，生荒野中。就地叢生，苗高五寸許。葉似葛勒子秧葉而厚大，又似地牡丹葉。味辣。採嫩葉煠熟，水浸淘淨，油鹽調食。」

透骨草

《救荒本草》：「透骨草，一名『天芝蔴』，生中牟荒野中。苗高三四尺。莖方，窊面四楞。其莖脚紫，對節分生莖叉。葉似蔄蒿葉而多花，叉葉皆對生莖節間，攢開粉紅花，結子似胡麻子。葉味苦。採嫩苗、葉煠熟，水浸去苦味，淘淨，油鹽調食。今人傳説採苗搗傅腫毒。」《本草綱目》：「透骨草，治筋骨一切風濕疼痛、攣縮、寒濕脚氣。《孫氏集效方》：『治癧風、遍身瘡癬，用透骨草、苦參、大黄、雄黄各五錢，研末煎湯，於密室中席圍，先熏至汗出如雨，淋洗之。』《普濟方》：『治反胃吐食，透骨草獨科，蒼耳、生牡蠣各一錢，薑三片，水煎服。』楊誠《經驗方》：『治一切腫毒初起，用透骨草、漏蘆、防風、地榆等分煎湯，綿蘸，乘熱不住盪之，二三日即愈。』」

酸桶笋

《救荒本草》：「酸桶笋，生密縣韶華山山澗邊。初發笋葉，其後分生莖叉。科苗高四五尺。莖桿似水葒莖而紅赤色，其葉似白槿葉而澀，又似山格刺菜葉，亦澀，紋脈亦麄。味甘微酸。採嫩笋葉煠熟，水浸去邪味，淘淨，油鹽調食。」

地參

《救荒本草》：「地參，又名『山蔓菁』，生鄭州沙崗間。苗高一二尺。葉似初生桑科小葉，微短；又似桔梗葉，微長。開花似鈴鐸樣，淡紅紫花。根如拇指大，皮色蒼，内黲白色。味甜。採根煮食。」

野西瓜苗〔一〕

〔一〕原本有圖無文。

婆婆指甲菜

婆婆指甲菜，《救荒本草》：「生田野中。作地攤科生。〔一〕莖細弱，葉像女人指甲，又似初生棗葉微薄。梢間結小花蒴。苗、葉味甘。採嫩苗、葉煠熟，油鹽調食。」按：江西俗呼「瓜子草」，或云可清小便熱症。

〔一〕「攤」，原本作「那」，據《救荒本草》改。

植物名實圖考卷之十三　隰草類

還亮草

還亮草，臨江、廣信山圃中皆有之。〔一〕春初即生，方莖五稜，中凹成溝，高一二尺，本紫梢青。葉似前胡葉而薄。梢間發小細莖，横擎紫花，長柄五瓣，柄矗花欹，宛如翔蝶；中翹碎瓣尤紫艷，微露黄蘂。花罷結角，翻尖向外，一花三角，間有四角。一名「還魂草」，一名「對叉草」，一名「胡蝶菊」。取莖煎水，可洗腫毒。按：《本草綱目》：「桃朱術，生園中，細如芹，花紫。子作角，以鏡向旁敲之，則子自發。五月五日乃收子，帶之，令婦人爲夫所愛。」其形極肖。

〔一〕江西臨江府，轄清江、新淦、新喻、峽江四縣。

天葵

天葵，一名「夏無蹤」。初生一莖一葉，大如錢，頗似三葉酸，微大，面緑，背紫。莖細如絲。根似半夏而小。春時抽生，分枝極柔，一枝三葉，一葉三叉，翻反下垂。梢間開小白花，立夏即枯。　按：《南城縣志》：「夏無蹤，子名『天葵』。」此草，江西撫州、九江近山處有之，即鄭樵所謂菟葵即『紫背天葵』者。春時抽莖開花，立夏即枯。質既柔弱，根亦微細，尋覓極難。秋時復茁，凌冬不萎。土醫皆呼爲『天葵』。」南城與閩接壤，故漁仲稔知之。〔一〕此草既小不盈尺，又生於石罅砌陰下，安能與燕麥動摇春風耶？建昌俚醫以敷乳毒，極效。

〔一〕鄭樵，字漁仲，福建莆田人。

天奎草

天奎草，生九江、饒州園圃陰濕地。一名「千年老鼠矢」，一名「爆竹花」。春時發細莖，一莖三葉，一葉三叉，色如石緑。梢頭横開小紫花，兩瓣雙合，一瓣上揭，長柄飛翹，莖當花中。赭根頗硬，上綴短鬚，入夏即枯。俚醫以治積年勞傷，酒煎服。

黄花地錦苗

黄花地錦苗，江西、湖南多有之。與紫花者相類，而葉、莖瘦弱。莖微赤，葉尖。細花有跗，亦結小角。

紫花地丁

紫花地丁，生田塍中。赭莖對葉，葉似薄荷而圓。梢開長紫花，微似丹參花而色紫不白，與《本草綱目》地丁異。

活血丹

活血丹，産九江、饒州。園圃、階角、墻陰下皆有之。春時極繁，高六七寸。緑莖柔弱，對節生葉。葉似葵葉，初生小葉細齒深紋，柄長而柔。開淡紅花，微似丹參花，如蛾下垂。取莖、葉、根煎飲，治吐血、下血有驗。入夏後即枯，不易尋矣。

七葉荆

七葉荆，生江西南昌田野中。高二尺餘。葉、莖俱微緑。葉如荆葉有齒。近根三葉攢生，上一層四葉，又上一層五葉，梢頭至七葉而止。土人以七葉者極難得，云爲鬼所畏，語極誕。但《南方草木狀》已有「指病」之説，〔一〕陶氏《真隱訣》亦有通神之語，〔二〕民間傳訛，固非無本。

〔一〕《南方草木狀》：「寧浦又有杜荆，指病自愈。節不相當者，月暈時刻之與病人身齊等，置牀下，雖危困亦愈。」

〔二〕《真隱訣》應作《登真隱訣》。《救荒本草》卷六：陶隱居《登真隱訣》云：「荆木之華葉通神。見鬼精。」

水楊梅

水楊梅，《本草綱目》：「生水邊，條葉甚多，子如楊梅。」按：此草，江西池澤邊甚多，花老爲絮，土人呼爲「水楊柳」，與所引《庚辛玉册》地椒開黄花不類。

消風草

消風草，南安、長沙平野多有之。緑莖有白毛，葉似麻葉有歧，紋極碎亂，面濃緑，背白有毛。葉間開長蒂小粉紅花，結圓實，五瓣，有點紋，微似麻子。

寶蓋草

寶蓋草，生江西南昌陰濕地，一名「珍珠蓮」。春初即生，方莖色紫，葉如婆婆納葉，微大，對生抱莖，圓齒深紋，逐層生長。就葉中團團開小粉紫花。土人採取煎酒，養筋活血，止遍身疼痛。

地錦

地錦，陰濕處有之。紫莖塌地生，葉如初生菊葉而短，深齒有光。開小粉紫花，大如粟，結實作毬。味微辛。湖南亦呼爲「半邊蓮」。可治跌損。疑陳藏器所謂「露下有光」者是此草。〔一〕

〔一〕《證類本草》卷三十引陳藏器云：「地錦一名地朕，一名地噤，蔓延着地，葉光淨，露下有光。」

過路黄

過路黄，處處有之，生陰濕墻砌下。拖蔓鋪地，細莖，葉似薄荷，大如指頂。二葉對生，花生葉際，淡紅，亦似薄荷而小，逐節開放。歷夏踰秋，蔓長幾二尺餘。與石香菜、爵牀相雜，殊無氣味。

過路黄又一種。

過路黄，江西坡塍多有之。鋪地拖蔓，葉如豆葉，對生附莖。葉間春開五尖瓣黄花，緑跗尖長，與葉並茁。

蒻草

蒻草，生江西九、饒山坡。〔一〕似相思草而葉對生不連，紫莖拖地。俚呼「蒻草」，亦曰「劉寄奴」，治跌損。　按：《本事方》：「蒻草似茜，治血症有殊功。」未知即此草否。

〔一〕九、饒：江西九江府、饒州府。

金瓜草

金瓜草，南昌平隰有之。鋪地抱葉，似初生車前，糙澀無紋。　按：《唐本草》：「狗舌草，生渠塹濕地，似車前而無文理，抽莖開花黄白色。」疑即此。《圖經》不具，故不併入。

馬鞭花

馬鞭花，廣、饒平野有之。〔一〕叢生，赭莖，對節生枝，葉如初生柳葉。　枝梢葉際發小枝，開小黄花，大如粟米，頗似山桂而更小。

〔一〕廣、饒：江西廣信府、饒州府。

尋骨風

尋骨風，贛南沙田中有之。叢生，青黑莖。葉前尖後團，疎紋，面青，背白。結實如粟穗，緑苞白茸。或呼爲「尋骨風」，未知所用。

附地菜

附地菜，生廣、饒田野，湖南園圃亦有之。叢生，軟莖，葉如枸杞。梢頭夏間開小碧花，瓣如粟米，小葉緑苞，相間開放。或云北地呼爲「野苜蓿」。

附地菜又一種。

附地菜，生田野。比前一種葉長大有星，莖有微毛，亦勁。開五圓瓣小碧花，結小蒴如鈴。雲南生者葉柔厚多毛，茸茸如鼠耳。俗呼「牛舌頭花」，又名「狗屎花」。土醫用之。《滇南本草》：「狗屎花，一名『倒提壺』，一名『一把抓』。味苦性寒，入肝、腎二經。升降肝氣，利小便，消水腫，瀉胃中濕熱，治黄疸、眼珠發黄、周身黄如金，止肝氣疼，治七腫疝氣。白花者治白帶，紅花者治赤帶，瀉膀胱熱。」

雞腸菜

雞腸菜，生陰濕處。初生鋪地。葉柄長半寸許，深齒疏紋，如初生車前葉大。抽葶發小葉，開五瓣小粉紅花，花瓣不甚分破，四瓣平翹，一瓣下垂，又似雲頭樣，微有黄心。鄉人茹之。與《救荒本草》兩種皆異，此以其葶細長而名。

鴨舌草

鴨舌草，處處有之。固始呼爲「鴉兒鬋」。生稻田中。高五六寸，微似茨菇葉，末尖後圓，無歧。一葉一莖中空。後莖中抽葶，破莖而出，開小藍紫花六瓣，小大相錯，黄蕊數點，裊裊下垂，質極柔脆。芸田者惡之。《湘陰縣志》云可煮食。

老鵐瓣

老鵐瓣，生田野中。湖北謂之「棉花包」，固始呼爲「老鵐頭」。春初即生，長葉鋪地如萱草葉，而屈曲縈結，長至尺餘。抽葶開五瓣尖白花，似海梔子而狹，背淡紫，緑心黄蕊，入夏即枯。根如獨顆蒜，鄉人掘食之，味甘，性温補。

雷公鑿

雷公鑿，江西平野有之，土人不識其名，固始呼爲「雷公鑿」。狀如水仙葉，長而弱，出地平鋪，不能挺立，本白末緑，有黑皮，極類水仙根而無涎滑。按：李時珍以老鵐蒜爲即「石蒜」，引及《救荒本草》，而《湖南志》中或謂荒年食之，有因吐致死者。余謂《救荒本草》斷不至以毒草濟人，此是《綱目》誤引之過。考《救荒本草》並無「花葉不相見」之語，其圖亦無花實。此草根葉與老鵐蒜圖符，而生麥田中，鄉人取以飼畜，其性無毒。余嘗之，味亦淡，荒年掘食，當即是此，斷非石蒜。

水芥菜

水芥菜，江西瀕湖多有之。初生葉如菠菜葉，微帶紫色，抽莖開小黄花如穗。按《救荒本草》：「水芥菜，多花叉。」與此微異，或開花後葉老多叉耳。

野苦麻

野苦麻，處處有之。多生麥田陂澤中。莖、葉俱似苦蕒，花如小薊而鍼細軟。花罷成絮。固始呼爲「秃女頭」。江西田中多蓄之以爲肥，儉歲亦摘食。按：《宋圖經》：「水苦蕒，生宜州，葉如苦蕒而厚，根似蒼朮。」不著其花。此草柔莖，花、葉似蕒，而根似朮，或即水苦蕒耶？

野麻菜

野麻菜，生廣、饒田澤。長葉布地，花叉如芥，近根微紅。根如白菜根，或云可食。

狼尾草

狼尾草，《爾雅》：「盂，狼尾。」《本草拾遺》始著録。葉如茅而莖紫，穗如黍而極細，長柔紛披，粒芒亦紫，湖南謂之「細絲茅」，河南亦謂之「莔草」。葉可覆屋。其粒極細。《救荒本草》所不載。《拾遺》云：「作飯食之，令人不飢。」未敢深信。

淮草

淮草，生山岡，田家亦種之。葉如茅，而莖梢開短穗數十莖，結實如粟而小。其葉以覆屋，可廿年不易。

水稗

水稗，田野陂澤極多。鋪地生。葉扁，莖如韭。秋抽梢發叉三四五枝，扁齊，結實如稗。經潦不枯，以爲牲芻。〔一〕

〔一〕牲芻：喂牲畜的草料。

葶草

葶草，《湘陰志》：「生湖地。色淡白，可蓋屋。」今平野亦多有之。莖似初生小蘆，秋結實作穗如水稗，有鍼，色青白。固始謂之「苓草」。

魚腥草

魚腥草，生陰濕地。細莖短葉，秋作細穗，如綫，三叉。天陰則氣腥，馬不食之。實極小，歉歲則茂，北地謂之「熱草」，亦採以充飢。

千年矮

千年矮，生田野中。與水蓑相類，而脚葉無齒，大小葉攢生一處。葉間結小青子，或云浸酒服之有益。

千年矮又一種。

千年矮，生九江。橫根叢生，高四五寸。紫莖柔脆，四葉攢生，面青，背淡。土醫以治牙痛。

無心菜

無心菜，江西、湖廣平野多有之。春初就地鋪生。細莖似三葉酸漿，葉大如小指，而頂有缺，密排莖上。湖北人多摘以爲茹，亦呼爲「豆瓣菜」。

小無心菜

小無心菜，比無心菜莖更細，棼如亂絲。葉圓有尖。春初有之。

湖瓜草

湖瓜草，生沙洲上。高三四寸，如初生麥苗而細。抽莖結青實三四粒，實下有小葉一二片，如三棱草，牲畜食之。按：《救荒本草》：「磚子苗，根、子味俱甜，子磨麪食，根晒乾亦可爲麪。」形狀相同，但此瘦而彼肥，此係初生而彼係老根，故大小不類耳。

喇叭草

喇叭草，產撫、建荒田中。〔一〕高三四寸。長根赭莖，葉如榆葉。秋時附莖結實，長篇，有三叉外向。鄉人呼爲「喇叭草」，肖形也。

〔一〕江西撫州府、建昌府。

臭草

臭草，撫州平野有之。紫莖亭亭，細枝如蔓，一枝三葉，大如指甲。秋開五瓣小黄花，枝弱花疎，偃仰有致。

紐角草

紐角草，撫州田野中有之。叢生似獨帚。莖赭有節，葉亦似獨帚而稀。秋結小紫角，似緑荳而細，彎翹極繁。

小蓼花

小蓼花，生溝塍淺水中。莖葉皆似水蓼，而花作團穗上擎，如覆盆子，色尤嬌嫩。

無名一種

生饒州田野。〔一〕緑莖類蔓，尖葉似萹蓄而色淡緑，又似鵝兒腸葉而瘦長。開五尖瓣淡黄花。蕊色亦淡。

〔一〕原本無題名，「生」上有三字空。下幾篇同。

無名一種

生饒州田野。緑莖直紋，細枝極柔，葉似地錦苗而小，亦繁。梢開四出小白花，緑萼纖絲，平頭縈攢，亦復有致。

無名一種

産廣、饒田野中。叢生長條，葉如初生柳葉，微圓，赭莖。莖端夏開長柄絲蕚白花，層層開放，長至數尺，下葉上花，亦殊有致。土人不識。

無名一種

産廣、饒河壖。硬莖盤屈如梅，葉亦如梅葉而無齒，有細毛附莖。發長條，開小白花如米粒。土人不識。

無名一種

生建昌田野。叢生，赭莖。葉似枸杞，本細末團，面緑，背淡。梢端葉間開碎白花，如蓼。逐節發小横枝，攢簇開放極密。土人不識。

無名一種

生廣、饒田野。獨莖青赭色，葉如長柄小匙而瘦，面緑，背青白，有直縷，無細紋。梢端結苞如葱韭，開五瓣長筩子小白花。葉間亦抽小葶，發小葉，開花不作苞。

紅絲毛根

紅絲毛根，産饒州平野。褐莖高尺餘。就莖生枝，葉如薄荷葉，淡青無齒。枝端開花成穗，細如粟米，青白色，長三四寸，裊裊下垂。

沙消

沙消，產九江沙洲上。叢生，高不盈尺。紫莖微節，抱莖生葉，四五葉攢生一處，頗似獨掃葉。小根赭色。九江俚醫以根煎酒治腰痛。亦名「鐵掃帚」。按《救荒本草》：「沙蓬，又名『雞爪菜』。生田野，苗高一尺餘。初就地蔓生，後分莖叉。其莖有細線楞。葉似獨掃葉，狹窄而厚；又似石竹子葉，亦窄。莖葉梢間結青子，小如粟粒。其葉味甘，性温。採苗、葉煠熟，水浸淘淨，油鹽調食。」疑即此。

竹葉青

竹葉青，生江西瑞州。〔一〕初生如葦茅，漸發長葉，似茅而闊，面青，背微白，紋如竹葉，有間道而澀。性涼。土人亦以淡竹葉用之。

〔一〕瑞州：今江西高安。